工程实践系列丛书
高等院校应用型人才培养实用教材

电工电子实训教程

（第2版）

主　编　高家利　杨　渠　汪　科
副主编　阎卫萍　张　帆　曹秋玲

西南交通大学出版社
·成　都·

图书在版编目（CIP）数据

电工电子实训教程 / 高家利，杨渠，汪科主编．—2 版．—成都：西南交通大学出版社，2017.10（2025.1 重印）

（工程实践系列丛书）

高等院校应用型人才培养“十三五”规划教材

ISBN 978-7-5643-5775-7

Ⅰ．①电… Ⅱ．①高… ②杨… ③汪… Ⅲ．①电工技术 - 高等学校 - 教材②电子技术 - 高等学校 - 教材 Ⅳ．①TM②TN

中国版本图书馆 CIP 数据核字（2017）第 227732 号

工程实践系列丛书

高等院校应用型人才培养实用教材

电工电子实训教程

（第 2 版）

主　编　高家利　杨　渠　汪　科

责任编辑　罗在伟

封面设计　何东琳设计工作室

出版发行　西南交通大学出版社

（四川省成都市金牛区二环路北一段 111 号

西南交通大学创新大厦 21 楼）

邮政编码　610031

发行部电话　028-87600564　028-87600533

官网　http://www.xnjdcbs.com

印刷　成都中永印务有限责任公司

成品尺寸　185 mm × 260 mm

印张　14.5

字数　381 千

版次　2017 年 10 月第 2 版

印次　2025 年 1 月第 9 次

定价　44.00 元

书号　ISBN 978-7-5643-5775-7

前　言

电工电子实训是我国工科院校必修的实践教学类课程，国家教育部对其教学内容和学时都有明确的安排和要求。通过电工电子实训可以提高学生的工程实践动手能力，拓展学生的工程意识，提高学生的工程创新能力，是培养学生适应现代电子技术发展要求和企业需求的工程实践能力的主要途径之一。

本书是在第一版的基础上修订而成，是我校有关教师多年电工电子实训教学经验积累成果结晶，既可以作为电工电子实训教材使用，也可以作为电工操作培训用资料。全书共分7章。第1章主要介绍实习实训过程中的用电安全。第2章主要介绍常用电子元器件的基础知识，使学生掌握常用电子元器件的特点、识别、检测和使用。第3章主要介绍手工焊接所需的材料和工具，手工焊接的基本方法和步骤。第4章主要介绍印制电路板电路的设计方法和制作方法。第5章主要介绍了表面贴（组）装工艺（SMT）所需的设备和操作使用方法。第6章主要介绍了常用的低压电器、三相异步电机相关知识及控制电路。第7章主要介绍了可编程序控制器（PLC）的指令、编程软件及与变频器的通信知识。

本书在内容编排上，以突出工程意识、增强工程观念、注重工程实践能力的培养为主线，以工程实践内容为重点，既强调了电工电子的相关基础知识，又体现了现代电工电子的新方法与新工艺，使得本书内容翔实、信息丰富，具有较好的可读性和实用性。

本次修订由重庆理工大学高家利、杨渠和汪科担任主编。其中第1章由曹秋玲编写，第2章由阎卫萍编写，第3章由高家利和汪科编写，第4章、第5章由张帆和汪科编写，第6章由高家利和汪科编写，第7章由杨渠编写。本书作为重庆理工大学校级规划教材，得到了重庆理工大学工程训练与经管实验中心的大力支持，在教材的审定和编写上得到了申跃、盘红霞、蹇全胜、饶玉梅和赖家美等同志的大力支持，表示衷心的感谢。另外，在本书的编写过程中也参考了一些优秀教材，在此向作者一并表示衷心的感谢。

由于作者水平有限，书中难免存在疏漏和不妥之处，敬请广大读者批评指正。

编　者

2017年8月

目　　录

第 1 章　安全用电及操作知识

随着社会的不断进步，用电量的加大，安全用电的重要性在其中更加凸显出来。而在电子装焊安全中，电对人体的伤害也是不容小觑的，所以在强调科学用电的同时，更应注重安全用电。本章中的安全用电及安全操作知识，主要包括同学们在实验中如何预防触电事故、保障人身安全及触电急救等方面的内容。

1.1　触电对人体的伤害

触电是指人体触及带电体，带电体对小于安全距离的人体放电，以及电弧闪络波及人体时，电流通过人体与大地或者其他导体，或者分布电容形成闭合回路，使人体遭受不同程度的伤害。

1.1.1　触电形式

1. 电　伤

电伤是指人体触电后皮肤表面所受到的伤害，主要包含以下三种：

1）电灼伤

电灼伤是由于电的热效应而烧伤人体皮肤、皮下组织、肌肉以及神经。电烧伤使皮肤发红、起泡、烧焦和坏死。

2）电烙印

电烙印是由电流的机械和化学效应造成人体触电部位的外部伤痕，通常是表皮的肿块。

3）皮肤金属化

皮肤金属化是由于带电体金属通过触电点蒸发进入人体造成的局部皮肤呈现相应金属的特殊颜色的一种化学效应。

2. 电　击

电击是电流通过人体内部，影响人体呼吸、心脏及神经系统，造成人体内部组织损伤乃至死亡的触电事故。由于人体触及带电导体、漏电设备的外壳，以及因雷击或电容放电等都可能导致电击。大部分触电死亡事故是由电击造成的，通常说的触电事故基本是针对电击而言。

1.1.2 触电原因

人体触电，主要原因有两种：一是直接或间接接触带电体，二是跨步电压。前者又可分为单相接触和双相接触。

1. 单相触电

单相触电是人体站在地面或者其他与地面连接的导体上，触及一根相线（火线）所造成的触电事故，如图 1.1 所示。

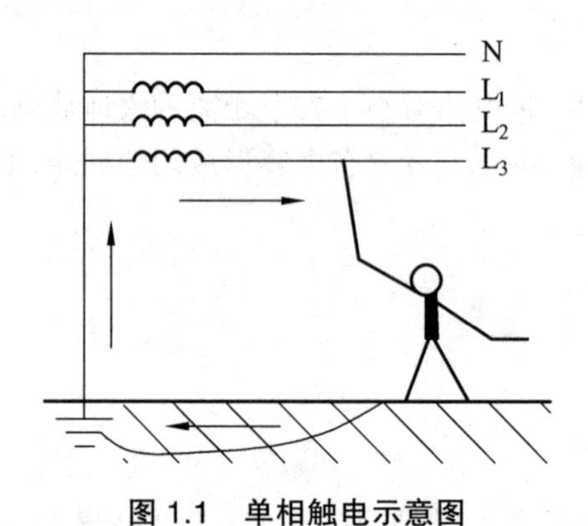

图 1.1 单相触电示意图

2. 双相触电

双相触电是人体两处同时触及两相带电体所造成的触电事故，触电电压为线电压，如图 1.2 所示。在检修三相动力电源上的电气设备及线路时，容易发生双相触电事故。由于两相间的电压（即为线电压）是相电压的 $\sqrt{3}$ 倍，故触电的危险性较大。

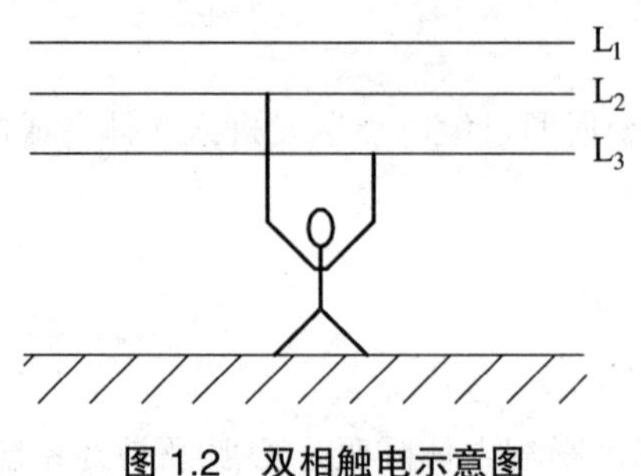

图 1.2 双相触电示意图

3. 静电触电

在检修电器或科研工作中，有时发现电器设备已断开电源，但在接触设备某些部分时发生触电，这样的现象是静电电击。静电电击是由于静电放电时产生的瞬间冲击电流，通过人体部位造成的伤害。

4. 跨步电压触电

当发生带电体接触地面，例如电线断落在地上或者雷击避雷针在接地极附近时，会有接地电流或雷击放电电流流入地下，电流在大地中呈半球面向外散开。当人跨入这一半球面区域，便有可能遭到电击，故称跨步电压触电，如图 1.3 所示。

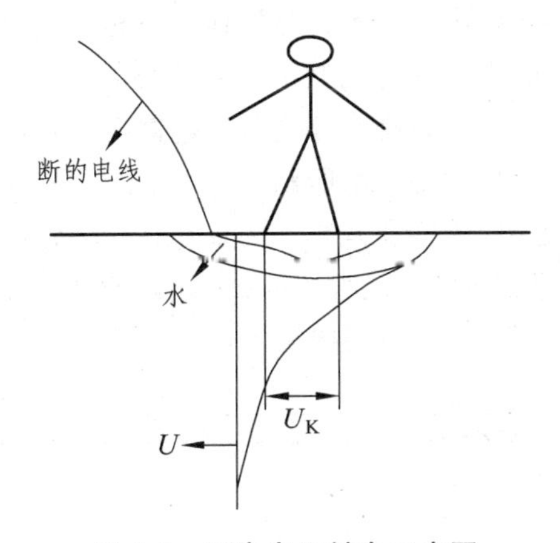

图 1.3　跨步电压触电示意图

人受到跨步电压作用时，电流从一只脚经过腿、胯部流到另一只脚而使人遭到电击，进而人体可能倒卧在地，使人体与地面接触的部位发生改变，有可能使电流通过人体的重要器官而发生严重后果。离接地点越远，电位越低，遭跨步电压电击的可能性越小，一般说来，离接地点 20 m 以外，电位为零。

1.2　防止触电的安全措施

1.2.1　安全电压

安全电压并没有规定绝对的数值，各国的标准也不尽相同。

多数国家对接触电压的限定值规定为 50 V 和 25 V，这个规定值是以人体允许电流和人体电阻的乘积为依据的。

我国的安全电压，大多采用 36 V 和 12 V。凡是手提照明灯，高度不足 2.5 m 的一般照明灯，危险环境和特别危险环境下的局部照明和携带式电动工具等，如果无特殊安全结构和安全措施，其安全电压均应采用 36 V。

凡是工作地点狭窄，行动困难以及周围有大面积接地导体环境（如金属容器内和隧道内等）的手提照明灯，其安全电压均应采用 12 V。

1.2.2 安全保护

1. 接地保护

接地保护就是将正常情况下不带电，而在绝缘材料损坏后或其他情况下可能带电的电器金属部分，用导线与接地体可靠连接起来的一种保护接线方式。

接地保护一般用于配电变压器中性点不直接接地（三相三线制）的供电系统中，用以保证当电气设备因绝缘损坏而漏电时产生的对地电压不超过安全范围。如果电器产品未采用接地保护，当某一部分的绝缘损坏或某一相线碰及外壳时，电器的外壳将带电，人体万一触及该绝缘损坏的电器设备外壳时，就会发生如图 1.4 所示的触电危险。相反，若将电器设备做了接地保护，单相接地短路电流就会沿接地装置和人体这两条并联支路分别流过。一般来说，人体的电阻大于 1 000 Ω，接地体的电阻按规定不能大于 4 Ω，所以流经人体的电流就很小，而流经接地装置的电流很大。这样就减小了电器设备漏电后人体触电的危险。

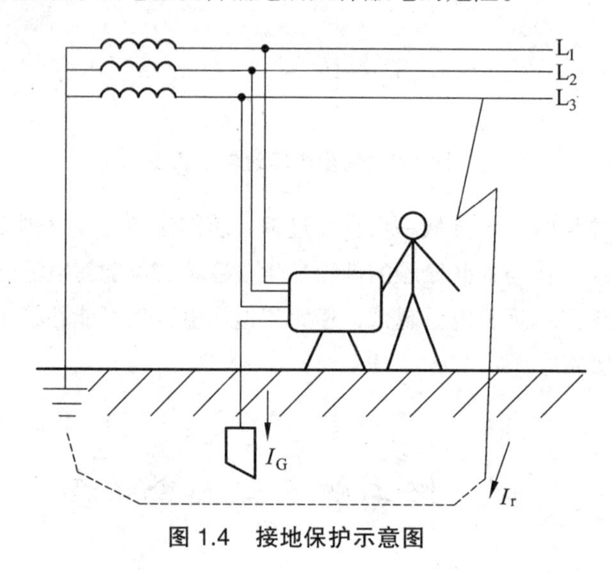

图 1.4 接地保护示意图

2. 接零保护

保护接零就是电气设备在正常运行的情况下，将不带电的金属外壳或构架与电网的零线紧密地连接起来，这种接线方式就叫保护接零。

从图 1.5 中可知，如某一相线碰壳发生短路时，短路电流要比保护接地时大得多，使相线的熔丝熔断，以达到保护人身的安全。

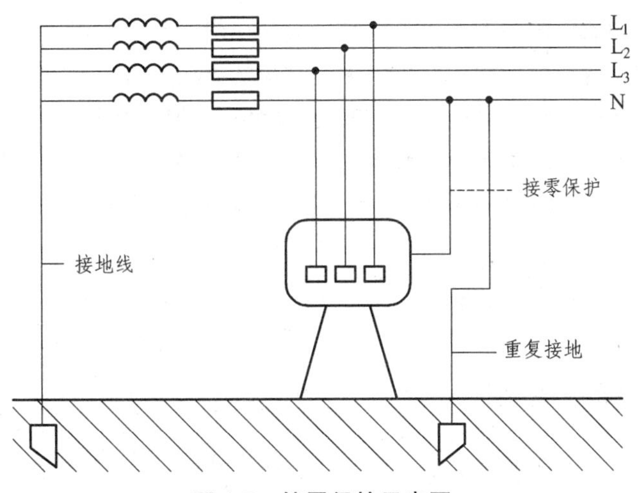

图 1.5　接零保护示意图

对于这种接零保护供电系统，为了防止零线出现偶尔的断电事故，在一定距离或者有分支系统的线路，除了需要正常工作接地外，还需要重复接地。

3. 漏电保护开关

漏电保护开关是一种保护切断型的安全技术，在灵敏性方面比保护接地或保护接零更好。它既能控制电路的通与断，又能保证其控制的线路或设备发生漏电或人身触电时迅速自动掉闸，切断电源，从而保证线路或设备的正常运行及人身安全。该开关主要分为电压型和电流型两种，工作原理基本相同，但由于电流型漏电保护开关在安装方面比电压型漏电保护开关更简便，故使用较为广泛。

漏电保护开关由零序电流互感器、漏电脱扣器、开关装置三部分组成。零序电流互感器用于检测漏电电流；漏电脱扣器将检测到的漏电电流与一个预定基准值比较，从而判断漏电保护开关是否动作；开关装置通过漏电脱扣器的动作来控制被保护电路的闭合与分断。

从图 1.6 中看出，当检测到的剩余电流，即被保护回路内相线和中性线电流瞬时值的代数和，达到一定值的时候，漏电保护开关 T 会十分灵敏地切断接地故障，防止直接接触电击。

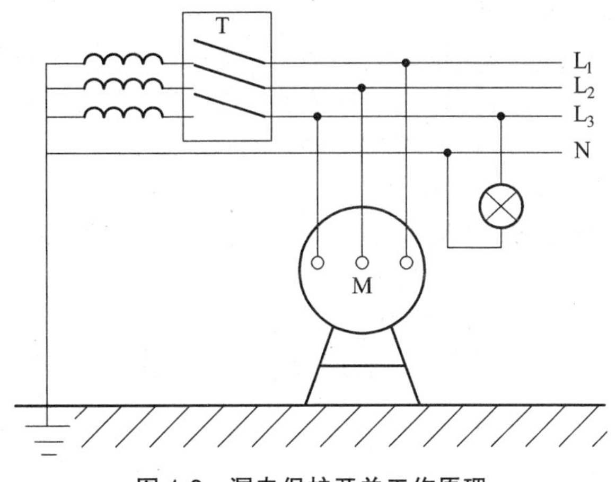

图 1.6　漏电保护开关工作原理

因为漏电开关保护的主要是人身，所以其一般动作值都是毫安级。按国家标准规定，用于直接接触电击事故防护时，应选用一般型（无延时）的剩余电流保护装置，其额定剩余动作电流不超过 30 mA。实际产品额定动作电流一般为 30 mA，动作时间为 0.1 s。

必须安装漏电保护装置的场所和设备主要有：学校、宾馆、饭店、企事业单位和住宅等除壁挂式空调电源插座外的其他电源插座或插座回路；游泳池、喷水池、浴池的电气设备等。

1.2.3 制定安全操作规程

1. 养成安全操作习惯

（1）用电前，先检查电源插头及导线有无金属外露或内部松动；

（2）人体触及任何电器装置和设备时先断开电源；

（3）触摸电路的任何金属部分之前都应进行安全调试；

（4）电子实习场地内讲究文明操作，不能有任何影响其他人员进行操作的行为；

（5）实习场所内，各种工具、设备等需摆放整齐，不要乱放，避免发生事故。

2. 防止机械损伤

（1）在使用螺丝刀、工具刀等锋利的工具时，手不要握在刀口处，以免划伤；

（2）拆焊弹性元器件时，身体不要靠得太近，因为弹起的元件可能会伤及眼睛、皮肤等；

（3）使用钻床时，不要戴上手套或者披散长发进行操作。

3. 防止烫伤

烫伤在电子装焊过程中是频繁发生的一种安全事故，这种烫伤一般不会造成严重的后果，但也会给操作者造成一定的伤害。只要我们注意安全操作，烫伤完全可以避免。

（1）操作者在焊接时，头不要离烙铁头太近，以防焊锡飞溅起来烫伤身体；

（2）烙铁头上多余的锡不要乱扔，以免伤及他人；

（3）烙铁头在没有脱离电源及温度完全降下来时，不能用手触摸；

（4）在焊接电子元器件时，需等元器件表面温度冷却后方能用手去触摸；

（5）通电测试的电路中，一些元器件发热容易造成烫伤，如变压器、大功率器件、电阻及散热片等，尤其是电路发生故障时有的发热器件温度可达到几百摄氏度；

（6）易燃易爆物品不要靠近电烙铁；

（7）防止过热液体烫伤，电子装焊中热液体主要指融化状态的焊锡以及加热后的腐蚀液等。

1.3 现场抢救措施

我们常说的触电主要分为电伤和电击两种，一般情况下，电伤对人体的伤害不算严重，不会导致人的生命危险，因此，触电急救常指的是电击。电击后的伤口清洗处理必须用无菌生理盐水或温开水，切不可以用碘酒、酒精等消毒液，因为这些液体能导致组织细胞坏死而引起生命危险。清洗后的创口必须用纱布或毛巾等覆盖，并迅速请医生处理。

触电后的救护要求动作迅速，救护得法。“时间就是生命”在这里得到体现，根据国外的研究表明，触电后 1 min 救护的伤者，有 90%的治愈可能；而触电后 12 min 救护的伤者，救活的可能性非常小。

1.3.1 触电者尽快脱离电源

救护时，应该首先让触电者脱离电源，要求如下：

（1）迅速断开电源开关，同时要防止受伤者倒下或摔下而造成二次伤害。

（2）救护地点不能及时切断电源或者电源安装过高无法切断，应该用不能导电的物体去实施救护，如干燥的木棍、木板、竹竿、衣物、床单等去挑开电源线或拉开触电者。必要时，也可以用干帕子等包裹砍刀或钳子手柄去切断电线。

（3）施救者千万不能直接用手或者潮湿的以及带有金属手柄的物体去对触电者进行救护，并且救护时最好用单手操作。

1.3.2 人工呼吸法

人工呼吸方法主要包括口对口吹气法、俯卧压背法和仰卧压胸法，常以口对口吹气式人工呼吸法最为方便和有效。

口对口（或鼻）方法操作简单且易掌握，气体的交换量大，接近或等于正常人呼吸的气体量，对触电者施救的效果很好。操作时需按照以下步骤进行：

（1）伤者持仰卧位，即胸腹朝天。

（2）首先清理伤者呼吸道，保持呼吸道清洁。

（3）使伤者头部尽量后仰，以保持呼吸道畅通。

（4）救护人站在其头部的一侧，自己深吸一口气，对着伤者的口（注：两嘴要对紧不要漏气）将气吹入，造成吸气。为使空气不从鼻孔漏出，此时可用另一只手将其鼻孔捏住，然后救护人嘴离开，将捏住的鼻孔放开，并用一手压其胸部，以帮助呼气。这样反复进行，每分钟进行 14 ~ 16 次。如果伤者口腔有严重外伤或牙关紧闭时，可对其鼻孔吹气（注：必须堵住口）即为口对鼻吹气法。口对口吹气时，可以放一块叠二层厚的纱布或一块一层的薄手帕，防止吹气时异物进入口腔内，但不要因此影响空气出入。

（5）救护者自己吸气或换气时，将伤者的口或鼻放松，让其利用胸部的弹性自行吐气。

进行人工呼吸法操作时需注意的事项：

（1）救护人吹气力量的大小，依患者的具体情况而定，一般以吹进气后，病人的胸廓稍微隆起为最合适。如果是儿童的话，只能小量吹气，否则会导致肺泡破裂。

（2）如果胃部充气膨胀，可以一边用手轻轻加压上腹部，一边进行吹气。

（3）在心脏停止跳动的情况下，人工呼吸法必须与胸外心脏按压法同时进行。如果现场只有 1 名救护人员，则两种方法应该交替进行，即每吹气 2 ~ 3 次，再挤压 10 ~ 15 次。

1.3.3 人工胸外心脏按压法

人工胸外心脏按压法是心脏停跳时采用人工方法使心脏恢复跳动的急救方法。操作步骤如下：

（1）将伤者仰卧在比较坚实的地或地板上，仰卧姿势同口对口人工呼吸的姿势，解开衣领，头后仰使气道开放。

（2）救护者跪在病人腰部一侧，或者骑跪在伤者身上，两手相叠，手掌根部放在心窝稍高一点的地方，即两乳头间略下一点，胸骨下 1/3 的地方。

（3）掌根用力向下挤压，压出心脏里面的血液，对成人应该压陷 3 ~ 4 厘米，以每分钟挤压 60 ~ 80 次为宜。

（4）挤压后掌根迅速全部放松，让伤者胸廓自动复原，血液充满心脏，放松时掌根不必完全离开胸廓。

此方法实施时应注意的事项：

（1）对儿童触电者，只需用 1 只手挤压，用力稍轻，以免损伤胸骨；婴儿只用中指与食指在按压区加压就行了，位置要高一点，靠近乳头连线中点上方一指。

（2）按压次数：儿童每分钟按压次数应比成人稍多，儿童每分钟 100 次左右；婴儿每分钟 120 次。

（3）在对触电者进行胸外按压的同时，要进行口对口人工呼吸。只有一人抢救时，可先口对口吹气 2 次，然后立即进行心脏按压 15 次，再吹气 2 次，又再按压 15 次；如果有两人抢救，则一人先吹气 1 次，另一人按压心脏 5 次，接着吹气 1 次，再按压 5 次，如此反复进行，直到医务人员到现场。

（4）若发现伤者脸色转红润，呼吸心跳恢复，能摸到脉搏跳动，瞳孔回缩正常，抢救就算成功了。因此，抢救中应密切注意观察呼吸、脉搏和瞳孔等。

（5）对于触电时发生的一般外伤，可在对伤者进行急救之后再处理。

第2章　电子元器件

电子元器件是各类电子产品的核心组成部分，掌握电子元器件的相关知识是学习电子技术的重要步骤。

电子元器件大致分为三大类：无源器件（包括电阻器、电位器、电容器、电感线圈等）；有源器件（包括二极管、三极管、场效应管、晶闸管、集成电路等）；机电器件（包括插座、继电器、传感器等）。本章将对常用的电子元器件做简单介绍。

2.1　电阻器

电阻器是电子产品中最常用的电子元器件，在电路中起分流和分压的作用，对信号来说，交流与直流信号都可以通过电阻。

常用电阻器分为三大类：固定电阻（电阻值固定不变）、电位器（电阻值可通过手动调节连续可变）、敏感电阻器（电阻值会随温度、湿度、压力、光线、磁场和气体的变化而发生改变）。

电阻器的单位为兆欧姆（MΩ）、千欧姆（kΩ）、欧姆（Ω）。

$$1\ \text{M}\Omega = 10^3\ \text{k}\Omega = 10^6\ \Omega$$

2.1.1　电阻器的电路符号及外形

在国内电路原理图中，电阻器通常用大写字母“*R*”表示，电路符号及外形如图 2.1 所示。

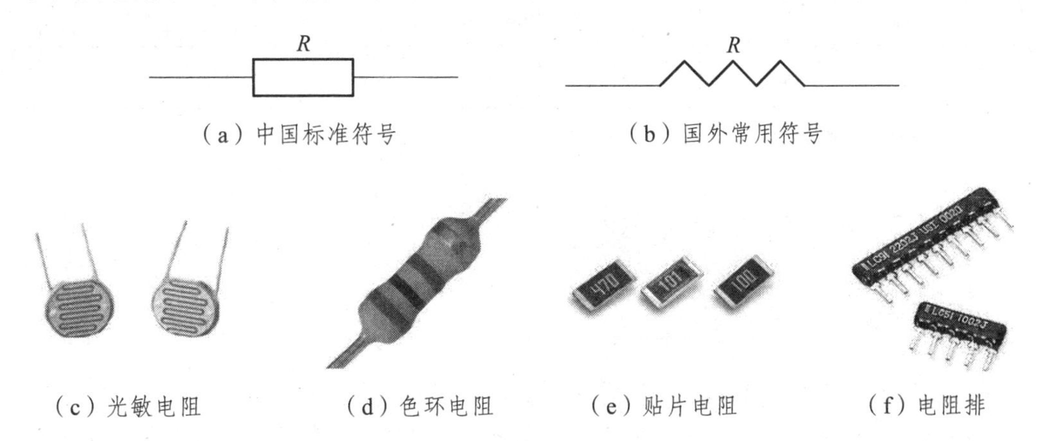

图 2.1　电阻器的符号及外形

2.1.2 电阻器的主要参数

1. 额定功率

额定功率是指电阻在一定的条件下长期使用所允许承受的最大功率。电阻器的体积大，功率大；体积小，功率小。额定功率越大，允许通过的电流越大。固定电阻器的额定功率有 1/8 W、1/4 W、1/2 W、1 W、2 W、3 W、5 W 和 10 W。小电流电路中，电阻器的功率一般选用 1/8 ~ 1/2 W，大电流电路中，电阻器的功率一般选用 1 W 以上。电阻器功率符号如图 2.2 所示。

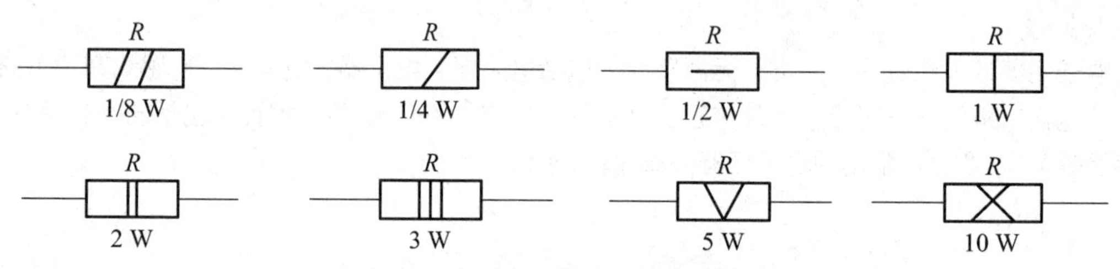

图 2.2 表示电阻器功率的电路符号

2. 标称阻值

标称阻值是指电阻体表面上标注的电阻值，简称阻值。

由于电阻器不能随意生产出任何阻值，所以为了生产、选用和使用方便，国家规定了电阻器阻值的标称值分别为 E-24、E-12 和 E-6 系列，见表 2.1。该系列也适用于电位器和电容器。

表 2.1 标称电阻值系列

标称阻值系列	允许误差	误差等级	标称值
E-24	±5%	Ⅰ	1.0，1.1，1.2，1.3，1.5，1.6，1.8，2.0，2.2，2.4，2.7，3.0，3.3，3.6，3.9，4.3，4.7，5.1，5.6，6.2，6.8，7.5，8.2，9.1
E-12	±10%	Ⅱ	1.0，1.2，1.5，1.8，2.2，2.7，3.3，3.9，4.7，5.6，6.8，8.2
E-6	±20%	Ⅲ	1.0，1.5，2.2，3.3，4.7，6.8

注：表中数值再乘以 10^n，其中 n 为正整数或负整数。

2.1.3 电阻器的标识方法

1. 直标法

直标法是用数字和字母直接在电阻器表面标出标称阻值和误差。单位为欧姆（Ω）、千欧姆（kΩ）和兆欧姆（MΩ）。其误差表示的方式有两种：一种用罗马数字Ⅰ、Ⅱ、Ⅲ分别表示误差为±5%、±10%、±20%，若电阻上未注误差则为±20%；另一种是用字母表示误差，各字母对应的误差见表2.2。

表2.2　字母所表示的允许误差

字母	W	B	C	D	F
允许误差	±0.05%	±0.1%	±0.25%	±0.5%	±1%
字母	G	J	K	M	N
允许误差	±2%	±5%	±10%	±20%	±30%

例如：标示为“12 kΩⅡ”的电阻器，阻值为12 kΩ±10%。

2. 符号法

符号法是将数字和字母两者有规律地组合在一起表示电阻器的阻值。字母前面的数字表示整数阻值，后面的数字依次表示第一位小数阻值和第二位小数阻值。其允许误差也用字母表示。

例如：标示为“1k2”的电阻器，阻值为1.2 kΩ；

标示为“8R2”的电阻器，阻值为8.2 Ω；

标示为“R33”的电阻器，阻值为0.33 Ω。

3. 数码法

数码法是用三位有效数表示电阻器的阻值，前两位数表示有效数值，第三位数表示零的个数，单位为欧姆（Ω）。该方法常见于贴片电阻器或进口器件上。

例如：标示为“103”的电阻器，阻值为10 000 Ω = 10 kΩ；

标示为“221”的电阻器，阻值为220 Ω；

标示为“220”的电阻器，阻值为22 Ω；

标示为“000”的电阻器，阻值为0 Ω。

有些贴片电阻器也常用四位有效数表示电阻的阻值，前三位数表示有效数值，第四位数表示零的个数，单位为欧姆（Ω）。

例如：标示为“5601”的电阻器，阻值为5 600 Ω；

标示为“1003”的电阻器，阻值为100 kΩ。

4. 色标法

色标法是用不同颜色的带或点在电阻器表面标出阻值和允许偏差。

色标法一般用四色环和五色环表示，称为四环电阻器和五环电器阻，五环电阻器的阻值精度较高于四环电阻器。

四环电阻器的表示方法：前两环分别表示第一位有效数和第二位有效数，第三环表示倍乘数，第四环表示误差。各色环含义见表2.3。

表 2.3　四环电阻器各色环含义

颜色	第一环（有效数）	第二环（有效数）	第三环（倍乘数）	第四环（误差）
黑	0	0	$\times 10^{0}$	
棕	1	1	$\times 10^{1}$	
红	2	2	$\times 10^{2}$	
橙	3	3	$\times 10^{3}$	
黄	4	4	$\times 10^{4}$	
绿	5	5	$\times 10^{5}$	
蓝	6	6	$\times 10^{6}$	
紫	7	7	$\times 10^{7}$	
灰	8	8	$\times 10^{8}$	
白	9	9	$\times 10^{9}$	
金				±5%
银				±10%

五环电阻器的表示方法：前三环分别表示第一位有效数、第二位有效数和第三位有效数，第四环表示倍乘数，第五环表示误差。各色环含义见表 2.4。

表 2.4　五环电阻器各色环含义

颜色	第一环（有效数）	第二环（有效数）	第三环（有效数）	第四环（倍乘数）	第五环（误差）
黑	0	0	0	$\times 10^{0}$	
棕	1	1	1	$\times 10^{1}$	±1%
红	2	2	2	$\times 10^{2}$	±2%
橙	3	3	3	$\times 10^{3}$	
黄	4	4	4	$\times 10^{4}$	
绿	5	5	5	$\times 10^{5}$	±0.5%
蓝	6	6	6	$\times 10^{6}$	±0.25%
紫	7	7	7	$\times 10^{7}$	±0.1%
灰	8	8	8	$\times 10^{8}$	
白	9	9	9	$\times 10^{9}$	
金				$\times 10^{-1}$	
银				$\times 10^{-2}$	

识读四色环电阻器时，一般金色和银色为第四环（误差），因此靠近它的依次为第三环、第二环、第一环。识读五色环电阻器时，通常第五环（误差）与第四环的距离远。图 2.3 所示为四色环电阻器和五色环电阻器示例。有些厂家生产不规范，无法判断，这时可借助万用表来判断。

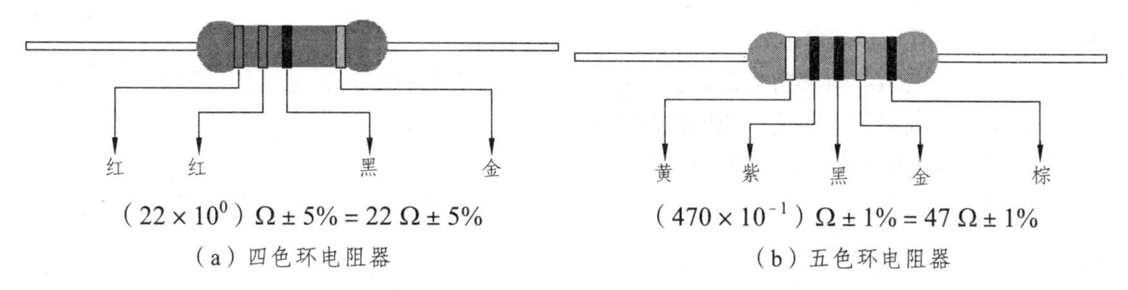

图 2.3　色标法电阻器示例

2.1.4　电阻器的选用

在选用电阻器时，主要考虑电阻器的阻值、误差、额定功率和极限电压。

（1）对于要求不高的电路，在选择电阻器时，其阻值和功率应该与要求值尽量接近，且额定功率只能大于要求值，如果小于要求值，电阻器容易被烧坏。

（2）若无法找到某个阻值的电阻器，可采用多个电阻器串联或并联的方式获得。

（3）若某个电阻器的功率不够，可采用多个电阻器串联或并联的方式获得。至于每个电阻器应选择多大功率，可用公式 $P = U^2/R$ 或 $P = I^2R$ 来计算，再考虑两倍左右的余量。

2.1.5　电阻器的测量

测量固定电阻器，使用万用表的欧姆挡。

（1）先将万用表校零。

校零的方法是将万用表红、黑表笔对接，使表针偏转到“0”，如果未指到“0”，调整“欧姆校零”旋钮，如图 2.4 所示。

（2）万用表校零后再测量电阻值，被测电阻的阻值大小是表针所指数与量程的乘积。

如测量某电阻，万用表置于 $R \times 100$ 量程挡校零，红、黑表笔分别接电阻器的两个引脚，观察表针指在“10”，那么该电阻器的阻值为 $10 \times 100\ \Omega = 1\ 000\ \Omega = 1\ \text{k}\Omega$，如图 2.5 所示。

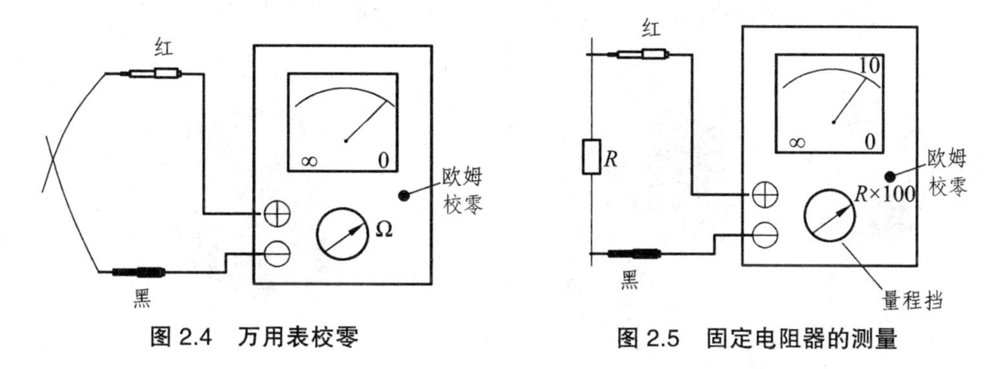

图 2.4　万用表校零　　　**图 2.5　固定电阻器的测量**

在测量时，先识读出电阻器的标称阻值，然后选用合适的量程挡进行校零、测量。若没有识读出电阻器的标称阻值，则选择量程大的挡，然后再依次减小量程，当指针指在满刻度 20% ~

80%时，测量的阻值最准确。

若测量出的电阻器阻值与标称阻值相同或在误差允许的范围内，说明该电阻器正常。

若测量出的电阻值无穷大，说明电阻器开路。

若测量出的电阻值为零，说明电阻器短路。

若测量出的电阻值大于或小于标称阻值，并超出误差允许范围，说明电阻器变值。电阻器开路、短路、变值均不能使用。

2.2 电位器

电位器是电阻器的一种，又称可变电阻器。它的电阻体有两个固定端A和C，因此，A、C之间的电阻值为电阻体的总电阻，通过手动调节转轴或滑柄，改变动触点B在电阻体上的位置，则改变了动触点与任一个固定端之间的电阻值，从而改变了电压与电流的大小，如图2.6所示。

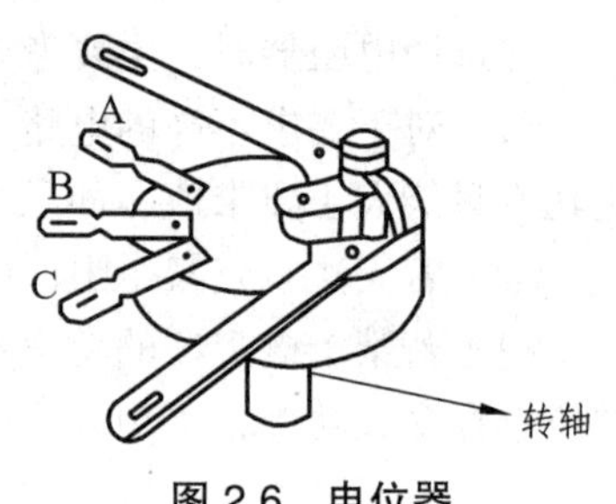

图2.6 电位器

2.2.1 电位器的电路符号及外形

在电路原理图中，电位器通常用大写字母“*RP*”表示，其电路符号及外形如图2.7所示。

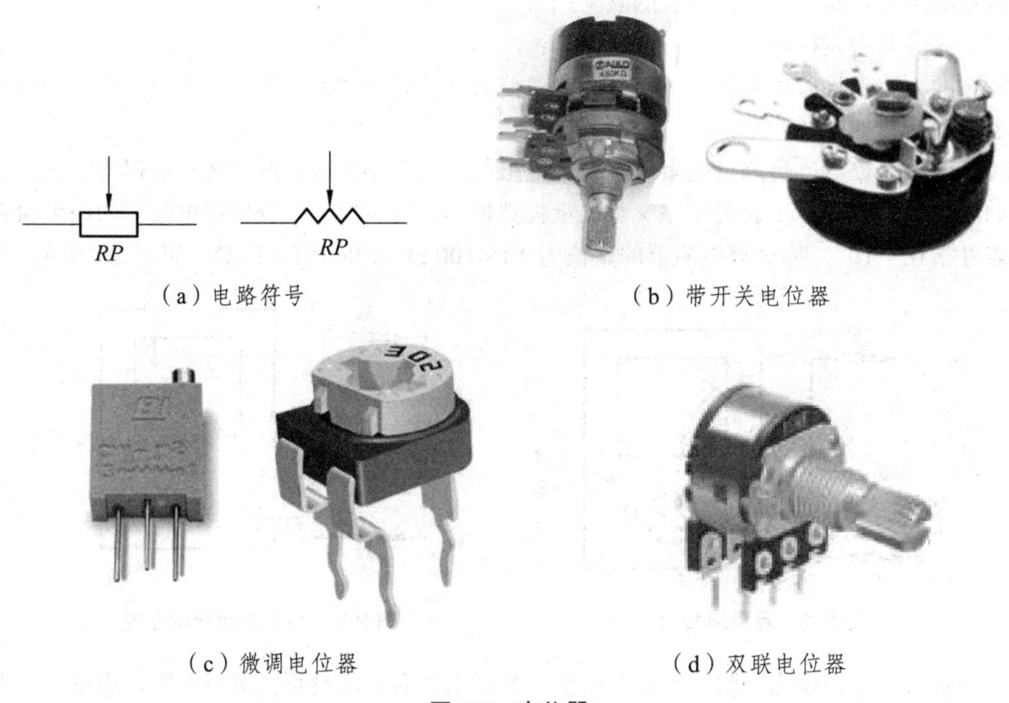

图2.7 电位器

2.2.2 电位器的种类

（1）按电阻体材料分为薄膜型电位器、合成型电位器和合金型电位器等。

（2）按结构特点分为单联电位器、多联电位器、带开关电位器等。

（3）按调节方式分为直滑式电位器和旋转式电位器。

（4）按用途分为普通型、精密型、微调型、功率型和专用型等。

（5）按接触方式分为接触式电位器和非接触式电位器。

2.2.3 电位器的主要参数

1. 标称阻值

标称阻值是指电位器上标注的电阻值，该电阻值是电位器两个固定端之间的电阻值。

2. 阻值变化规律

阻值变化规律是指电位器阻值与转轴旋转角度的关系。反映了电位器输出特性的函数关系。根据阻值变化特性不同，电位器可分为直线式（X）、指数式（Z）和对数式（D），如图 2.8 所示。

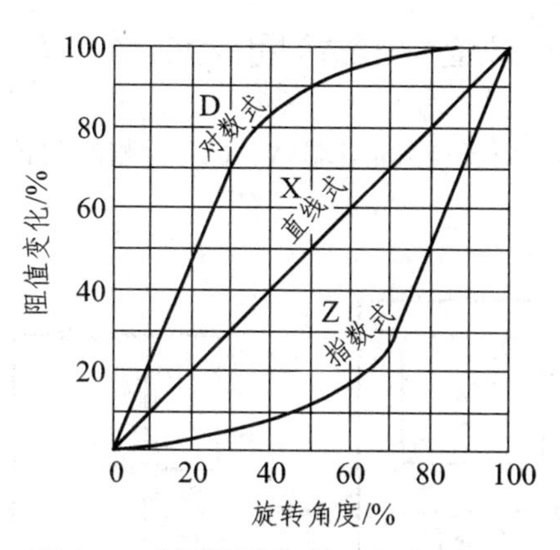

图 2.8 电位器转角与阻值变化规律

直线式电位器的阻值是随转轴的旋转做匀速变化的，并与旋转角度成正比。阻值随旋转角度的增大而增大。通常适用于音响电路中，构成立体声平衡控制器。

指数式电位器的阻值与旋转角度呈指数关系。阻值变化开始比较慢，随转角的加大，阻值变化逐渐加快。通常适用于音量调节电路。

对数式电位器的阻值与旋转角度呈对数关系。阻值的变化开始较大，随转角的加大，阻值变化逐渐减慢。通常适用于音调控制和对比度的调整。

3. 额定功率

额定功率是指电位器的两个固定端允许耗散的最大功率。使用中滑动端与固定端之间所承受的功率要小于额定功率。电位器的功率越大，允许流过的电流也越大。

2.2.4 电位器的选用

（1）标称阻值应尽量相同，若无相同的，可以用阻值相近的替代，但标称阻值不能超过要求值的 ± 20%。

（2）额定功率应尽量相同，若无相同的，可以用功率大的电位器来代替。

（3）阻值变化规律应相同，若无相同的，在要求不高的情况下可以用直线式电位器代替其他类型的电位器。

2.2.5 电位器的测量

用万用表测量时，先根据被测电位器阻值的大小，选择万用表合适的欧姆量程挡。然后可按下述方法进行检测。

1. 用万用表欧姆挡测量电位器固定端 A、C 的电阻值

将万用表红、黑表笔分别接电位器固定端 A、C，所测的阻值应为其标称值，如图 2.9（a）所示。

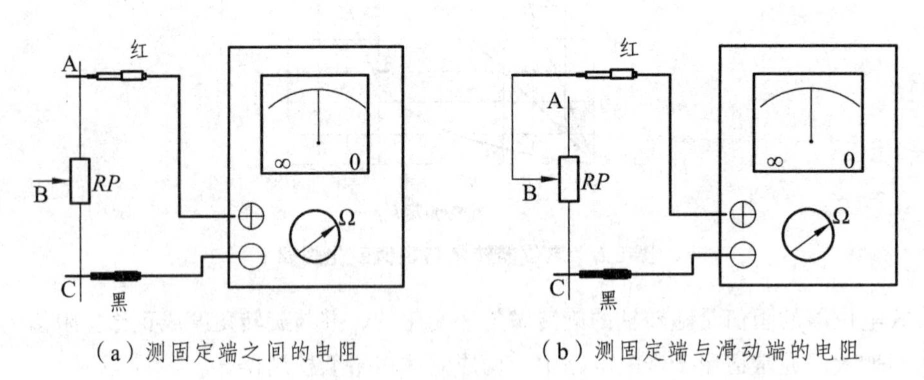

（a）测固定端之间的电阻　　（b）测固定端与滑动端的电阻

图 2.9　电位器的测量

如果测得的阻值为无穷大，说明电位器两个固定端之间开路。

如果测得的阻值为零，说明电位器两个固定端之间短路。

如果测得的阻值大于或小于标称阻值，说明电位器两个固定端之间阻体变值。

2. 用万用表的欧姆挡测 A、B（或 B、C）两端的电阻值

将万用表红、黑表笔分别接电位器任意一个固定端（A 或 C）和滑动端（B），旋转电位器转轴，所测的阻值应在零到标称阻值范围内连续变化，如图 2.9（b）所示。

如果电位器在转动过程中，阻值为零或无穷大，说明电位器有短路或开路的现象。

如果电位器在转动过程中指针有跳动、阻值变化不连续，说明活动触点接触不良。

2.3 电容器

电容器是最常用的元器件。它的作用是阻止直流通过而让交流通过，可用于滤波、温度补偿、计时、调谐、整流、储能等。

电容器可分为固定电容器和可变电容器，固定电容器的容量不能改变，而可变电容器的容量可采用手动的方式进行调节。

2.3.1 电容器的电路符号及外形

在电路原理图中，电容器通常用大写字母“*C*”表示。电路符号及外形如图 2.10 所示。

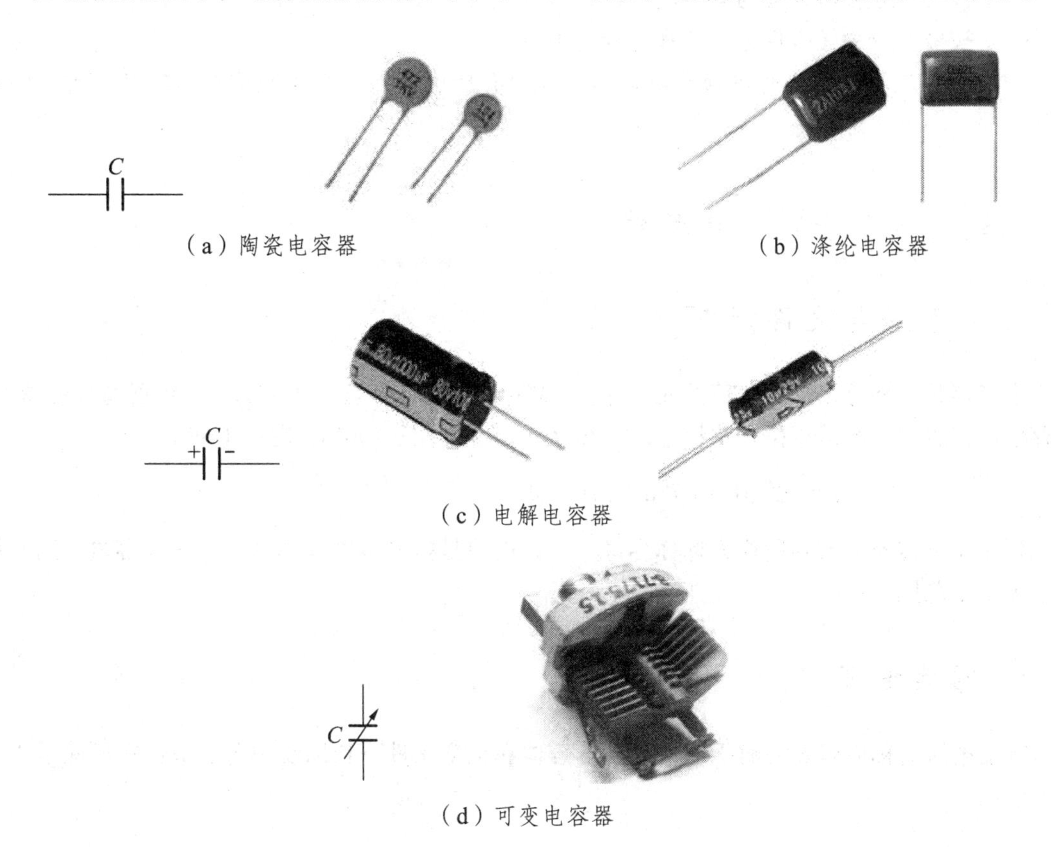

（a）陶瓷电容器

（b）涤纶电容器

（c）电解电容器

（d）可变电容器

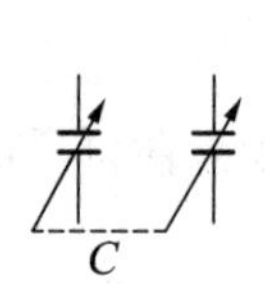

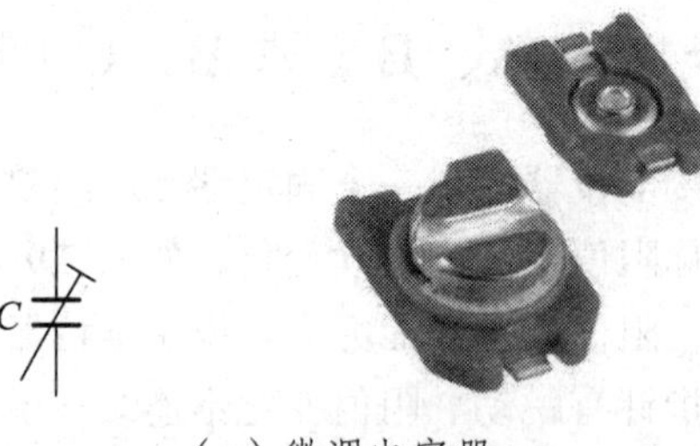

（e）微调电容器

（f）双联可变电容器

图 2.10　电容器的符号及实物外形

2.3.2　电容器的种类

（1）按容量是否可调分为固定电容器、可变电容器和微调电容器。

（2）按极性分为无极性电容器和有极性电容器。

（3）按介质材料分为有机介质电容器、无机介质电容器、气体介质电容器和电解质电容器等。

2.3.3　电容器的主要参数

1. 电容量与允许误差

电容器是一种可以储存电荷的元器件，其储存电荷的多少称为电容量。电容器的容量越大，储存的电荷越多。容量单位是法拉（F），微法（μF）、纳法（nF）、皮法（pF）。

$$1\ \text{F} = 10^6\ \mu\text{F} = 10^9\ \text{nF} = 10^{12}\ \text{pF}$$

标注在电容器上的容量称为标称容量。允许误差是指电容器标称容量与实际容量之间允许的最大误差范围。

2. 额定电压

额定电压又称电容器的耐压值，是指电容器在正常条件下长期使用而不被击穿所能承受的最大电压。

常用固定电容器的直流工作电压系列为 6.3 V、10 V、16 V、25 V、40 V、63 V、100 V、160 V、250 V、1 000 V。

在使用中，如果工作电压大于电容器的额定电压，电容器会损坏。如果电路故障造成加在电容器上的工作电压大于它的额定电压，电容器会被击穿。

3. 绝缘电阻

绝缘电阻是用来表明漏电大小。绝缘电阻越大，表明绝缘性能越好，漏电越小；绝缘电阻小，表明绝缘性能下降，存在着漏电，因此不能使用。

一般小容量电容器的绝缘电阻为无穷大，而电解电容器的绝缘电阻很大，一般达不到无穷大。

4. 温度系数

温度系数是在一定温度范围内，温度每变化 1 °C，电容量的相对变化值。

温度系数有正、负之分，正温度系数表明电容器的容量随温度升高而增大；负温度系数表明电容器的容量随温度升高而下降。电容器的温度系数越小越好。

2.3.4 电容器的标识方法

1. 直标法

直标法是指在电容器上直接标出容量值、容量单位、误差及耐压，有时因电容器体积小可省略单位。规定：小于 1 的数，容量单位为μF；大于 1 的数，容量单位为 pF。

例如：标示为“3”的电容器，容量为 3 pF；

标示为“0.047/250 V”的电容器，容量为 0.047 μF，耐压为 250 V；

标示为“33 μF/50 V”的电容器，容量 33 μF，耐压为 50 V。

2. 文字符号法

文字符号法是将字母和数字有规律地组合在一起来表示电容器的主要参数。字母所表示的误差见表 2.2。

例如：标示为“3n9J/250 V”的电容器，容量 3.9 nF，误差为 ± 5%，耐压为 250 V；

标示为“P1”的电容器，容量为 0.1 pF；

标示为“R33”或“μ33”的电容器，容量为 0.33 μF。

3. 数码法

数码法是用三位有效数表示容量的大小，前两位数表示有效数值，后一位数表示有效数后零的个数，单位为 pF。

例如：标示为“100”的电容器，容量为 100 pF；

标示为“103”的电容器，容量为 10 000 pF；

标示为“479”的电容器，容量为 47×10^{-1} pF = 4.7 pF。

4. 色标法

用色环或色点表示电容器的容量，单位为 pF。电容器的色标法与电阻器的色标法相同。

5. 贴片电容器的标注方法

贴片电容器的体积小，生产工艺的原因，故有很多电容器不标注容量，可查看包装上的标签来识别容量，或用电容表测量，如图 2.11 所示。

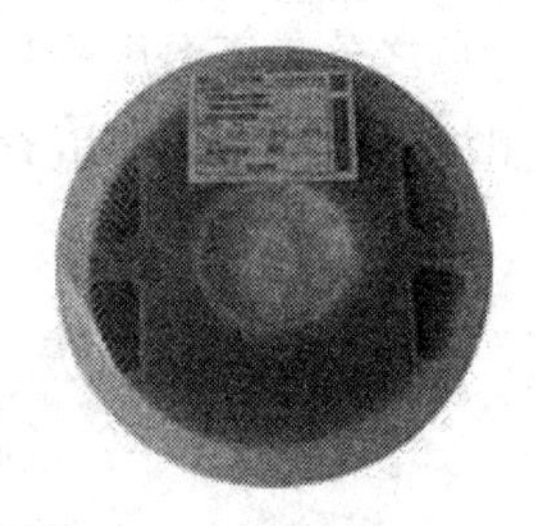

图 2.11　贴片电容器

2.3.5　电容器的选用

1. 标称容量与和耐压要符合电路的要求

对于容量大小有严格要求的电路，选用的电容器容量应与要求相同，而耐压应略大于电路可能出现的最高电压；对于要求不高的电路，选用的电容器容量和耐压应与要求尽量相近。

2. 电容器特性尽量符合电路要求

为了让电路能正常工作，可以针对不同电路的特点选择合适的电容器。

对于电源滤波、低频耦合、旁路电路，一般选用电解电容器。

对于中频电路，一般选用涤纶薄膜电容器和瓷介电容器。

对于高频电路，一般选用瓷介电容器和云母电容器。

对于高压电路，一般选用高压瓷介电容器。

2.3.6 电容器的测量

1. 无极性电容器的测量

利用电容器的充电特性，可用万用表欧姆挡 $R\times10$ k 或 $R\times1$ k 进行电容器好坏的测量。对于容量小的电容器，用万用表欧姆挡 $R\times10$ k 测量。

将万用表的红、黑表笔分别接电容器两引脚，可见表针先向右偏转到一定角度，然后立即返回到无穷大处，表针偏转越大，表明容量越大，此电容器为好的，如图 2.12 所示。

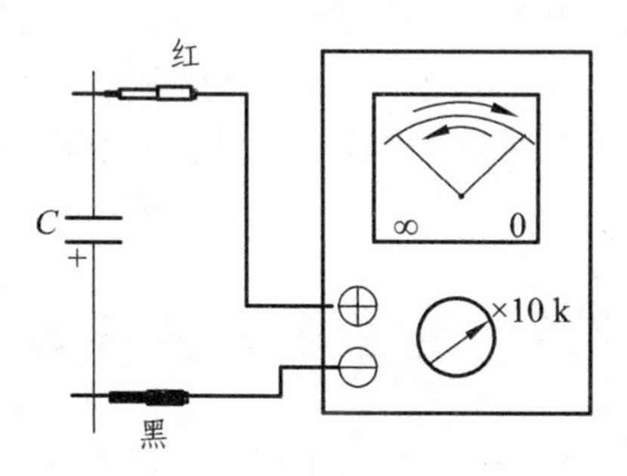

图 2.12 无极性电容器的测量

若表针偏转后不返回到无穷大处，表明漏电大。

若表针根本不动，说明容量小或电容器开路。

若指针偏转到满刻度（电阻为零），并且不返回，说明电容器短路或被击穿。

对于容量小于 0.01 μF 的正常电容器，在测量时表针不会摆动，因此无法用万用表判断是否开路。

2. 电解电容器的测量

用万用表欧姆挡 $R\times10$ k 或 $R\times1$ k 进行电容器好坏的测量。对于容量很大的电容器，用欧姆挡 $R\times100$ 进行测量。

将万用表的黑表笔接电容器的正极，红表笔接负极，测正向电阻，此时表针先向右偏转到一定角度，然后慢慢向左返回，直到停在某一位置，这时的阻值为电容器的正向电阻。测反向电阻时，表针也会先向右偏转到一定角度，然后慢慢向左返回，可测得电容器反向电阻。正向电阻大于反向电阻，如图 2.13 所示。

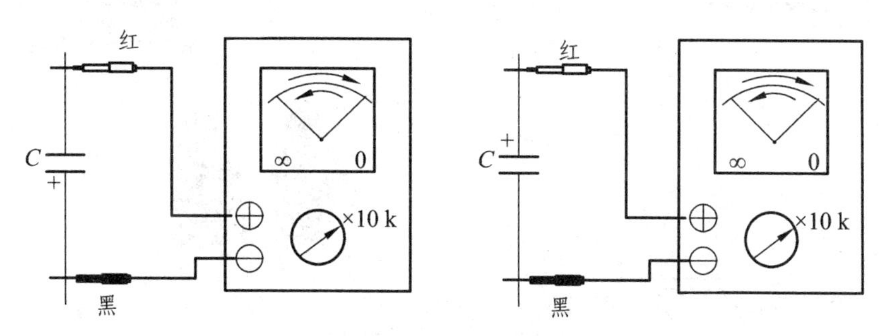

图 2.13 电解电容器的测量

若正、反向电阻均为无穷大，表明电容器开路。

若正、反向电阻都很小，表明电容器漏电。

若正、反向电阻均为零，表明电容器短路。

3. 可变电容器的测量

可变电容器主要检测电容器动片和定片之间是否有短路现象。

万用表置于 $R \times 10\ \text{k}$ 量程挡，一只手将红、黑表笔分别接可变电容器的动片和定片的引脚；另一只手将转轴缓慢来回转动，指针都应在无穷大处不动，该可变电容器正常。

若指针指向零，则说明可变电容器动片与定片之间存在短路。

若指针指向某一阻值，则说明可变电容器动片与定片之间存在漏电现象。

2.4 电感器与变压器

2.4.1 电感器

电感器通常称电感线圈，是采用漆包线或纱布线一圈接一圈地绕在绝缘管、磁芯（磁棒）或铁芯上的一种元件，它是利用电磁感应原理制成的。

电感器具有“通直阻交”和“阻碍变化的电流”的特性，所以线圈在电路中起阻流、降压、负载用。

1. 电感器的电路符号及外形

在电路原理图中，电感器通常用大写字母“*L*”表示，其电路符号及外形如图 2.14 所示。

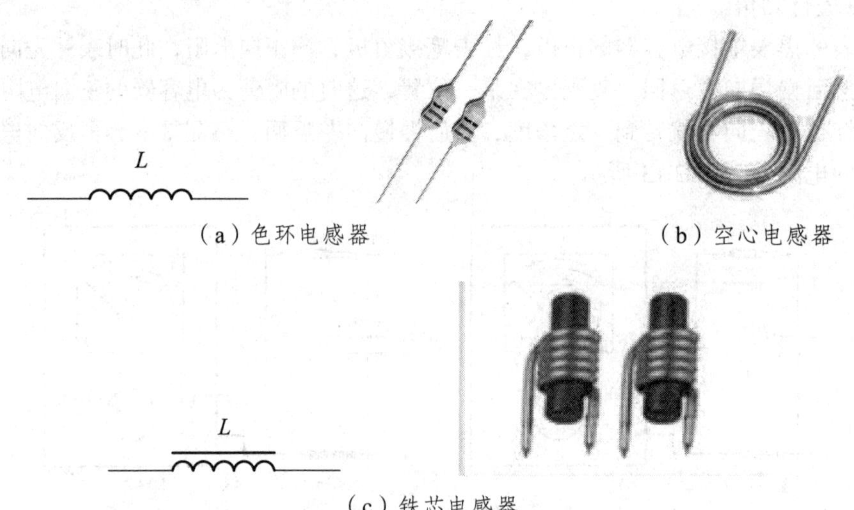

（a）色环电感器　　（b）空心电感器

（c）铁芯电感器

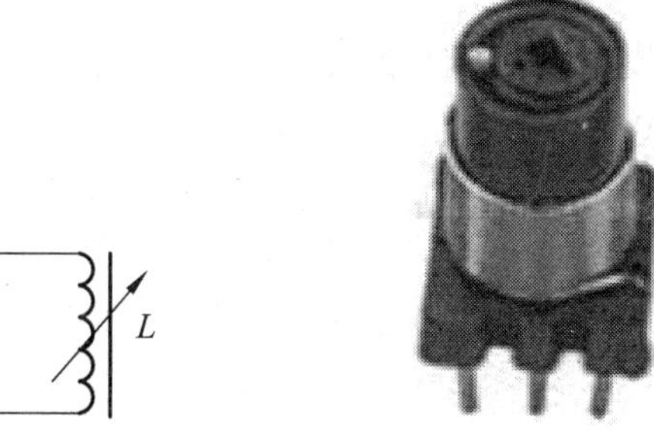

（d）可调电感器

图 2.14　电感器的电路符号及外形

2. 电感器的种类

（1）根据外形分为空心电感器（空芯线圈）和实芯电感器（实芯线圈）。

（2）根据工作性质分为高频电感器、低频电感器和滤波器。

（3）根据封装形式分为普通电感器、色环电感器、环氧树脂电感器和贴片电感器。

（4）根据电感量分为固定电感器和可调电感器。

3. 电感器的主要参数

（1）电感量。

表示电感能力的物理量，称为电感量或电感系数。基本单位为亨利（H），常用单位有毫亨（mH）和微亨（μH）。

$$1\ \text{H} = 10^3\ \text{mH} = 10^6\ \mu\text{H}$$

电感器的电感量大小主要与线圈的匝数（圈数）、绕制方式、有无磁芯及磁芯材料等有关。线圈匝数越多、绕制的线圈越密集，电感量越大；有磁芯的比无磁芯的电感量大；磁芯磁导率越高，电感量越大。

（2）误差。

误差是指电感器上标称的电感量与实际电感量之间的误差值。对于精度要求较高的电路，允许误差为 ± 0.2% ~ ± 0.5%；一般电路，允许误差为 ± 10% ~ ± 15%。

（3）品质因数。

品质因数也称 Q 值，是衡量电感器质量的主要参数。它是指电感器在某一频率的交流电压下工作时，感抗（电感器对交流信号的阻碍）与直流电阻的比值。电感量越大，感抗越大。

$$Q = \frac{X_L}{R} \quad (X_L = 2\pi f L)$$

提高电感器品质因数可通过提高电感量来实现，也可通过减小电感器的直流电阻来实现。电感器的 Q 值越高，损耗越小，频率越高。

（4）分布电容。

分布电容是指线圈匝与匝之间、线圈与磁芯之间存在的电感量。电感器的分布电容越小，稳定性越好。

（5）额定电流。

额定电流是指电感器在正常工作时允许通过的最大电流值。在使用时，若工作电流超过额定电流，电感器就会因发热导致性能参数发生改变，甚至还会因过流而烧毁。

4. 电感器的标识方法

（1）直标法。

电感器的主要参数直接标注在电感器上。误差分别用Ⅰ、Ⅱ、Ⅲ表示 ± 5%、± 10%、± 20%。字母所表示的误差见表 2.2。额定电流的表示见表 2.5。

表 2.5　字母表示的额定电流

字母	A	B	C	D	E
额定电流	50 mA	150 mA	300 mA	0.7 mA	1.6 A

例如：标示为“23 μHK”的电感器，电感量为 23 μH，误差为 ± 10%；

标示为“AⅠ10 μH”的电感器，电感量为 10 μH，误差为 ± 5%，额定电流为 50 mA。

（2）数码法。

数码法是用三位有效数表示电感量的大小，前两位数表示有效数值，后一位数表示有效数后零的个数，单位为μH。常用于贴片元件。

例如：标示为“102J”的电感器，电感量为 1 000 μH 误差为 ± 5%；

标示为“470”的电感器，电感量为 47 μH。

（3）色标法。

电感器的色标法与电阻的色标法相同。

注：色环电感器和色环电阻器的区别在于电感器两头尖，中间大，其电阻值为零。

5. 电感器的选用

（1）选用电感器的电感量必须与电路要求一致，额定电流选大一些不会影响电路的正常工作。电感器的工作频率要适合电路。

（2）对于不同的电路，应选择相应性能的电感器。在使用电感器时应注意不要随便改变线圈形状的大小和线圈间的距离，否则会影响线圈原来的电感量，尤其对高频线圈更应注意。

（3）对于小型固定电感器或色码电感器，如果电感量相同、额定电流相同，一般可以互换。

6. 电感器的测量

用万用表欧姆挡测量电感器的直流电阻，如果阻值较小说明正常，如果阻值很大，甚至指针不摆动，说明电感器已经开路损坏，如图 2.15 所示。

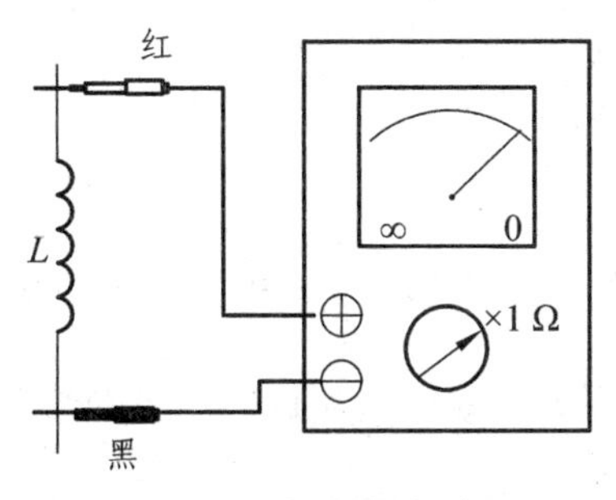

图 2.15　电感器的测量

2.4.2　变压器

变压器主要是由铁芯或磁芯和绕在绝缘骨架上的漆包线线圈构成，它是利用电-磁和磁-电转换原理工作的。变压器可以改变交流电压和交流电流的大小。匝数越多的线圈，两端电压越高，流过的电流越小。

1．变压器的电路符号及外形

在电路原理图中，变压器通常用大写字母“T”表示。电路符号及外形如图 2.16 所示。

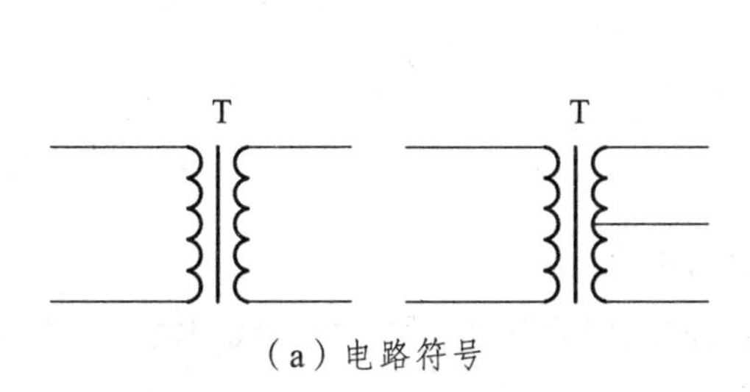

（a）电路符号

（b）实物外形

图 2.16　变压器

2．变压器的种类

（1）按铁芯种类不同可分为空心变压器、磁芯变压器和铁芯变压器。

（2）按用途不同可分为电源变压器、音频变压器、脉冲变压器、恒压变压器、自耦变压器和隔离变压器等。

（3）按工作频率不同可分为低频变压器、中频变压器和高频变压器。

3．变压器的主要参数

（1）电压比。

变压器的电压比是指一次绕组电压 U_1 与二次绕组电压 U_2 之比等于一次绕组匝数 N_1 与二次

绕组匝数 N_2 之比，即 $n=\frac{U_1}{U_2}=\frac{N_1}{N_2}$。

（2）效率。

效率是指在额定功率时，变压器的输出功率 P_2 与输入功率 P_1 比值，即 $\eta=\frac{P_2}{P_1}\times 100\%$。

当输出功率 P_2 等于输入功率 P_1，效率 η 为 100%，此时变压器不产生任何损耗。η 值越大，表明变压器损耗越小，效率越高。

（3）额定电压。

额定电压是指在变压器的初级线圈上所允许施加的电压，正常工作时不得大于规定值。

（4）额定功率。

额定功率是指变压器在规定的工作频率和电压下长期工作时输出的功率。

4．变压器的选用

（1）选用电源变压器是输入、输出电压要符合电路的要求，额定功率应大于电路所需的功率。

（2）在设计电路时，要考虑变压器的结构、电压比、工作电压和额定功率。最好用同型号的变压器代换已损坏的变压器，或尽量用相似变压器进行替换。

5．变压器的测量

用万用表的欧姆挡进行变压器好坏的测量。

第一步：测量变压器初级线圈和次级线圈的直流电阻。

万用表置于 $R\times 1$ 量程挡测量变压器初级线圈之间的直流电阻，次级线圈之间的直流电阻，阻值应较小。若为无穷大，变压器开路，如图 2.17 所示。

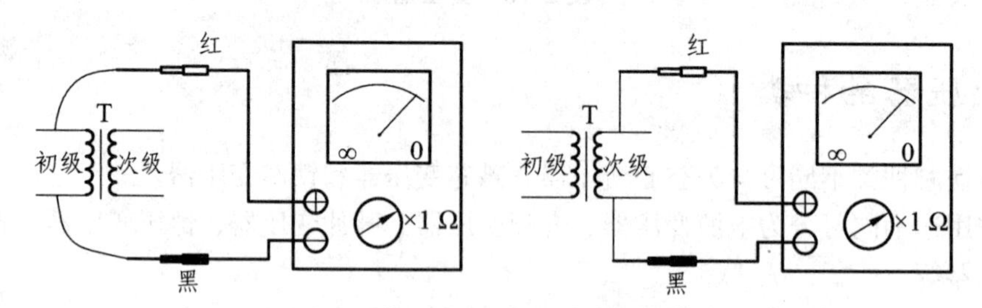

图 2.17　变压器初级、次级直流电阻测量

第二步：测量初级线圈与次级线圈之间的绝缘电阻。

万用表置于 $R\times 10\text{ k}$ 量程挡，红、黑表笔分别接初级线圈与次级线圈的一端，阻值应为无穷大，说明绝缘良好，如图 2.18 所示。

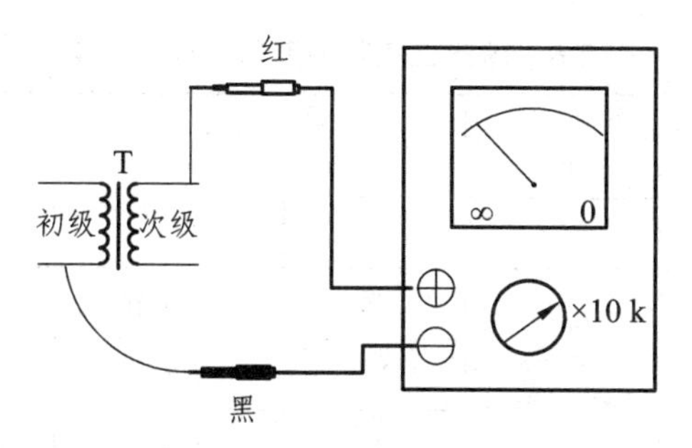

图 2.18　初级线圈与次级线圈绝缘电阻测量

第三步：测量变压器绝缘电阻。

万用表置于 $R\times10$ k 量程挡，一支表笔接线圈各引线端，另一支表笔接变压器外壳，表针都不偏转，说明线圈与铁芯间绝缘良好。若某次测量时有偏转，说明这一线圈与外壳之间存在短路，如图 2.19 所示。

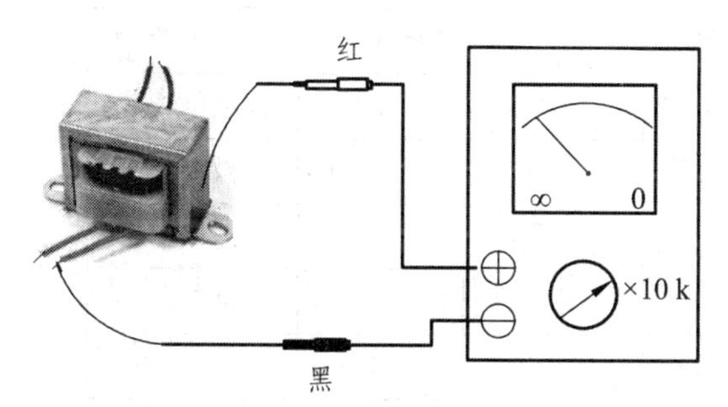

图 2.19　测量变压器绝缘电阻

2.5　二 极 管

晶体二极管简称二极管，是常用的半导体器件，它由一个 PN 结构成，具有单向导电性。常用于整流、检波、开关及稳压等。

2.5.1　国产二极管的型号命名

国产二极管的型号命名分为五个部分，如图 2.20 所示，各部分的含义见表 2.6。

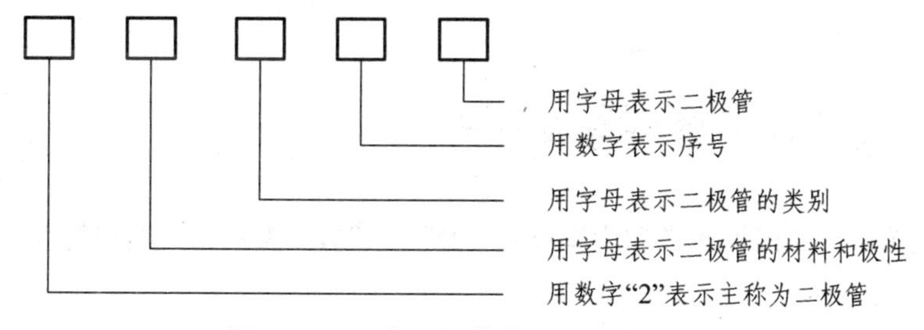

图 2.20　国产二极管的型号命名方法

表 2.6　国产二极管的型号命名及含义

第一部分 主称		第二部分 材料与极性		第三部分 类别		第四部分 序号	第五部分 规格号
数字	含义	字母	含义	字母	含义		
2	二极管	A	N 型 锗材料	P	普通管	用数字表示同一类别产品序号	用字母表示产品规格
				W	稳压管		
				L	整流堆		
		B	P 型 锗材料	N	阻尼管		
				Z	整流管		
				U	光电管		
		C	N 型 硅材料	K	开关管		
				B 或 C	变容管		
				V	混频检波管		
		D	P 型 硅材料	JD	激光管		
				S	隧道管		
				CM	磁敏管		
		E	化合 物材料	H	恒流管		
				Y	体效应管		
				EF	发光二极管		

例如：2CW56：N 型硅材料稳压二极管

2——二极管

C——N 型硅材料

W——稳压管

56——序号

2AP9：N 型锗材料普通二极管

2——二极管

A——N 型锗材料

P——普通型

9——序号

2.5.2　二极管的电路符号及外形

在电路原理图中，二极管通常用大写字母“D”或“W”表示，其电路符号及外形如图 2.21 所示。

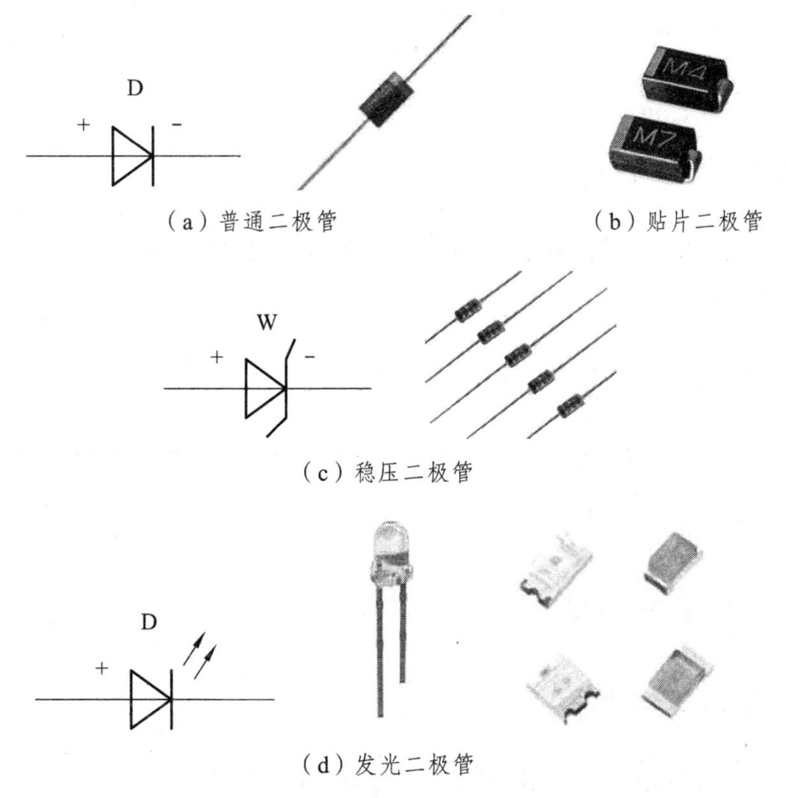

（a）普通二极管　　（b）贴片二极管

（c）稳压二极管

（d）发光二极管

图 2.21　二极管的电路符号及外形

2.5.3　二极管的种类

（1）按材料分为锗二极管、硅二极管和砷化镓二极管。

（2）按功能分为普通二极管、整流二极管、稳压二极管、检波二极管、发光二极管、光电二极管等。

（3）按封装形式分为塑料封装二极管、金属封装二极管、玻璃封装二极管。

（4）按制作工艺分为面接触型二极管和点接触型二极管。

2.5.4　二极管的主要参数

1. 额定工作电流 I_F

额定工作电流是指二极管长时间连续工作时允许通过的最大正向电流值。二极管使用中不要超过额定正向工作电流，否则，由于管芯过热而损坏。

2. 最高反向工作电压 U_R

最高反向工作电压是指二极管正常工作时两端能承受的最高反向电压。当此电压高到一定值时，会将管子击穿，失去单向导电能力，所以为了保证使用安全，规定了最高反向工作电压值。

3．最大反向电流 I_R

最大反向电流是指二极管两端加最高反向工作电压时流过的反向电流。反向电流越小，管子的单向导电性越好。

4．最高工作频率 f_m

最高工作频率是指二极管在正常工作条件下的最高频率。如果加在二极管的信号频率高于该频率，二极管将不能正常工作。

2.5.5　二极管的测量

1．二极管的极性判别

二极管的极性可以通过观察二极管的外形来识别，对于塑料封装的二极管，用灰色的色带表示二极管的负极；对于玻璃封装的二极管，用黑色的色带表示二极管的负极；对于一些工作电流很大的整流二极管，带螺纹的一端为二极管的负极；对于贴片二极管，标有白色横条的那端为二极管的负极，如图 2.22 所示。

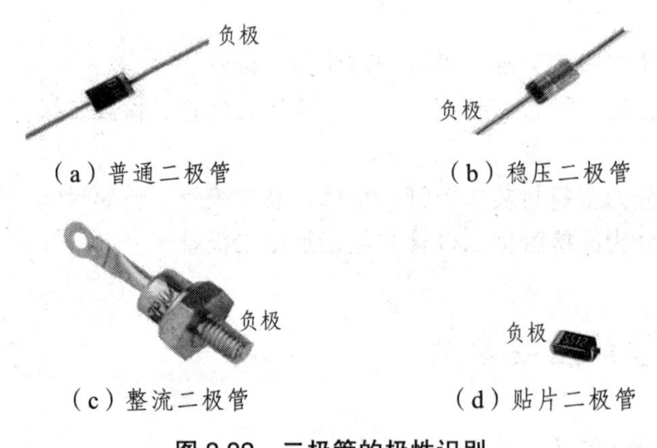

（a）普通二极管　（b）稳压二极管　（c）整流二极管　（d）贴片二极管

图 2.22　二极管的极性识别

二极管的极性也可以通过万用表来判别。

根据二极管正向电阻小，反向电阻大的特点，用万用表的欧姆挡判别二极管的极性。

万用表置于 $R\times100$ 或 $R\times1\ \text{k}$ 量程挡。红、黑表笔分别接二极管的两管脚，测得两次电阻的阻值，电阻值小的那一次，黑表笔接的为二极管的正极，红表笔接的为二极管的负极；电阻值大的那一次，红表笔接的为二极管的正极，黑表笔接的为二极管的负极，如图 2.23 所示。

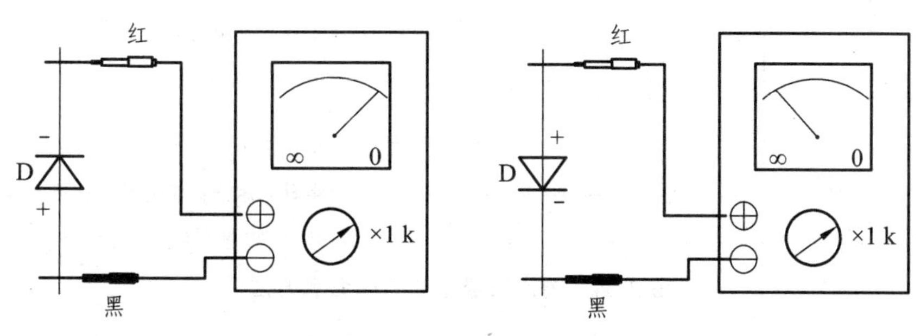

图 2.23　二极管极性判别

2. 发光二极管的测量

1）从外观识别极性

对于未使用过的发光二极管，引脚长的为正极，引脚短的为负极。

2）用万用表 *R*×10 k 量程挡检测极性

红、黑表笔分别接发光二极管的两个电极，测得两次阻值，以阻值小的那次为准，黑表笔接的为正极，红表笔接的为负极。且二极管发光。

3. 稳压二极管、普通二极管的区别

用万用表 *R*×1 k 量程挡测量二极管的反向电阻，阻值较大，此时，将万用表转换到 *R*×10 k 量程挡，如果出现万用表指针向右偏转较大角度，即反向电阻值减小，则该二极管为稳压二极管；如果反向电阻基本不变，说明该二极管为普通二极管。

2.6　三极管

晶体三极管简称三极管，其工作状态有三种：放大、饱和、截止。三极管最主要的功能是电流放大，同时又是理想的无触点开关元器件。

2.6.1　国产三极管的型号命名

国产三极管的型号命名由五部分组成，各部分组成如图 2.24 所示，各部分含义见表 2.7。

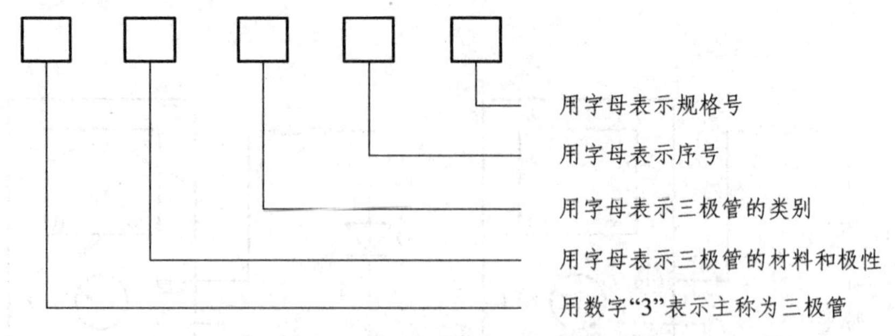

图 2.24　国产三极管的型号命名方法

表 2.7　国产三极管的型号命名及含义

第一部分 主称		第二部分 材料与极性		第三部分 类别		第四部分 序号	第五部分 规格号
数字	含义	字母	含义	字母	含义		
3	三极管	A	锗材料 PNP 型	X	低频小功率管	用数字表示同一类别产品序号	用字母表示产品规格
				G	高频小功率管		
		B	锗材料 NPN 型	D	低频大功率管		
				A	高频大功率管		
		C	硅材料 PNP 型	T	半导体闸流管		
				B	雪崩管		
		D	硅材料 NPN 型	J	阶跃恢复管		
				CS	场效应器件		
		E	化合 物材料	BT	半导体特殊器件		
				FH	复合管		
				PIN	PIN 型		
				JG	激光器件		

例如：3AD50C：锗材料 PNP 型低频大功率三极管

3——三极管

A——PNP 型锗材料

D——低频大功率管

50——序号

C——规格号

2.6.2　三极管的电路符号及外形

在电路原理图中，三极管通常用大写字母“VT”表示。电路符号及外形如图 2.25 所示。

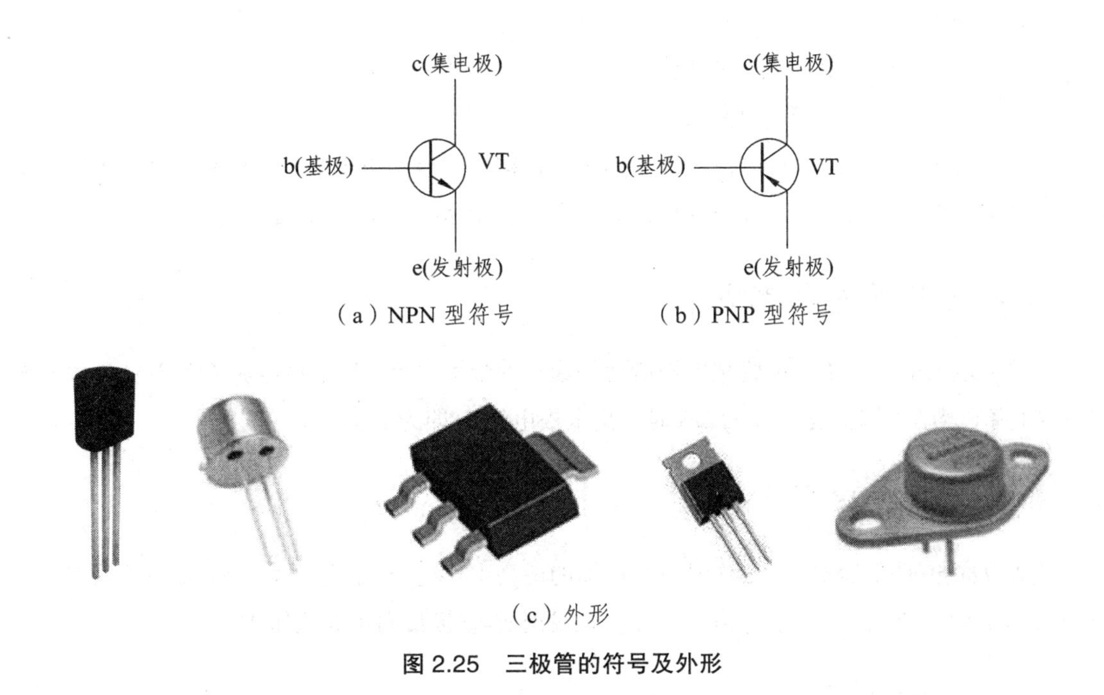

图 2.25　三极管的符号及外形

2.6.3　三极管的种类

（1）按极性分为 NPN 型三极管和 PNP 型三极管。
（2）按材料分为硅三极管和锗三极管。
（3）按工作频率分为低频三极管和高频三极管。
（4）按功率分为小功率三极管、中功率三极管和大功率三极管。
（5）按安装形式分为普通方式三极管和贴片三极管。

2.6.4　三极管的主要参数

1. 电流放大倍数

三极管的电流放大倍数是表示三极管的放大能力。根据三极管工作状态不同，分为直流放大倍数和交流放大倍数。

直流放大倍数是指在静态无输入变化信号时，三极管集电极电流 I_c 和基极电流 I_b 的比值，（用β或 h_{FE} 表示），即

$$h_{FE}=\frac{集电极电流\ I_c}{基极电流\ I_b}$$

交流放大倍数是指在交流状态下，三极管集电极电流变化量ΔI_c与基极电流变化量ΔI_b 的比值（用β表示），即

$$\beta=\frac{\text{集电极电流变化量}}{\text{基极电流变化量}}$$

交流放大倍数是反映三极管放大能力的重要指标。尽管两个电流放大倍数的含义不同，但在小信号下，两者近似相等。在实际使用时，一般选用β在 40 ~ 80 的管子较为合适。

2. 集电极最大电流 I_{CM}

集电极最大电流时指三极管集电极所允许通过的最大电流。集电极电流 I_C 上升会导致三极管的β下降，当β下降到正常值的 2/3 时，集电极电流 I_C 即为 I_{CM}。

3. 最大反向电压

最大反向电压指三极管在工作时所允许加的最高工作电压。它包括集电极-发射极反向击穿电压 U_{CEO}、集电极-基极反向击穿电压 U_{CBO} 及发射极-基极反向击穿电压 U_{EBO}。

4. 反向电流

反向电流包括集电极-基极之间的反向电流 I_{CBO} 和集电极-发射极之间的反向电流 I_{CEO}。

5. 集电极最大允许功耗 P_{CM}

三极管在工作时，集电极电流流过集电结时会产生热量，从而使三极管温度升高。在规定的散热条件下，集电极电流 I_C 在流过三极管集电极时允许消耗的最大功率称为集电极最大允许功耗 P_{CM}。

当三极管的实际功耗超过 P_{CM} 时，温度会上升致使管子烧坏。

6. 频率特征 f_T

在工作时，三极管的放大倍数会随着信号的频率升高而减小。使三极管的放大倍数下降到 1 的频率称为三极管的频率特征。当信号频率 $f=f_T$ 时，三极管对该信号将失去电流放大功能；当信号频率 $f>f_T$ 时，三极管将不能正常工作。

2.6.5 三极管的测量

1. 三极管的管脚判别

1）首先找出 b（基极）

万用表置于 $R\times100$ 或 $R\times1$ k 量程挡，黑表笔接三极管的某一个脚，红表笔分别接另外两脚，测得两次阻值均小的，黑表笔接的是 b 极，该管为 NPN 型，如图 2.26 所示。

如果红表笔接三极管的某一个脚，黑表笔分别接另外两脚，测得两次阻值均小的，红表笔接的是 b 极，该管为 PNP 型。

2）找出 c（集电极）

万用表置于 $R\times100$ 或 $R\times1$ k 量程挡，红、黑表笔分别接三极管余下的两脚。

对于 NPN 型三极管，在黑表笔和 b 极之间加人体电阻（用手指同时接触黑表笔和 b 极），观察两次万用表指针偏转角度，其中指针偏转角度大的那次，黑表笔接的是 c 极（集电极），如图 2.27 所示。

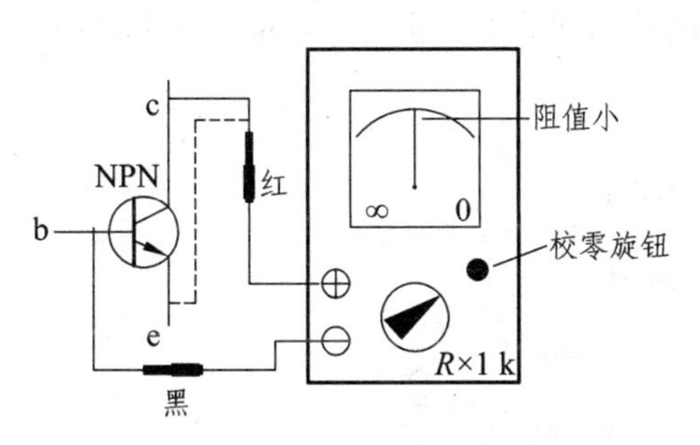

图 2.26　三极管基极的判别

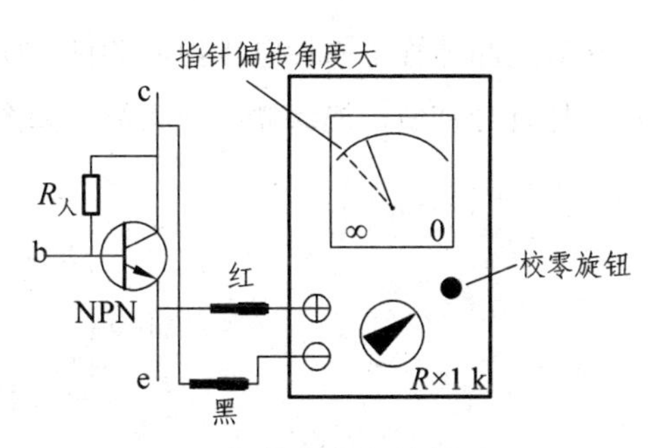

图 2.27　三极管集电极的判别

对于 PNP 型三极管，在红表笔和 b 极之间加人体电阻（用手指同时接触红表笔和 b 极），观察两次万用表指针偏转角度，其中指针偏转角度大的那次，红表笔接的是 c 极（集电极）。

2. 利用万用表的 h_{FE} 挡判别三极管的管脚

将万用表置于 h_{FE} 挡（三极管放大倍数量程挡），三极管各管脚分别插入相应的插孔中，测得放大倍数大的那次为准，则各插孔所对应的为三极管的 c、b、e 脚，如图 2.28 所示。

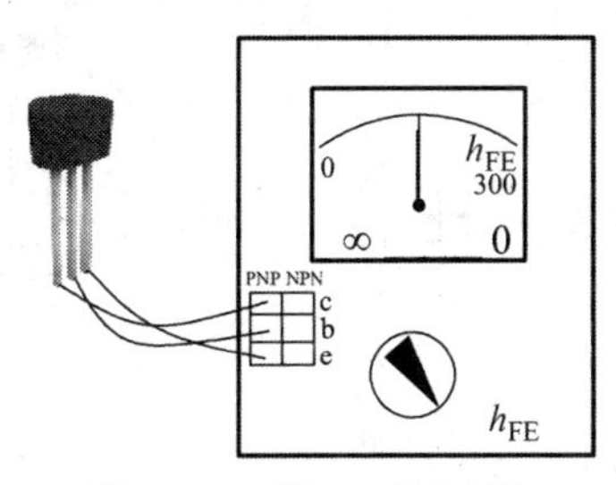

图 2.28　用 h_{FE} 挡测量

3. 检查三极管的好坏

用万用表测量三极管极间电阻的大小，可以判断三极管的好坏。

（1）用万用表 $R\times100$ 或 $R\times1$ k 量程挡测三极管集电结和发射结的正、反向电阻，即测量基极与集电极之间、基极与发射极之间的电阻，如果正向电阻小，反向电阻大，说明三极管是好的。

（2）用万用表 $R\times1$ k 量程挡测量集电极与发射极之间的正、反向电阻，如果阻值相近，说明三极管是好的。

三极管任意一个 PN 结的正、反向电阻不正常，若正向电阻趋于无穷大，说明三极管内部开路；若反向电阻为零，说明三极管已击穿。

2.7 场效应晶体管

场效应晶体管是一种电压控制器件，实现信号的控制和放大，也可当作电子开关使用。场效应晶体管分结型、绝缘栅型两大类，如图 2.29 所示。

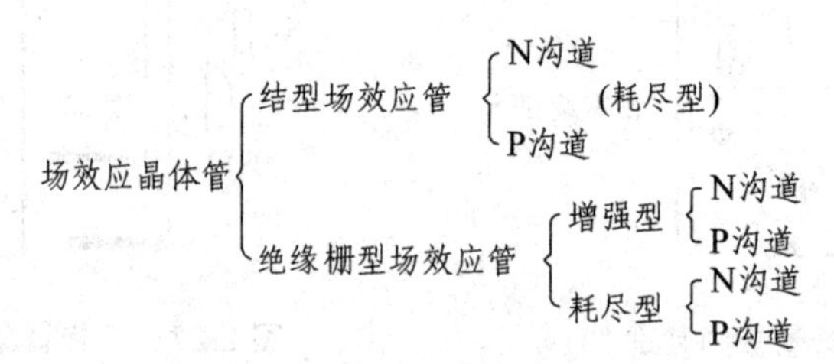

图 2.29 场效应晶体管的分类

2.7.1 场效应晶体管的电路符号及外形

在电路原理图中，场效应晶体管通常用大写字母“V”表示，其电路符号及外形如图 2.30 所示。

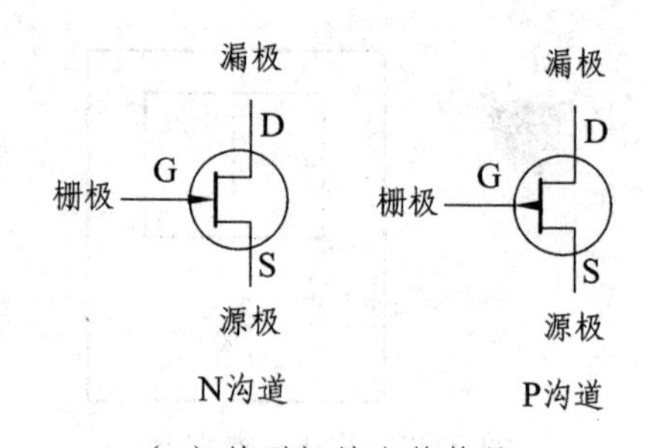

（a）结型场效应管符号

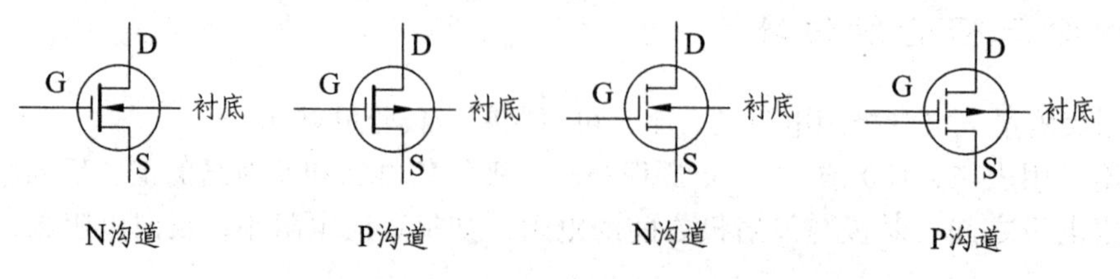

（b）绝缘栅型场效应管符号

（c）外形

图 2.30　场效应晶体管的电路符号及外形

2.7.2　场效应管的主要参数

1. 跨导 g_m

跨导是指当漏极-源极电压 U_{DS} 为某一定值时，漏极电流 I_D 的变化量与栅极-源极电压 U_{GS} 变化量的比值，即

$$g_m = \frac{\Delta I_D}{\Delta U_{GS}}$$

跨导反映了栅极-源极电压对漏极电流的控制能力。

2. 开启电压 U_T

当加上漏极-源极电压 U_{GS} 之后，就会有电流 I_D 流过沟道，通常将刚刚出现漏极电流 I_D 时所对应的栅极-源极电压 U_{DS} 称为开启电压。

这一参数适用于增强型绝缘栅型场效应管。当 U_{GS} 小于开启电压的绝对值时，场效应管不能导通。

3. 夹断电压 U_P

夹断电压是指当 U_{DS} 一定时，让 I_D 电流减小到近似为零时的 U_{GS} 电压值。

4. 饱和漏极电流 I_{DSS}

饱和漏极电流是指当 $U_{GS} = 0$ 且 $U_{DS} > U_P$ 时的漏极电流。

5. 最大漏极-源极电压 U_{DS}

最大漏极-源极电压是指漏极与源极之间的最大反向击穿电压，即当 I_D 急剧增大时的 U_{DS} 值。

2.7.3 场效应晶体管的测量

1. 场效应管引脚排列方式

场效应管引脚排列位置根据其品种、型号及功能的不同而不同。对于大功率场效应管，从左至右，引脚排列为 G、D、S（散热片接 D 极），如图 2.31（a）所示；采用贴片封装的场效应管，散热片是 D 极，下面的三个引脚分别是 G、D、S，如图 2.31（b）所示。

图 2.31 场效应管引脚排列

2. 用万用表判别结型场效应管的管脚

结型场效应管的源极和漏极一般可互换使用，因此，只要判别出栅极即可。将万用表置于 $R\times1$ k 量程挡，用两表笔分别测量每两个管脚间的正、反向电阻。当某两个管脚间的正、反向电阻相等（约几千欧），则这两个管脚为漏极 D 和源极 S，余下的一个管脚为栅极 G，如图 2.32 所示。

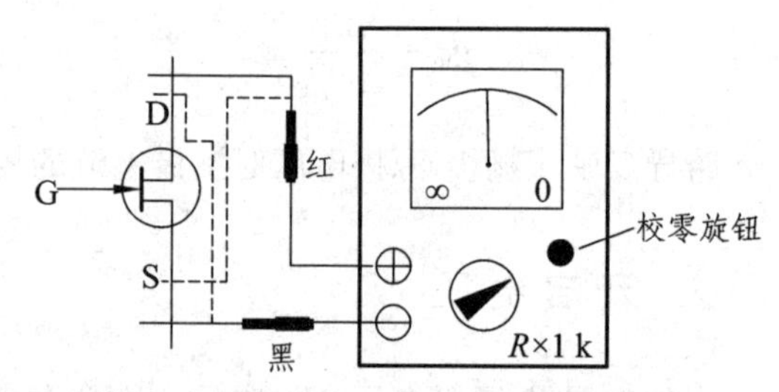

图 2.32 结型场效应管的管脚判别

3. 结型场效应管栅极与沟道的类型判别

万用表置于 $R\times1$ k 量程挡，黑表笔接管子的一个电极，红表笔分别接管子的另外两个电极，若测得阻值都很小，则黑表笔所接的是栅极，且为 N 沟道场效应管；对于 P 沟道场效应管，红表笔接管子的一个电极，黑表笔分别接管子的另外两个电极，测得阻值都很小时，红表笔所接的是栅极，如图 2.33 所示。

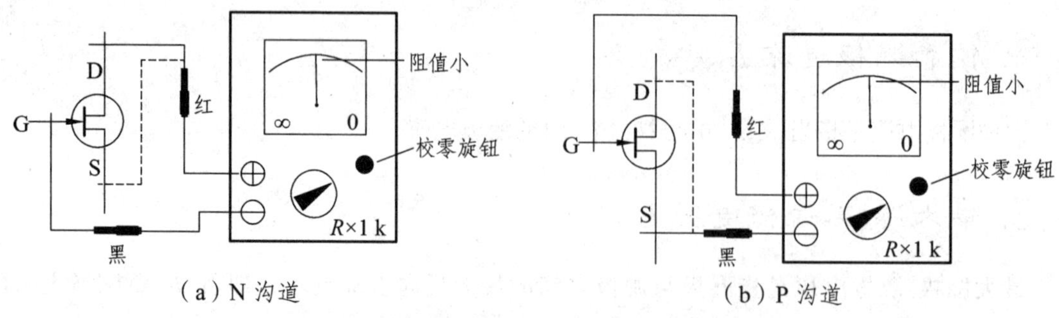

图 2.33 结型场效应管栅极与沟道的类型判别

4. 结型场效应管好坏检测

检测时，若测得栅极 G 分别与漏极 D、源极 S 之间均有一个固定阻值，则说明场效应管良好；如果它们之间的阻值趋于零或无穷大，则说明场效应管已经损坏。

2.7.4 场效应管使用注意事项

（1）使用之前，必须先搞清楚场效应管的类型及电极。结型场效应管的 S、D 极可互换，绝缘栅型场效应管的 S、D 极一般也可互换，但有些产品 S 极与衬底连在一起，则 S 极与 D 极不能互换。

（2）在线路的设计中，应根据电路的要求选择场效应管的类型及参数。

（3）对于绝缘栅型场效应管时应注意。

① 运输和储存中必须将引出脚短路或采用金属屏蔽包装，以防止外来感应电动势将栅极击穿。

② 用手拿时，应拿外壳，不要拿其引脚，因为人体带有少量电荷，若拿引脚，少量的电荷会跑到栅极上，使栅、漏结感应充电，易把管子击穿。

③ 焊接用的电烙铁外壳要接地，或者利用电烙铁断电后的余热焊接。焊接的顺序为：漏极→源极→栅极。拆焊的顺序相反。对于三个引脚已用导线短接的管子，先将各引脚焊好后，再剪掉绕在引脚上的导线。

④ 在焊接前应把电路板的电源线与地线短接，在管子焊接完成后再分开。

⑤ 测试仪器、工作台要良好接地采取防静电措施。

⑥ 使用 VMOS 管时必须加合适的散热片。

2.8 晶闸管

晶闸管是一种大功率开关型半导体器件。具有硅整流器件的特性，能在高电压、大电流条件下工作，且其工作过程可以控制，故应用于可控整流、交流调压、无触点电开关、逆变及变频等电子电路中。

2.8.1 晶闸管的电路符号及外形

在电路原理图中，场效应晶体管通常用大写字母“SCR”表示。电路符号及外形如图 2.34 所示。

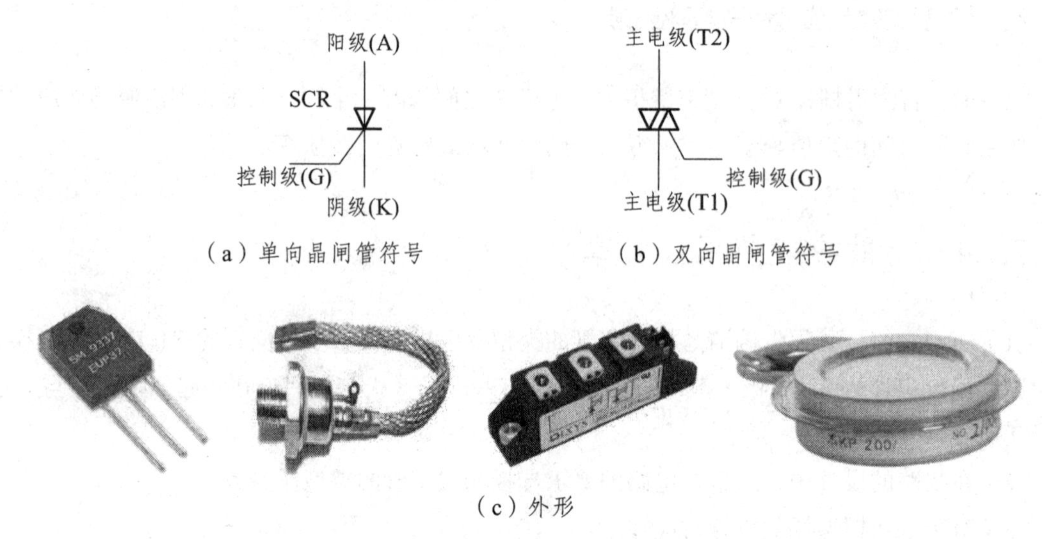

（a）单向晶闸管符号

（b）双向晶闸管符号

（c）外形

图 2.34　晶闸管的电路符号及外形

2.8.2　晶闸管的种类

（1）按关断、导通及控制方式可分为单向晶闸管、双向晶闸管、逆导晶闸管、门极关断晶闸管（GTO）、BTG 晶闸管、温控晶闸管和光控晶闸管等。

（2）按引脚极性可分为二极晶闸管、三极晶闸管和四极晶闸管。

（3）按封装形式可分为金属封装晶闸管、塑料封装晶闸管和陶瓷封装晶闸管。

2.8.3　晶闸管的测量

1. 单向晶闸管的引脚判别

万用表置于 $R\times1$ 或 $R\times10$ 量程挡，测量任意两个极之间的电阻值，当其中有一次测量阻值小时，且红表笔所接为阴极 K，黑表笔所接的为门极 G，余下的为阳极 A，如图 2.35 所示。

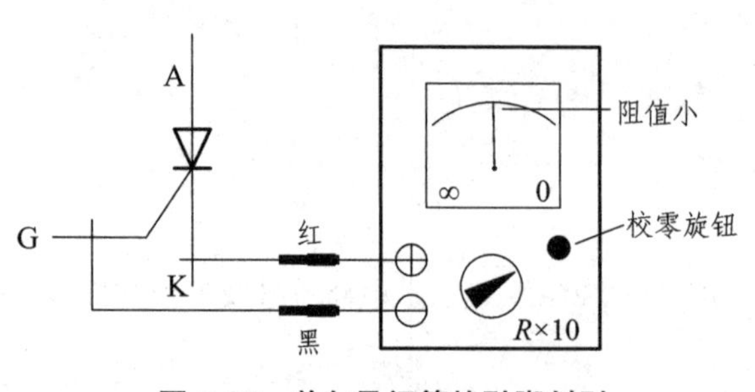

图 2.35　单向晶闸管的引脚判别

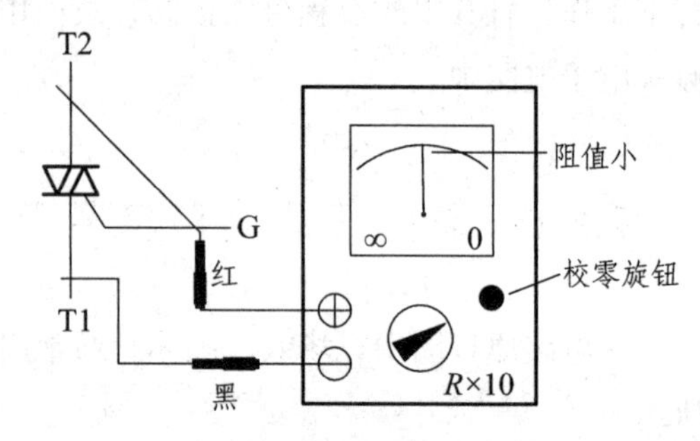

图 2.36　双向晶闸管的引脚判别

2. 双向晶闸管的引脚判别

第一步：先找出 T2 极。

万用表置于 $R\times1$ 或 $R\times10$ 量程挡，测量任意两个极之间的正、反向电阻值均很小（约几十欧姆），则这两个极 T1 和 G，余下的电极为 T2。

第二步：判断 T1 和 G 极。

万用表置于 $R\times10$ 量程挡，先假定一个电极为 T1 极，另一个电极为 G 极，将黑表笔接假定的 T1 极，红表笔接 T2 极，测量的阻值应为无穷大。接着用红表笔尖把 T2 与 G 短路，如图 2.36 所示。给 G 极加上负触发信号，阻值应为几十欧左右，说明管子已经导通，再将红表笔尖与 G 极脱开（但仍接 T2），如果阻值变化不大，仍很小，表明管子在触发之后仍能维持导通状态，先前的假定正确，即黑表笔接的为 T1 极，红表笔接的为 T2 极（第一步已判定），余下的为 G 极。如果红表笔尖与 G 极脱开后，阻值马上由小变为无穷大，说明假定错误，即先假定的 T1 极为 G 极，G 极为 T1 极。

2.9 集成电路

集成电路是一种微型的电子器件，它将晶体管、电阻、电容及连接线按特定电路的要求，制作在一块硅片上，并封装于一个外壳之中而构成的，简称 IC。

集成电路的集成度高、体积小、耗电低、稳定性好。从某种意义上讲，集成电路是衡量一个电子产品是否先进的主要标志。

2.9.1 集成电路的电路符号及外形

模拟集成电路在电路原理图中没有固定的图形符号，通常用一个方形框表示，并在方形框上拉出多个引脚线，该引脚线上对应的数字表示该引脚的引脚号码，用字母“IC”或“U”表示，如图 2.37 所示。

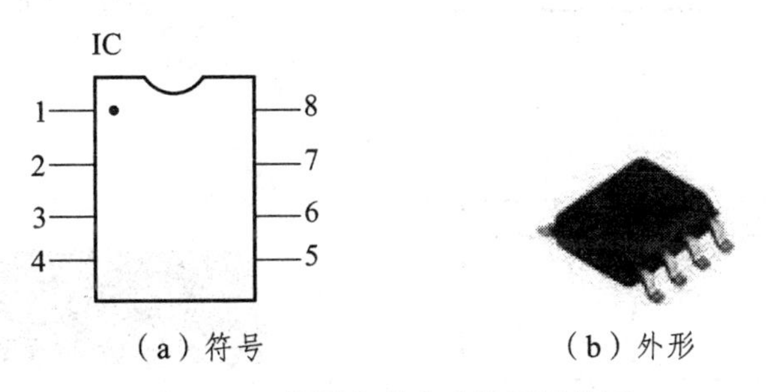

（a）符号　　（b）外形

图 2.37　模拟集成电路符号及外形

运算放大器及数字集成电路通常都有固定的电路符号，如图 2.38 所示。

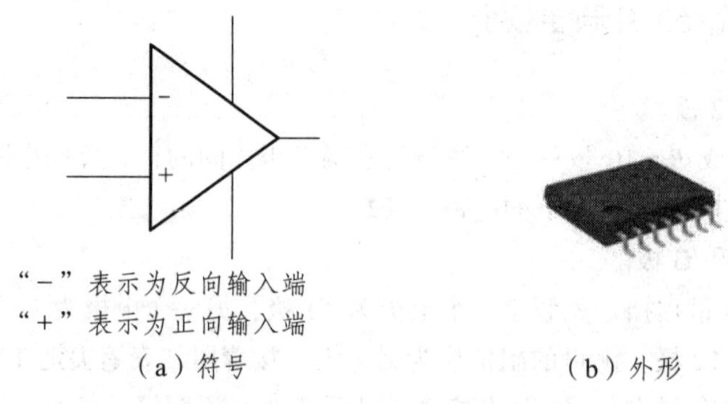

图 2.38　运算放大器符号及外形

2.9.2　集成电路的种类

（1）按电路功能分为模拟电路、数字电路、接口电路、特殊电路四类。

（2）按制造工艺分为双极型集成电路和单极型集成电路。

（3）按封装形式分为晶体管式圆管壳封装集成电路、扁平封装集成电路、双列直插式封装集成电路、软封装集成电路等。

（4）按集成度分为小规模集成电路、中规模集成电路、大规模集成电路和超大规模集成电路。

2.9.3　集成电路的管脚识别及外形

常用集成电路的管脚识别及外形如图 2.39 所示。

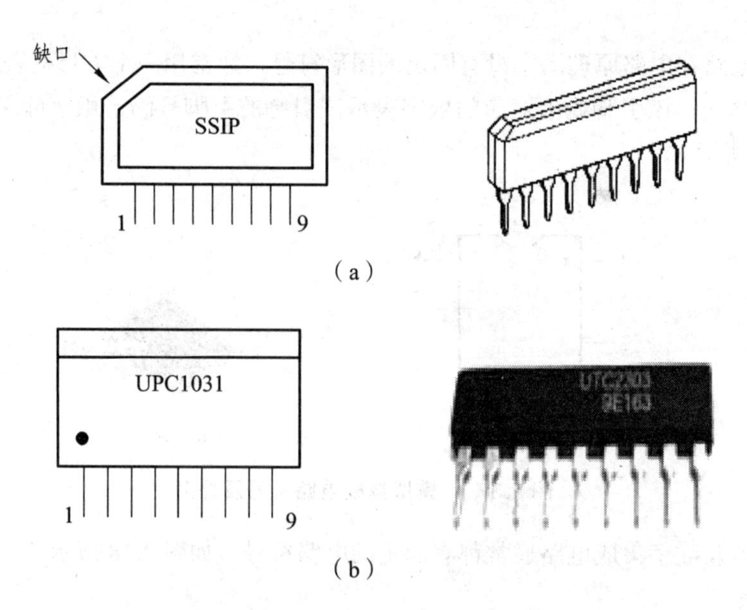

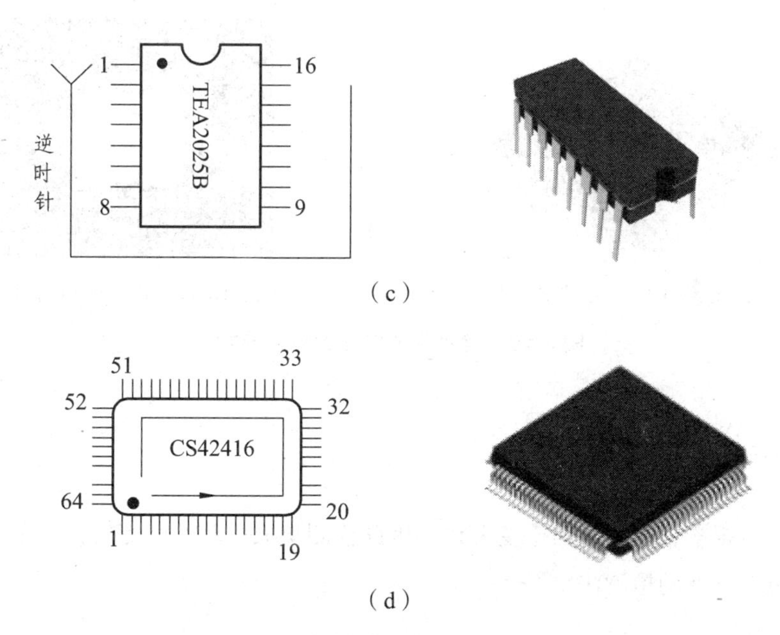

（c）

（d）

图 2.39　集成电路管脚识别及外形

2.9.4　集成电路封装形式

封装就是指安装集成电路用的外壳。它是沟通芯片内部与外部电路的桥梁。芯片上的接点用导线连接到封装外壳的引脚上，这些引脚又通过基板上的导线与其他元器件进行连接。常用封装形式如图 2.40 所示。

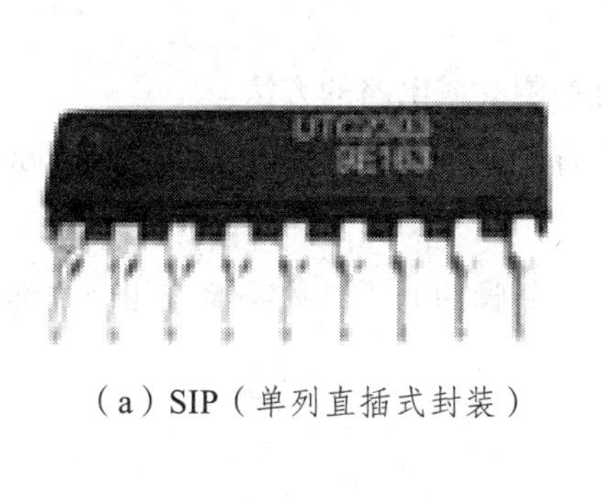

（a）SIP（单列直插式封装）

（b）DIP（双列直插式封装）

（c）SOP（小外形封装）

（d）LCC（四侧无引脚扁平封装）

（e）QFP（方形扁平式封装）

（f）BGA（球栅阵列封装）

图 2.40　常用集成电路的封装形式

2.9.5　集成电路的测量

集成电路型号很多，内部电路千变万化，因此检测集成电路的好坏较为复杂。下面介绍两种常用的集成电路好坏的检测法。

1. 开路测量电阻法

开路测量电阻法是指在集成电路未与其他电路连接时，测量集成电路各引脚与接地引脚之间的电阻。

用万用表欧姆挡测量各引脚对应于接地引脚之间的正、反向直流电阻值，然后与已知正常同型号集成电路各引脚之间的直流电阻进行比较，以确定其是否正常。

2. 在路测量法

在路测量法是指集成电路与其他电路连接时检测集成电路的方法。

用万用表检测集成电路在电路中各引脚对地直流、交流电压是否正常，来判断该集成电路是否损坏。

对于一些多引脚的集成电路，不必检测每一个引脚的电压，只需检查几个关键引脚的电压即可大致判断出故障的位置。

2.10　LED 数码管

LED 数码管是目前常用的显示器件之一。数码管是以发光二极管作为显示笔段，按照共阴或者共阳方式连接而成的。有时为了方便使用，将多个数字字符封装在一起成为多为数码管。常用的数码管为 1 ~ 6 位。常见 LED 数码管的外形如图 2.41 所示。

（a）一位数码管

（b）两位数码管

（c）三位数码管

（d）四位数码管

（e）六位数码管

图 2.41　常见 LED 数码管的外形

2.10.1　LED 数码管的种类

（1）按显示段数分为七段数码管和八段数码管。八段数码管比七段数码管多一个发光二极管单元（多一个小数点显示）。

（2）按显示位数分为一位、两位、三位、四位等数码管。

（3）按发光二极管单元连接方式分为共阳极数码管和共阴极数码管。

（4）按显示的字高分为 7.62 mm（0.3 inch）、12.7 mm（0.5 inch）直至数百毫米。

（5）按显示的颜色分为红、橙、黄、绿等几种。

2.10.2　LED 数码管的引脚排列

LED 数码管的 7 个笔段电极分别为 a ~ g，DP 为小数点，通过让 a、b、c、d、e、f、g 不同的段发光来显示数字 0 ~ 9。正视数码管，管脚朝下，左下方第一个引脚为 1 号脚，逆时针方向排列，如图 2.42 所示。

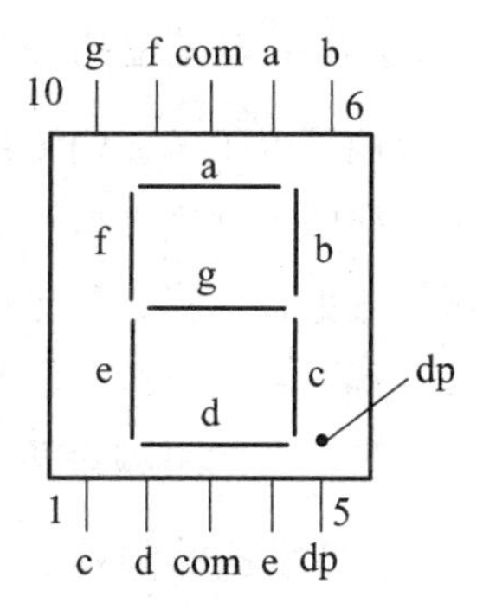

图 2.42　数码管段与引脚的排列

2.10.3　LED 数码管内部连接方式

由于 8 个发光二极管共有 16 个引脚，为了减少数码管的引脚数，在数码管内部将 8 个发光二极管正极或负极引脚连接起来，接成一个公共端（COM 端），根据公共端是发光二极管的正极还是负极，可分为共阳极接法和共阴极接法，如图 2.43 所示。

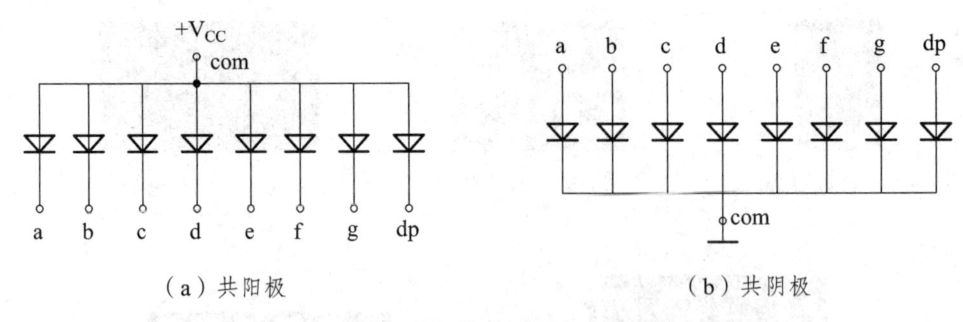

（a）共阳极　　　（b）共阴极

图 2.43　一位 LED 数码管内部发光二极管的连接方式

2.10.4　LED 数码管的测量

1. 一位 LED 数码管的检测

1）类型与公共极的判别

万用表置于 $R\times10$ k 量程挡，测量任意两引脚之间的正反向电阻，当出现阻值小时，说明黑表笔接的为发光二极管的正极，红表笔接的为发光二极管的负极，然后黑表笔不动，红表笔依次接其他各引脚，若出现阻值小的次数大于 2 次时，则黑表笔接的引脚为公共极，被测数码管为共阳极；若出现阻值小的次数仅有 1 次，则该次测量时红表笔接的引脚为公共极，被测数码管为共阴极。

2）各段极的判别

万用表置于 $R\times10$ k 量程挡，对于共阳极数码管，黑表笔接公共引脚，红表笔接其他某个引脚，这时会出现数码管某段会有微弱的亮光；对于共阴极数码管，红表笔接公共引脚，黑表笔接其他某个引脚，会出现数码管某段会有微弱的亮光。

2. 多位 LED 数码管的测量

1）类型与某位的公共极的判别

万用表置于 $R\times10$ k 量程挡，测量任意两引脚之间的正反向电阻，当出现阻值小时，说明黑表笔接的为发光二极管的正极，红表笔接的为发光二极管的负极，然后黑表笔不动，红表笔依次接其他各引脚，若出现阻值小的次数等于 8 次，则黑表笔接的引脚为某位的公共极，被测多位数码管为共阳极；若出现阻值小的次数等于数码管的位数（四位数码管为 4 次），则该次测量时红表笔接的引脚为某位的公共极，被测数码管为共阴极。

2）各段极的判别

万用表置于 $R\times10$ k 量程挡，对于共阳极数码管，黑表笔接某位的公共极，红表笔接其他引脚，这时会出现数码管某段会有微弱的亮光；对于共阴极数码管，红表笔接某位的公共极，黑表笔接其他引脚，会出现数码管某段会有微弱的亮光。

第3章　焊接技术

焊接是金属连接的一种方法。目前使用最广泛的连接方式是锡焊。通过对两金属件连接处或加热熔化，或加压，或两者并用，使金属原子之间相互结合而形成合金层，从而使两种金属永远连接，这个过程称为焊接。焊接中的钎焊是在已加热的被焊件之间，熔入低于被焊件熔点的焊料，使被焊件与焊料熔为一体的焊接技术，即母材不熔化、焊料熔化的焊接技术。锡焊属于钎焊中的一种焊接方式，是使用铅锡合金焊料进行焊接的一种焊接形式。

焊接在电子产品装配过程中是一项很重要的技术，也是制造电子产品的重要环节之一，如果没有相应的工艺质量保证，任何一个设计精良的电子装置都难以达到设计指标。它在电子产品实验、调试、生产中应用非常广泛，而且工作量相当大，焊接质量的好坏，将直接影响到产品的质量。

电子产品的故障除元器件的原因外，大多数是由于焊接质量不佳而造成的。因此，掌握熟练的焊接操作技能对产品质量是非常有必要的。本章重点介绍手工焊接技术及焊接所需要的工具和材料。

3.1　手工焊接工具

3.1.1　电烙铁

电烙铁是最常用的手工焊接工具之一，被广泛用于各种电子产品的生产与维修。常见的电烙铁有内热式、外热式、恒温式、吸锡式等形式。

1. 内热式电烙铁

内热式电烙铁主要由发热元件、烙铁头、连接杆以及手柄等组成，如图 3.1 所示。内热式电烙铁头的后端是空心的，用于套接在连接杆上，并且用弹簧夹固定，当需要更换烙铁头时，必须先将弹簧夹退出，同时用钳子夹住烙铁头的前端，慢慢地拔出，切记不能用力过猛，以免损坏连接杆。内热式电烙铁的烙铁芯是用比较细的镍铬电阻丝绕在瓷管上制成的，其电阻约为 2.5 kΩ左右（20 W），烙铁的温度一般可达 350 °C 左右。内热式电烙铁具有发热快、体积小、重量轻、效率高等特点，因而得到普遍应用。

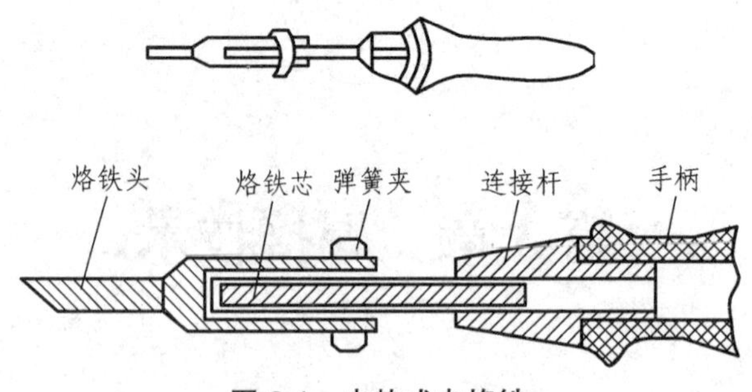

图 3.1　内热式电烙铁

常用的内热式电烙铁的规格有 20 W、35 W、50 W 等，电烙铁的功率越大，烙铁头的温度就越高。焊接集成电路、一般小型元器件选用 20 W 内热式电烙铁即可。使用的电烙铁功率过大，容易烫坏元件（二极管和三极管等半导体元器件当温度超过 200 °C 就会烧毁）和使印制板上的铜箔线脱落；电烙铁的功率太小，不能使被焊接物充分加热而导致焊点不光滑、不牢固，易产生虚焊。

2. 外热式电烙铁

外热式电烙铁的结构如图 3.2 所示。它是由烙铁头、烙铁芯、外壳、胶木手柄、电源引线、插头等部分组成。由于烙铁头安装在烙铁芯里面，故称为外热式电烙铁。

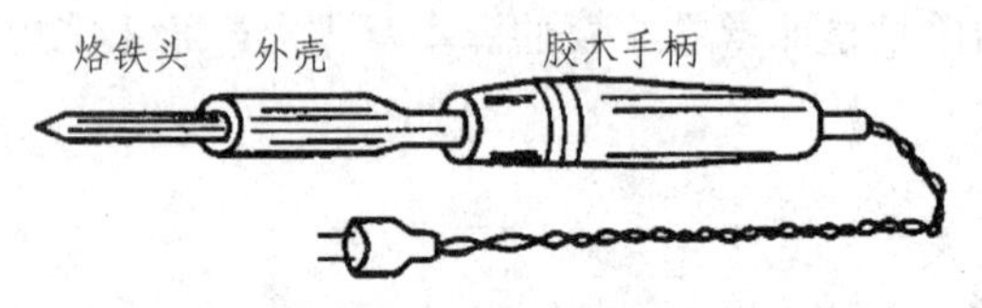

图 3.2　外热式电烙铁

烙铁芯是电烙铁的关键部件，它是将电热丝平行地绕制在一根空芯瓷管上构成，中间由云母片绝缘，并引出两根导线与 220 V 交流电源连接。外热式电烙铁的规格很多，常用的有 15 W、25 W、30 W、40 W、60 W、80 W、100 W、150 W 等。功率越大烙铁头的温度就越高。烙铁芯的功率规格不同，其内阻也不同。25 W 烙铁的阻值约为 2 kΩ；40 W 烙铁的阻值约为 1 kΩ；80 W 烙铁的阻值约为 0.6 kΩ；100 W 烙铁的阻值约为 0.5 kΩ。当我们不知所用的电烙铁为多大功率时，便可测其内阻值，按参考已给阻值给以判断。

烙铁头是用紫铜材料制成的，它的作用是储存热量和传导热量，它的温度必须比被焊接的温度高很多。烙铁的温度与烙铁的体积、形状、长短等都有一定的关系。当烙铁头的体积比较大时，则保持温度的时间就较长些。另外，为适应不同焊接物的要求，烙铁头的形状有所不同，常见的有锥形、凿形、圆斜面形等。

3. 恒温电烙铁

由于在焊接集成电路、晶体管元件时，温度不能太高，焊接时间不能太长，否则就会因温度过高造成元器件的损坏，因而对电烙铁的温度要给以限制，而恒温电烙铁就可以达到这一要求，这是由于恒温电烙铁头内，装有带磁铁式的温度控制器，控制通电时间而实现温度控制，即给电烙铁通电时，烙铁的温度上升，当达到预定的温度时，因强磁体传感器的居里点而磁性消失，从而使磁芯角点断开，这时就停止向电烙铁供电；当温度低于强磁体传感器的居里点时，强磁体便恢复磁性，并吸动磁芯开关中的永久磁铁，使控制开关的触点接通，继续向电烙铁供电，如此循环往复，便达到了控制温度的目的。常见的恒温电烙铁如图 3.3 所示。

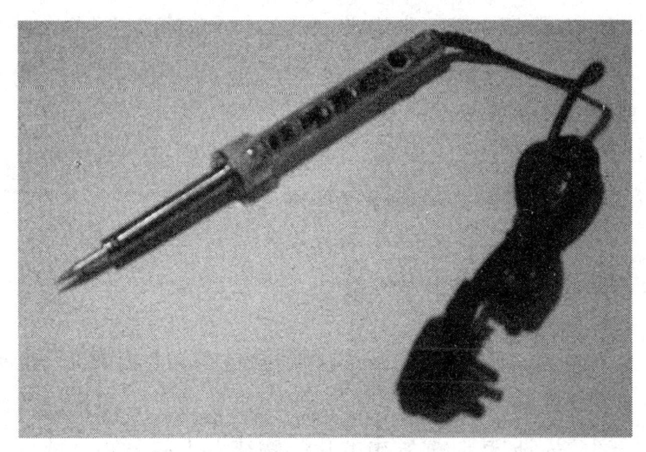

图 3.3 恒温电烙铁

4. 吸锡烙铁

吸锡电烙铁是将活塞式吸锡器与电烙铁熔为一体的拆焊工具。它具有使用方便、灵活、适用范围宽等特点。这种吸锡烙铁的不足之处是每次只能对一个焊点进行拆焊，如图 3.4 所示。吸锡电烙铁的使用方法是：接通电源预热 3～5 分钟，然后将活塞柄推下并卡住，把吸锡烙铁的吸头前端对准欲拆焊的焊点，待焊锡熔化后，按下按钮，活塞便自动上升，焊锡即被吸进气筒内。另外，吸锡器配有两个以上直径不同的吸头，可根据元器件引线的粗细进行选用，每次使用完毕后，要推动活塞三、四次，以清除吸管内残留的焊锡，使吸头与吸管畅通，以便下次使用。

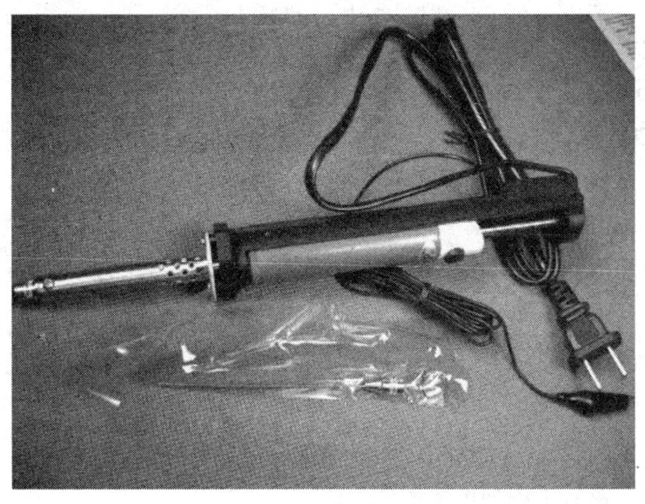

图 3.4 吸锡烙铁

3.1.2 电烙铁的使用

1. 电烙铁在使用前的处理

一把新烙铁不能拿来就用，必须先对烙铁进行处理后才能正常使用，即在使用前先给烙铁头镀上一层焊锡。具体的方法是：先接上电源，当烙铁头温度升至能熔锡时，将松香涂在烙铁头上，等松香冒烟后再涂上一层焊锡，如此进行 2 ~ 3 次，使烙铁头的刃面部挂上一层锡便可使用了。

当烙铁使用一段时间后，烙铁头的刃面及其周围就要产生一层氧化层，这样便产生“吃锡困难”的现象，此时可锉去氧化层，重新镀上焊锡。

2. 电烙铁的握法

为了能使被焊件焊接牢靠，又不烫伤被焊件周围的元器件及导线，视被焊件的位置、大小及电烙铁的规格大小、适当地选择电烙铁的握法是很重要的。掌握正确的操作姿势，可以保证操作者的身心健康，减少焊剂加热时挥发出的化学物质对人的危害，减少有害气体的吸入量，一般情况下，烙铁到鼻子的距离应不少于 20 cm，通常以 30 cm 为宜。

烙铁的握法可分为三种，如图 3.5 所示，图（a）为反握法，就是用五指把电烙铁的柄握在掌内。此法适用于大功率电烙铁，焊接散热量较大的被焊件。反握法的动作稳定，长时间操作不易疲劳，适于大功率烙铁的操作。图（b）为正握法，此法使用的电烙铁也比较大，且多为弯形烙铁头。适于中功率烙铁或带弯头电烙铁的操作。图（c）为握笔法，此法适用于小功率的电烙铁，焊接散热量小的被焊件，如焊接收音机、电视机的印刷电路板及其维修等。一般在操作台上焊接印制板等焊件时，多采用握笔法。

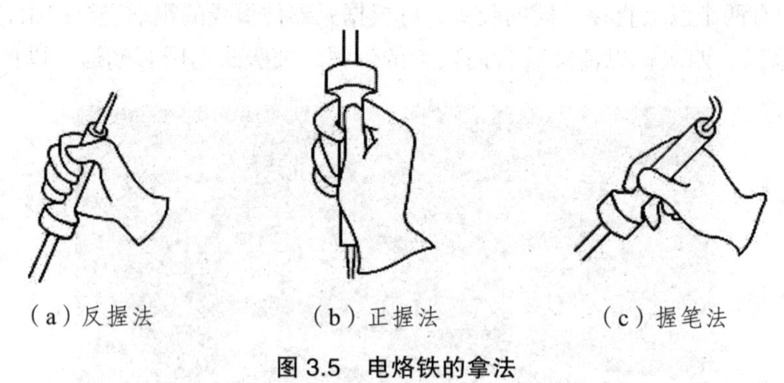

（a）反握法　　（b）正握法　　（c）握笔法

图 3.5 电烙铁的拿法

3.1.3 电烙铁的常见故障及其维护

电烙铁在使用过程中常见故障有：电烙铁通电后不热，烙铁头不吃锡、烙铁带电等故障。下面以内热式 20 W 电烙铁为例加以说明。

1. 烙铁通电后不热

遇到此故障时可以用万用表的欧姆挡测量插头的两端，如果表针不动，说明有断路故障。当插头本身没有故障时，即可卸下胶木柄，再用万用表测量烙铁芯的两根引线，如果表针仍不动，说明烙铁芯损坏，应更换新的烙铁芯。如果测量铁芯两根引线电阻值为 2.5 kΩ左右，说明烙铁芯是好的，故障出现在电源线及插头上，多数故障为引线断路，插头中的接点断开。可进一步用万用表的 $R\times1$ 挡测量引线的电阻值，便可发现问题。

更换烙铁芯的方法是：将固定烙铁芯引线螺丝松开，将引线卸下，把烙铁芯从连接杆中取出，然后将新的同规格烙铁芯插入连接杆将引线固定在螺线上，并注意将烙铁芯多余引丝头剪掉，以防止两引线短路。

当测量插头的两端时，如果万用表的表针指示接近零欧姆，说明有短路故障，故障点多为插头内短路，或者是防止电源引线转动的压线螺丝脱落，致使接在烙铁芯引线柱上的电源线断开而发生短路，当发现短路故障时，应及时处理，不能再次通电，以免烧坏保险丝。

2. 烙铁头带电

烙铁带电除前边所述的电源线错接在接地线的接线柱上的原因外，还有就是，当电源线从烙铁芯接线螺丝上脱落后，又碰到了接地线的螺丝上，从而造成烙铁带电。这种现象最容易造成触电事故，并损坏元器件，因此，要随时检查压线螺丝是否松动或丢失。如有丢失、损坏应及时配上（压线螺丝的作用是防止电源引线在使用过程中的拉伸、扭转而造成的引线头脱落）。

3. 烙铁头不上锡

烙铁头经过长时间使用后，就会因氧化而不沾锡，这就是“烧死”现象，也称作不“吃锡”。

当出现不“吃锡”的情况时，可用细砂纸或锉头重新打磨或锉出新茬，然后重新镀上焊锡就可继续使用。

4. 烙铁头出现凹坑

当电烙铁使用一段时间后，烙铁头就会出现凹坑，或氧化腐蚀层，使烙铁头的刃面形状发生了变化。遇到此种情况时，可用锉刀将氧化层及凹坑锉掉，并锉成原来的形状，然后镀上锡，就可以重新使用了。

5. 延长烙铁头使用寿命

为延长烙铁头的使用寿命，必须注意以下几点：

（1）经常用湿布、浸水海绵擦拭烙铁头，以保持烙铁头良好的挂锡，并可防止残留助焊剂对烙铁头的腐蚀。

（2）进行焊接时，应采用松香或弱酸性助焊剂。

（3）焊接完毕时，烙铁头上的残留焊锡应该继续保留，以防止再次加热时出现氧化层。

3.2 焊　料

焊料是指易熔金属及其合金，它能使元器件引线与印制电路板的连接点连接在一起。焊料的选择对焊接质量有很大的影响。在锡（Sn）中加入一定比例的铅（Pb）和少量其他金属可制成熔点低、抗腐蚀性好、对元件和导线的附着力强、机械强度高、导电性好、不易氧化、抗腐蚀性好、焊点光亮美观的焊料，故焊料常称作焊锡，如图 3.6 所示。

图 3.6　锡铅焊锡丝

1．焊锡的种类及选用

焊锡按其组成的成分可分为锡铅焊料、银焊料、铜焊料等，熔点在 450 °C 以上的称为硬焊料，450 °C 以下的称为软焊料。锡铅焊料的材料配比不同，性能也不同。常用的锡铅焊料及其用途如表 3.1 所示。

表 3.1　常用的锡铅焊料及其用途

名　称	牌　号	熔点温度/°C	用　途
10#锡铅焊料	HlSnPb10	220	焊接食品器具及医疗方面物品
39#锡铅焊料	HlSnPb39	183	焊接电子电气制品
50#锡铅焊料	HlSnPb50	210	焊接计算机、散热器、黄铜制品
58-2#锡铅焊料	HlSnPb58-2	235	焊接工业及物理仪表
68-2#锡铅焊料	HlSnPb68-2	256	焊接电缆铅护套、铅管等
80-2#锡铅焊料	HlSnPb80-2	277	焊接油壶、容器、大散热器等
90-6#锡铅焊料	HlSnPb90-6	265	焊接铜件
73-2#锡铅焊料	HlSnPb73-2	265	焊接铅管件

市场上出售的焊锡，由于生产厂家不同，配制比有很大的差别，但熔点基本在 140 ~ 180 °C。在电子产品的焊接中一般采用 Sn 62.7% + Pb 37.3%配比的焊料，其优点是熔点低、结晶时间短、流动性好、机械强度高。

2. 焊锡的形状

常用的焊锡有五种形状：① 块状（符号：I）；② 棒状（符号：B）；③ 带状（符号：R）；④ 丝状（符号：W）；焊锡丝的直径（单位为 mm）有 0.5、0.8、0.9、1.0、1.2、1.5、2.0、2.3、2.5、3.0、4.0、5.0 等；⑤ 粉末状（符号：P）。块状及棒状焊锡用于浸焊、波峰焊等自动焊接机。丝状焊锡主要用于手工焊接。

3.3 焊　剂

根据焊剂的作用不同可分为助焊剂和阻焊剂两大类。

3.3.1 助焊剂

在锡铅焊接中助焊剂是一种不可缺少的材料，它有助于清洁被焊面，防止焊面氧化，增加焊料的流动型，使焊点易于成型。常用助焊剂分为：无机助焊剂、有机助焊剂和树脂助焊剂。焊料中常用的助焊剂是松香，在较高的要求场合下使用新型助焊剂——氧化松香，如图 3.7 所示。

（a）固体松香助焊剂

（b）松香酒精助焊剂

图 3.7　常用助焊剂

1. 对焊接中的助焊剂要求

常温下必须稳定，其熔点要低于焊料，在焊接过程中焊剂要具有较高的活化性、较低的表面张力，受热后能迅速而均匀地流动。

不产生有刺激性的气体和有害气体，不导电，无腐蚀性，残留物无副作用，施焊后的残留物易于清洗。

2. 使用助焊剂时应注意

当助焊剂存放时间过长时，会使助焊剂活性变坏而不宜于适用。常用的松香助焊剂在温度超过 60 °C 时，绝缘性会下降，焊接后的残渣对发热元件有较大的危害，故在焊接后要清除助焊剂残留物。

3. 几种助焊剂简介

1）松香酒精助焊剂

这种助焊剂是将松香融于酒精之中，重量比为 1∶3。

2）消光助焊剂

这种助焊剂具有一定的浸润性，可使焊点丰满，防止搭焊、拉尖，还具有较好的消光作用。

3）中性助焊剂

这种助焊剂适用于锡铅料对镍及镍合金、铜及铜合金、银和白金等的焊接。

4）波峰焊防氧化剂

它具有较高的稳定性和还原能力，在常温下呈固态，在 80℃以上呈液态。

3.3.2 阻焊剂

阻焊剂是一种耐高温的涂料，可使焊接只在所需要焊接的焊点上进行，而将不需要焊接的部分保护起来。以防止焊接过程中的桥连，减少返修，节约焊料，使焊接时印制板受到的热冲击小，板面不易起泡和分层。阻焊剂的种类有热固化型阻焊剂、光敏阻焊剂及电子束辐射固化型等几种，目前常用的是光敏阻焊剂。

3.4 其他常用工具

3.4.1 尖嘴钳

尖嘴钳头部较细，外形如图 3.8 所示。它适用于夹小型金属零件或弯曲元器件引线。尖嘴钳一般都带有塑料套柄，使用方便，且能绝缘。

3.4.2 平嘴钳

平嘴钳钳口平直，外形如图 3.9 所示。可用于夹弯曲元器件管脚与导线。因它钳口无纹路，所以，对导线拉直、整形比尖嘴钳适用。但因钳口较薄，不易夹持螺母或需施力较大部位。

图 3.8 尖嘴钳 **图 3.9 平嘴钳**

尖嘴钳不宜用于敲打物体或装拆螺母，不宜在 80 °C 以上的温度环境中使用，以防止塑料套柄熔化或老化。

3.4.3 斜嘴钳

斜嘴钳外形如图 3.10 所示。用于剪焊后的线头，也可与尖嘴钳合用剥导线的绝缘皮。剪线时，要使钳头朝下，在不变动方向时可用另一只手遮挡，防止剪下的线头飞出伤眼。

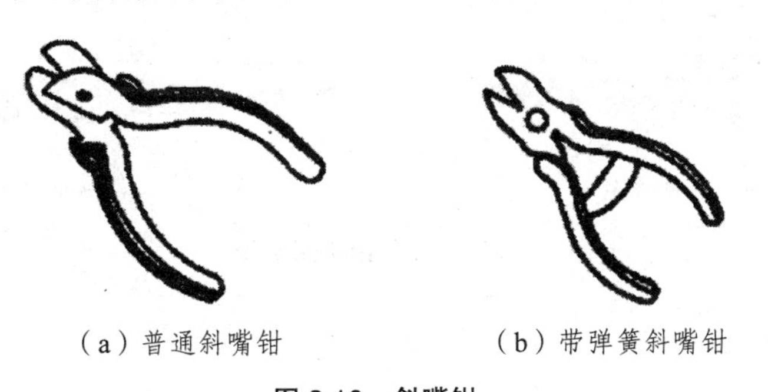

（a）普通斜嘴钳 （b）带弹簧斜嘴钳

图 3.10 斜嘴钳

3.4.4 剥线钳

剥线钳专用于剥有包皮的导线。使用时注意将需剥皮的导线放入合适的槽口，剥皮时不能剪断导线。剪口的槽并拢后应为圆形。

3.4.5 平头钳

平头钳又称为克丝钳或老虎钳，其头部较平宽。常用的规格有 175 mm 和 200 mm 两种，平头钳一般都带有塑料套柄，使用方便，且能绝缘。它适用于螺母、紧固件的装配操作。一般适用紧固 M5 螺母，电工常用平头钳剪切或夹持导线、金属线等。但不能代替锤子敲打零件。

平头钳的使用如图 3.11 所示，按图（a）所示的方法，可用平头钳的齿口进行旋紧或松动螺母；按图（b）所示的方法，可用平头钳的刀口进行导线断切；按图（c）所示方法，侧切钢丝。

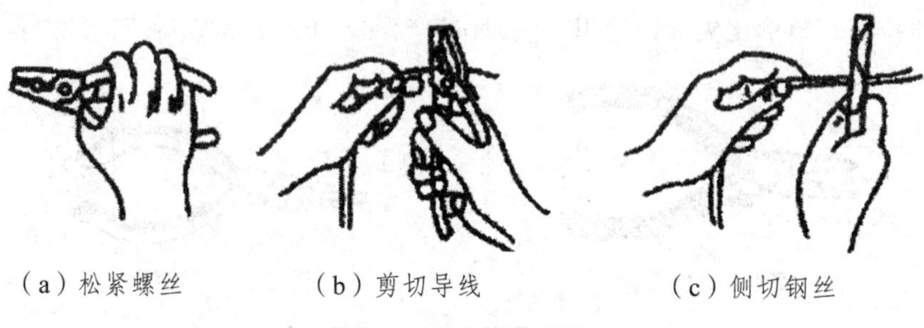

（a）松紧螺丝　　（b）剪切导线　　（c）侧切钢丝

图 3.11 平头钳的使用

3.4.6 镊　子

镊子有尖嘴镊子和圆嘴镊子两种，如图 3.12 所示。尖嘴镊子用于夹持较细的导线，以便于装配焊接。圆嘴镊子用于弯曲元器件引线和夹持元器件焊接等，用镊子夹持元器件焊接还起散热作用。

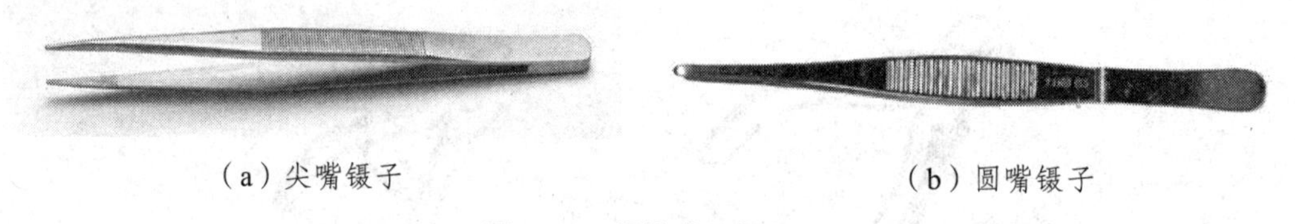

（a）尖嘴镊子　　（b）圆嘴镊子

图 3.12　焊接常用镊子

3.4.7 螺丝刀

螺丝刀又称起子、改锥。有“一”字式和“十”字式两种，专用于拧螺钉。根据螺钉大小可选用不同规格的螺丝刀。但在拧时，不要用力太猛，以免螺钉滑口。

另外，钢板尺、盒尺、卡尺、扳手、小刀、锥子等也是经常用到的工具。

3.4.8 低压验电器

低压验电器通常又称为试电笔，由氖管、电阻、弹簧和笔身等部分组成，主要是验证低压导体和电气设备外壳是否带电的辅助安全工具，如图 3.13 所示。试电笔有钢笔式和旋具式两种。常用的试电笔的测试范围是 60～500 V，指带电体和大地的电位差。

图 3.13　低压试电笔

使用电笔时应注意的事项：

（1）使用前，一定要在有电的电源上验电检查氖管能否正常发光。

（2）使用时，手必须接触金属笔挂或试电笔顶部的金属螺钉，但不得接触金属笔杆与电源相接触的部分。

（3）应当避光检测，以使看清氖管的光辉。

（4）电笔不可受潮，不可随意拆装或受到剧烈震动以保证测试可靠。

3.5　通孔元件的手工焊接

焊接材料、焊接工具、焊接方式方法和操作者俗称焊接四要素。这四要素中最重要的是操作者。没有相当时间的焊接实践和用心领会，不断总结，即使是长时间从事焊接工作者也难保证每个焊点的质量。

3.5.1　焊接前的准备

1. 元器件引线加工成型

元器件在印刷板上的排列和安装方式有两种，一种是立式，另一种是卧式。元器件引线弯成的形状是根据焊盘孔的距离及装配上的不同而加工成型。引线的跨距应根据尺寸优选 2.5 的倍数。加工时，注意不要将引线齐跟弯折，并用工具保护引线的根部，以免损坏元器件。表 3.2 列出了常用的几种引线成型尺寸的要求。

表 3.2　元器件引线成形尺寸

名称	图例	说明
直角紧卧式	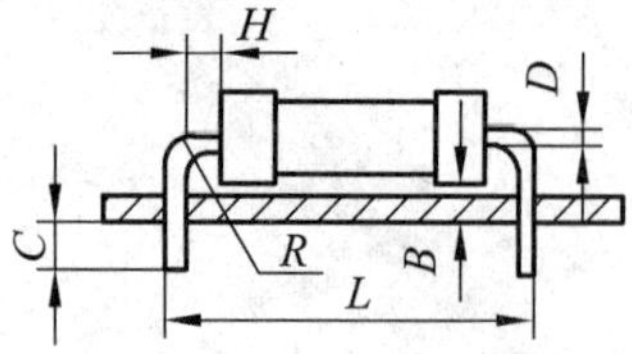	$H \geqslant 2$　$R \geqslant 2D$[①] $B \geqslant 0.5$　$L = 2.5n$[①] $C \geqslant 2$
折弯浮卧式	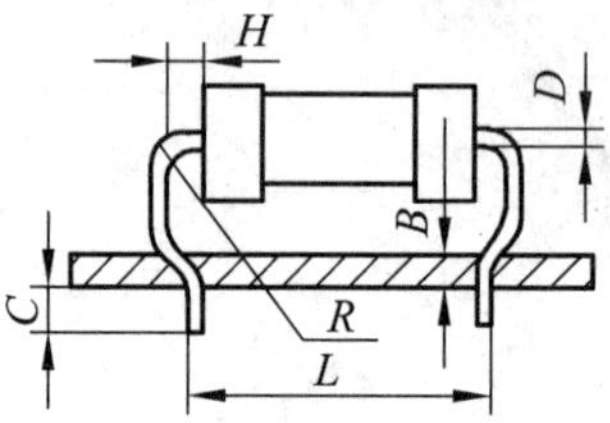	$H \geqslant 2$　$R \geqslant 2D$ $B \geqslant 0.5$　$L = 2.5n$ $C \geqslant 2$
垂直安装式	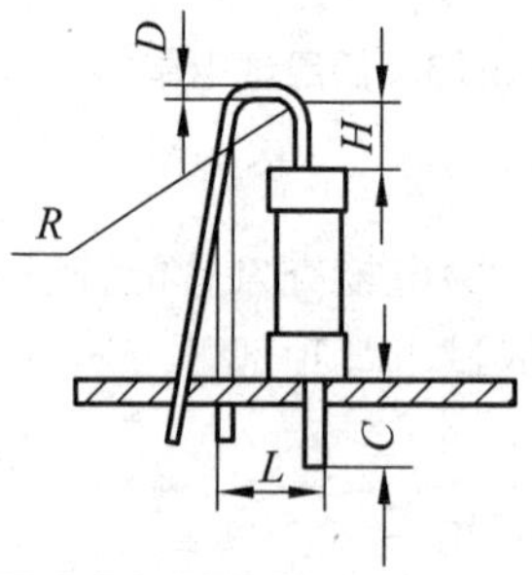	$H \geqslant 2$　$R \geqslant 20$ $B \geqslant 2.5$ m　$C = 2$
垂直浮式	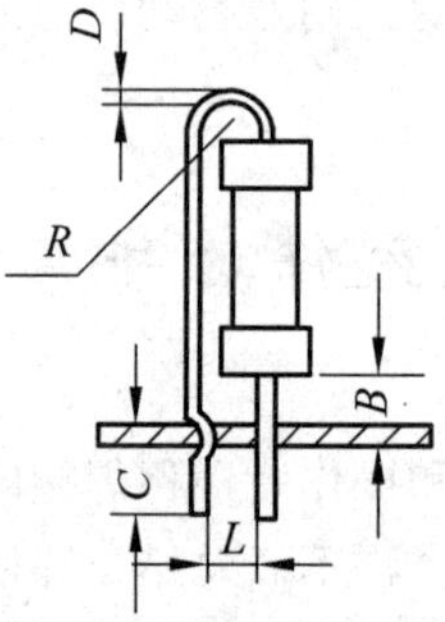	$H \geqslant 2$　$R \geqslant 20$ $B \geqslant 2$　$L = 2.5n$ $C \geqslant 2$

注：① D 为引线直径，② n 为自然数。

成型后的元器件，在焊接时，尽量保持其排列整齐，同类元件要保持高度一致。各元器件的符号标志向上（卧式）或向外（立式），以便于检查。

2. 镀　锡

元器件引线一般都镀有一层薄的钎料，但时间一长，引线表面产生一层氧化膜，影响焊接。所以，除少数有良好银、金镀层的引线外，大部分元器件在焊接前都要重新镀锡。

镀锡，实际上就是锡焊的核心——液态焊锡对被焊金属表面浸润，形成一层既不同于被焊金属又不同于焊锡的结合层。这一结合层将焊锡同待焊金属这两种性能、成分都不相同的材料牢固连接起来。而实际的焊接工作只不过是用焊锡浸润待焊零件的结合处，熔化焊锡并重新凝结的过程。不良的镀层，未形成结合层，只是焊件表面“粘”了一层焊锡，这种镀层，很容易脱落。

镀锡要点：待镀面应清洁。有人以为反正锡焊时要用焊剂，不注意表面清洁。实际上焊元器件、焊片、导线等都可能在加工、存储的过程中带有不同的污物，轻则用酒精或丙酮擦洗，严重的腐蚀性污点只有用机械办法去除，包括刀刮或砂纸打磨，直到露出光亮金属为止。

3.5.2 手工焊接操作的步骤

1. 手工焊接操作的一般步骤

1）准备施焊

首先把被焊件、锡丝和烙铁准备好，处于随时可焊的状态。即右手拿烙铁（烙铁头应保持干净，并吃上锡），左手拿锡丝处于随时可施焊状态，如图 3.14（a）所示。

2）加热焊件

把烙铁头放在接线端子和引线上进行加热。应注意加热整个焊件全体，例如，图中导线和接线都要均匀受热，如图 3.14（b）所示。

3）送入焊丝

被焊件经加热达到一定温度后，立即将手中的锡丝触到被焊件上使之熔化适量的焊料，如图 3.14（c）所示。注意焊锡应加到被焊件上与烙铁头对称的一侧，而不是直接加到烙铁头上。

4）移开焊丝

当锡丝熔化一定量后（焊料不能太多），迅速移开锡丝，如图 3.14（d）所示。

5）移开烙铁

当焊料的扩散范围达到要求，即焊锡浸润焊盘或焊件的施焊部位后移开电烙铁，如图 3.14（e）所示。撤离烙铁的方向和速度的快慢与焊接质量密切有关，操作时应特别留心仔细体会。

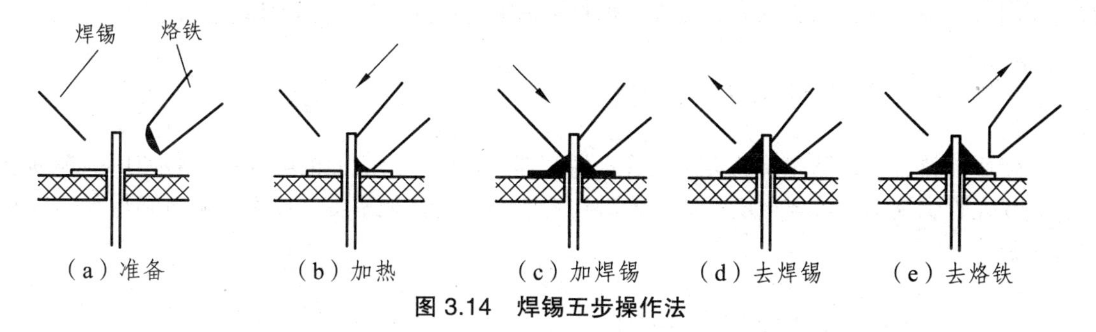

图 3.14　焊锡五步操作法

2. 小热容量焊件的焊接步骤

对于热容量小的焊件，例如，印制板与较细导线的连接，可简化为三步操作：

1）准　备

同手工焊接操作的一般步骤 1）。

2）加热与送丝

烙铁头放在焊件上后即放入焊丝。

3）去丝移烙铁

焊锡在焊接面上扩散达到预期范围后，立即拿开焊丝并移开烙铁，注意去丝时间不得滞后于移开烙铁的时间。

对于热容量小的焊件而言，上述整个过程不过 2～4 s 时间，各步时间的控制，时序的准确掌握，动作的协调熟练，都是应该通过实践用心体会去解决的问题。有人总结出了五步骤操作法，用数数的办法控制时间，即烙铁接触焊点后数 1、2（约 2 s），送入焊丝后数 3、4 便移开烙铁。焊丝熔化量要靠观察决定，这个办法可以参考。但显然由于烙铁功率，焊点热容量的差别等因素，实际掌握焊接火候，绝无定章可循，必须具体条件具体对待。

3.5.3　焊接注意事项

在焊接过程中除应严格按照以上步骤操作外，还应特别注意以下几个方面：

1. 烙铁的温度要适当

可将烙铁头放到松香上去检验，一般以松香熔化较快又不冒大烟的温度为适宜。

2. 焊接的时间要适当

从加热焊料到焊料熔化并流满焊接点，一般应在三秒钟之内完成。若时间过长，助焊剂完全挥发，就失去了助焊的作用，会造成焊点表面粗糙，且易使焊点氧化。但焊接时间也不宜过短，时间过短则达不到焊接所需的温度，焊料不能充分融化，易造成虚焊。

3. 焊料与焊剂的使用要适量

若使用焊料过多，则多余的会流入管座的底部，降低管脚之间的绝缘性；若使用的焊剂过多，则易在管脚周围形成绝缘层，造成管脚与管座之间的接触不良。反之，焊料和焊剂过少易造成虚焊。

4. 焊接过程中不要触动焊接点

在焊接点上的焊料未完全冷却凝固时，不应移动被焊元件及导线，否则焊点易变形，也可能虚焊现象。焊接过程中也要注意不要烫伤周围的元器件及导线。

3.6 焊点的质量及检查

对焊点的质量要求，应该包括电气接触良好、机械接触牢固和外表美观三个方面，保证焊点质量最关键的一点，就是必须避免虚焊。

3.6.1 虚焊产生的原因及其危害

虚焊是指焊料与被焊物表面没有形成合金结构，只是简单地依附在被焊金属的表面上，如图 3.15 所示。虚焊主要是由待焊金属表面的氧化物和污垢造成的，它的焊点成为有接触电阻的连接状态，导致电路工作不正常，出现时好时坏的不稳定现象，噪声增加而没有规律性，给电路的调试、使用和维护带来重大隐患。此外，也有一部分虚焊点在电路开始工作的一段较长时间内，保持接触尚好，因此不容易发现。但在温度、湿度和振动等环境条件推选用下，接触表面逐步被氧化，接触慢慢地变得不完全起来。虚焊点的接触电阻会引起局部发热，局部温度升高又促使不完全接触的焊点情况进一步恶化，最终甚至使焊点脱落，电路完全不能正常工作。这一过程有时可长达一、二年。

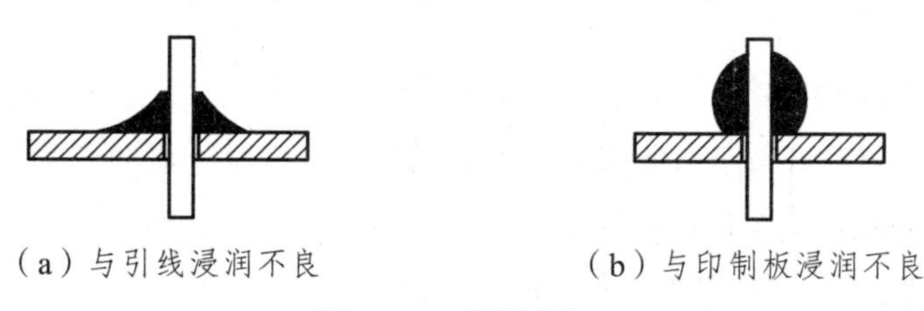

（a）与引线浸润不良
（b）与印制板浸润不良

图 3.15　虚焊现象

据统计数字表明，在电子整机产品故障中，有将近一半是由于焊接不良引起的，然而，要从一台成千上万个焊点的电子设备里找出引起故障的虚焊点来，这并不是一件容易的事。所以，虚焊是电路可靠性的一大隐患，必须严格避免。进行手工焊接操作的时候，尤其要加以注意。

一般来说造成虚焊的主要原因为：焊锡质量差；助焊剂的还原性不良或用量不够；被焊接处表面未预先清洁好，镀锡不牢；烙铁头的温度过高或过低，表面有氧化层；焊接时间太长或太短，掌握得不好；焊接中焊锡尚未凝固时，焊接元件松动。

3.6.2 对焊点的要求

电子产品的组装其主要任务是在印制电路板上对电子元器件进行焊锡，焊点的个数从几十个到成千上万个，如果有一个焊点达不到要求，就要影响整机的质量，因此在焊接时，必须做到以下几点：

1. 可靠的电气连接

焊接是电子线路从物理上实现电气连接的主要手段。锡焊连接不是靠压力而是靠焊接过程形成牢固连接的合金层达到电气连接的目的。如果焊锡仅仅是堆在焊件的表面或只有少部分形成合金层，也许在最初的测试和工作中不易发现焊点存在的问题，这种焊点在短期内也能通过电流，但随着条件的改变和时间的推移，接触层氧化，脱离出现了，电路产生时通时断或者干脆不工作，而这时观察焊点外表，依然连接良好，这是电子仪器使用中最头疼的问题，也是产品制造中必须十分重视的问题。

2. 足够的机械强度

焊接不仅起到电气连接的作用，同时也是固定元器件，保证机械连接的手段。为保证被焊件在受振动或冲击时不至脱落、松动，因此，要求焊点有足够的机械强度。一般可采用把被焊元器件的引线端子打弯后再焊接的方法。作为焊锡材料的铅锡合金，本身强度是比较低的，常用铅锡焊料抗拉强度为 3 ~ 4.7 kg/cm^2，只有普通钢材的 10%。要想增加强度，就要有足够的连接面积。如果是虚焊点，焊料仅仅堆在焊盘上，那就更谈不上强度了。

3. 光洁整齐的外观

良好的焊点要求焊料用量恰到好处，外表有金属光泽，无拉尖、桥接等现象，并且不伤及导线的绝缘层及相邻元件良好的外表是焊接质量的反映，注意：表面有金属光泽是焊接温度合适、生成合金层的标志，这不仅仅是外表美观的要求。

典型焊点的外观如图 3.16 所示，其共同特点为：

（1）外形以焊接导线为中心，匀称、成裙形拉开。

（2）焊料的连接呈半弓形凹面，焊料与焊件交界处平滑，接触角尽可能小。

（3）表面有光泽且平滑。

（4）无裂纹、针孔、夹渣。

图 3.16　正确的焊点

焊点的外观检查除用目测（或借助放大镜、显微镜观测）焊点是否合乎上述标准以外，还包括以下几个方面焊接质量的检查：漏焊；焊料拉尖；焊料引起导线间短路（即“桥接”）；导线及元器件绝缘的损伤；布线整形；焊料飞溅。检查时，除目测外，还要用指触、镊子点拨动、拉线等办法检查有无导线断线、焊盘剥离等缺陷。

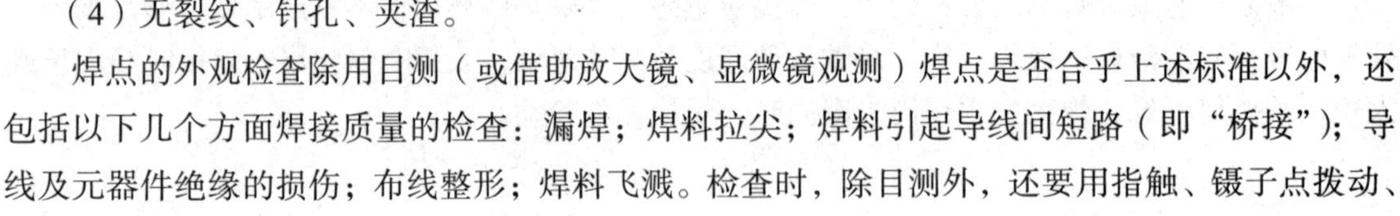

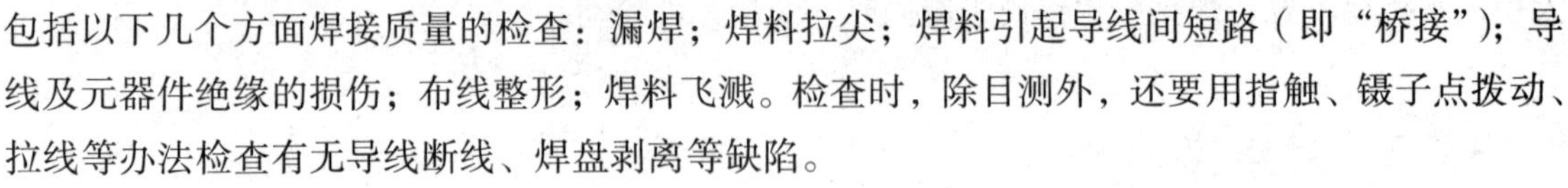

3.6.3　常见焊点的缺陷及分析

造成焊接缺陷的原因很多，在材料（焊料与焊剂）与工具（烙铁、夹具）一定的情况下，采用什么样的方式方法以及操作者是否有责任心，就是决定性的因素了。表 3.3 中列出了各种焊点缺陷的外观、特点及危害，并分析了产生的原因。

表 3.3　常见焊点缺陷及分析

焊点缺陷	外观特点	现象	原因分析
虚焊	焊锡与元器件引线或与铜箔之间有明显黑色界线，焊锡向界凹陷	不能正常工作	①元器件引线未清洁好，未镀好锡或锡被氧化 ②印制板未清洁好，喷涂的助焊剂质量好
滋挠动焊	有裂痕，如面包碎片粗糙，接处有空隙	强度低，不通过时通时断	焊锡未干时而受移动
焊料过少	焊点结构松散白色、无光泽，蔓延不良接触角大，约70~90°，不规则之圆。	机械强度不足，可能虚焊	①焊料不好 ②焊接温度不够 ③焊锡未凝固时，元器件引线松动
焊料过少	焊接面积小于焊盘的75%，焊料未形成平滑的过渡面	机械强度不足	①焊锡流动性差或焊丝撤离过早 ②助焊剂不足 ③焊接时间太短
焊料过多	焊料面呈凸形	浪费焊料，且可能包藏缺陷	焊丝撤离过迟
松香夹渣	焊缝中夹有松香渣	强度不足，导通不良，有可能时通时断	①焊剂过多或已失效 ②焊接时间不足，加热不足 ③表面氧化膜未去除
过热	焊点发白，无金属光泽，表面较粗糙	焊盘容易剥落，强度降低	烙铁功率过大，加热时间过长
冷焊	表面呈豆腐渣状颗粒，有时可能有裂纹	强度低，导电性不好	焊料未凝固前焊件拌动
浸润不良	焊料与焊件交界面接触过大，不平滑	强度低，不通或时通时断	①焊料清理不干净 ②助焊剂不足或质量差 ③焊件未弃分加热
蔓延不良	接触角大约70°--90°，焊接面不连续。不平滑，不规则。	强度低，导电性不好	焊接处未与焊锡融合，热或焊料不够，烙铁端不干净
无蔓延	接触角超过90°，焊锡不能蔓延及包掩，若球状如油沾在有水份面上。	强度低，导电性不好	焊锡金属面不对称，另外就是热源本身不相称
不对称	焊锡未流满焊盘	强度不足	①焊料流动性好 ②助焊剂不足或质量差 ③加热不足

续表 3.3

焊点缺陷	外观特点	现象	原因分析
松动	导线或元器件引线可能移动	导通不良或不导通	①焊锡未凝固前引线移动造成空隙 ②引线未处理（侵润差或不侵润）
拉尖	出现尖端	外观不佳，容易造成桥接现象	烙铁不洁，或烙铁移开过快而焊处未达焊锡熔化温度，移出时焊锡沾上烙铁而形成
桥接	相邻导线连接	电气短路	①焊锡过多 ②铁撤离角度不当
焊锡短路	焊锡过多，与相邻焊点连锡短路	电气短路	①焊接方法不正确 ②焊锡过多
针孔	目测或低倍放大镜可铜箔见有孔	强度不足，焊点容易腐蚀	焊锡料的污染不洁、零件材料及环境
气泡	气泡状坑口，里面凹下	暂时导通，但长时间容易引起导通不良	气态或焊接液在其中，散热及时间不当使焊液未能流出。
铜箔剥离	铜箔从印制上剥离	印制板已损坏	焊接时间太长
焊点剥落	焊点从铜箔上剥离（不是铜箔与印制、板剥离）	断路	焊盘上金属镀层不良

3.7 拆　焊

当需要拆下多个焊点且引线较硬的元器件时，以上方法就不行了，例如，要拆下多线插座，一般有以下几种方法：

1. 用合适的医用空心针头拆焊

医用针头锉平，作为拆焊的工具，具体方法是：一边用烙铁熔化焊点，一边把针头套在被焊的元器件引脚上，直至焊点熔化后，将针头迅速插入印制电路板的内孔，使元器件的引脚与印制电路板的焊盘脱开，如图 3.17（a）所示。

2. 用铜编织线进行拆焊

将铜编织线的部分吃上松香焊剂，然后放在将要拆焊的焊点上，再把电烙铁放在铜编织线上加热焊点，待焊点上的焊锡熔化后就被铜编织线吸去，如焊点上的焊锡一次没有被吸完，则可进行第二次，第三次，直至吸完。当编织线吸满焊料后就不能再用，就需要把已吸满焊料的部分剪去，如图 3.17（b）所示。

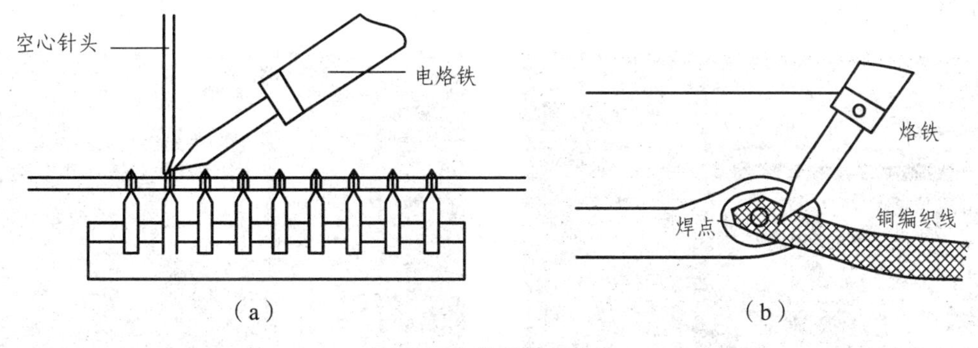

图 3.17 常见拆焊方法

3. 用气囊吸锡器进行拆焊

将被拆的焊点加热，使焊料熔化，然后把吸锡器挤瘪，将吸嘴对准熔化的焊料，然后放松吸锡器，焊料就被吸进吸锡器内。

4. 采用专用拆焊电烙铁拆焊

专用拆焊电烙铁拆焊都是专用拆焊电烙铁头，能一次完成多引线脚元器件的拆焊，而且不易损坏印制电路板及其周围的元器件。如集成电路、中频变压器等就可专用拆焊烙铁拆焊。拆焊时也应注意加热时间不能太长，当焊料一熔化，应立即取下元器件，同时拿开专用烙铁，如加热时间略长，就会使焊盘脱落。

3.8 片状元件的手工焊接

虽然片状元件（也称贴片元件）一般采用大型工艺装备来实现自动焊接，但在批量少和品种多的情况下，自动焊接在生产进度和成本等方面并不一定具有优势，因此常常需要采用手工焊接方式。

3.8.1 片状电阻电容的手工焊接步骤

工序一：
先在所需焊接的焊盘上涂上一层松香水，如图 3.18 所示。

注意，所涂部位只需薄薄一层松香水即可，不宜过多，否则会留下助焊剂残留物。当助焊剂残留物过多时可用棉签蘸取酒精擦拭干净，重新涂抹。

待松香水挥发后进行下一步工序。

工序二：

先预热再上锡。烙铁与焊接面一般应倾斜 45°，如图 3.19 所示。接触压力：烙铁头与被焊件接触时应略施压力，热传导强弱与施加压力大小成正比，但以对被焊件表面不造成损伤为原则。

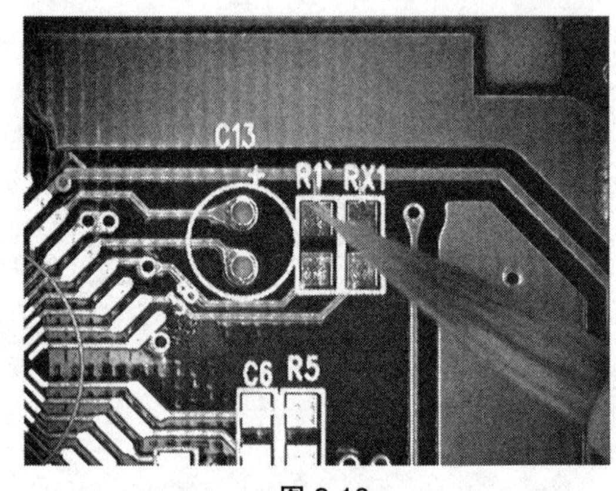

图 3.18

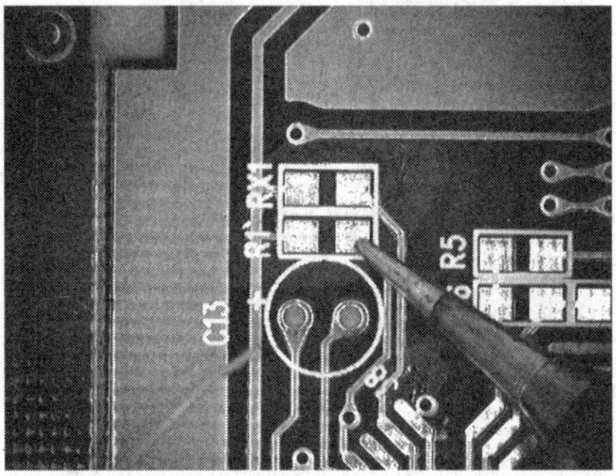

图 3.19

注意：在加热焊盘与焊锡丝供给之间时间控制在 1 s 以内，加热时间切勿过长，以免引起焊盘起翘，损坏焊盘。

工序三：

加焊锡，如图 3.20 所示。原则上是被焊件升温达到焊料的熔化温度是立即送上焊锡丝。

注意：在焊锡丝供给与加热焊锡丝之间时间控制在 1 s 以内，加热时间切勿过长，以免损坏焊盘。动作应当快速、连贯。如加热时间过长，焊点表面容易老化或形成锡渣，焊锡容易拉尖，焊点没有光泽。如加热时间过短，影响焊锡不润湿，表面不光滑，有气泡、针孔或造成冷焊。

工序四：

去焊锡，如图 3.21 所示。当焊锡与焊盘充分接触后，抽去焊锡丝，动作应快速连贯。

图 3.20

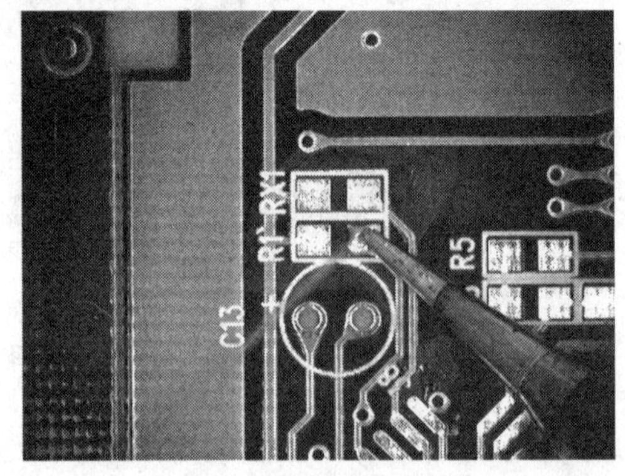

图 3.21

工序五：

去烙铁，如图 3.22 所示。动作应快速连贯，以一个焊点 1 s 为合适，时间过长焊点表面容易老化或形成锡渣，焊锡容易拉尖，焊点没有光泽。

注意：焊盘上的锡量，不宜过多，在贴片焊接不熟练的情况下，可将其焊点视为起固定作用。因此，其焊点锡量不宜过多，焊接时间不宜过长。还应避免和相临焊盘桥接。

工序六：

应用扁口防滑镊子或防静电镊子夹取贴片电阻，如图 3.23 所示。用镊子夹住需焊接元件的中间部位把元件放到焊盘一侧，调整好焊接位置，调整好贴片电阻的焊接方向，遵循标称值读取方向与丝印标号方向一致。用镊子夹住元件时用力需适当，不能过于用力，防止元件损坏或飞溅。准备下一步工序。

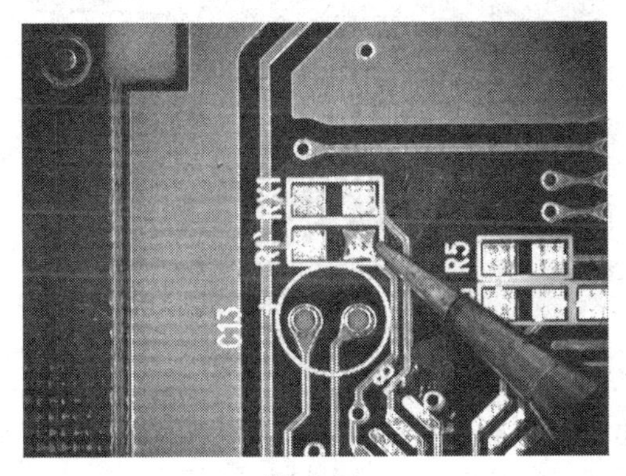

图 3.22

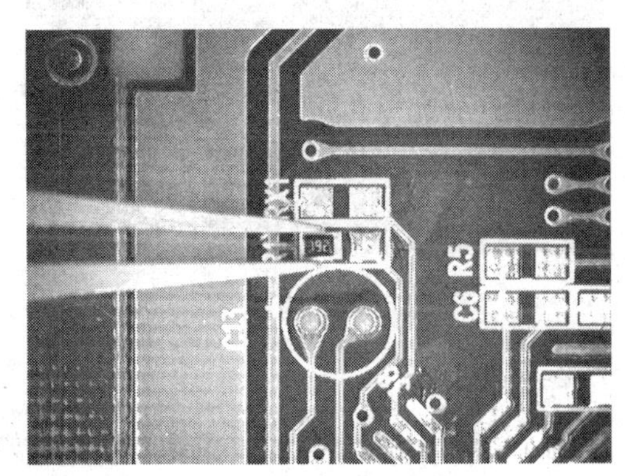

图 3.23

工序七：

熔化焊点，如图 3.24 所示。焊点熔化时，同时进行下一步工序。加热焊点熔化时间不宜过长，否则会引起焊点老化或形成锡渣，焊锡容易拉尖，焊点没有光泽。如加热时间过短，影响焊锡不润湿，表面不光滑，有气泡、针孔或造成冷焊。

工序八：

迅速把元件紧贴焊盘边缘并插入将其焊好，如图 3.25 所示。元件放入焊盘时必须紧贴主板的表面插入焊盘，并使元件处在整个安装位置的中间。

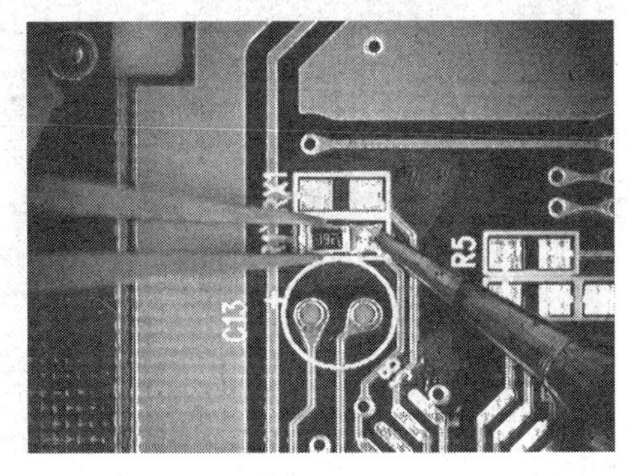

图 3.24

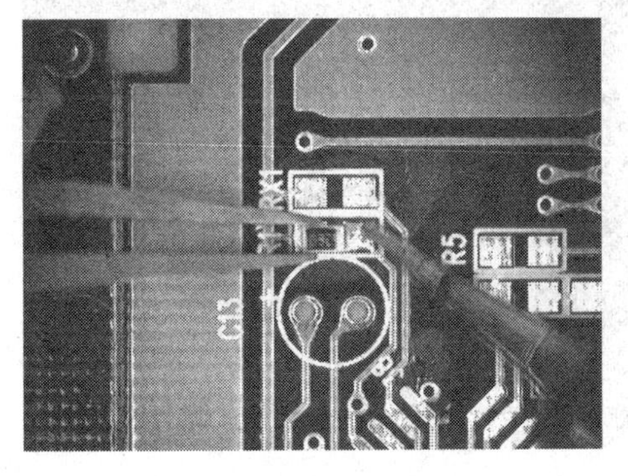

图 3.25

工序九：

当元件与焊盘之间的焊锡完全充分润湿后，抽去电烙铁，如图 3.26 所示。如果焊接结束发现焊点老化或毛刺、锡过多、过少都可以先不修改，等另一侧的焊接完成后再一起修改。

工序十：

焊接元件另一侧焊点，操作步骤及注意参考工序二至工序五，如图 3.27 所示。

图 3.26

图 3.27

工序十一：

参考 IPC 标准检查焊点，如图 3.28 所示。如果焊接完成后发现有倾斜或高低不平的现象时，注意不能用镊子顶住元件表面，将电阻下压，再用烙铁熔化焊点把元件顶下去。这样操作，容易使元件在受到不均匀的外力下断裂。正确的操作是先把焊点熔化再用镊子夹住元件中间部位进行调整。

工序十二：

参考 IPC 标准检查焊点，如有缺陷需修补或更换，如图 3.29 所示。去除元件方法：在两端焊点加锡，使两端焊点焊锡处于熔融状态，同时进行下一步工序。

注意：锡量不能过多，防止流入其他焊盘。

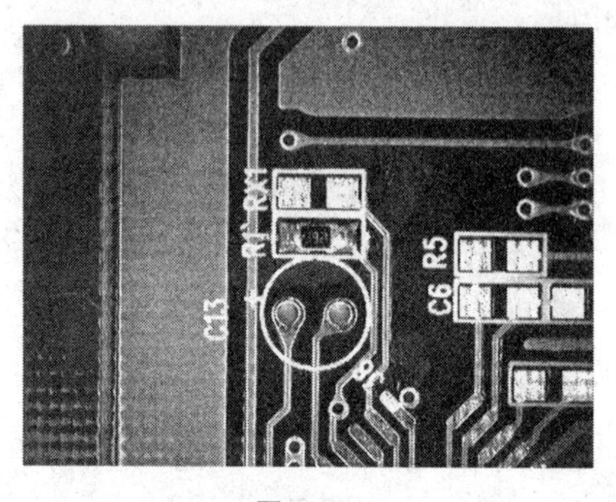

图 3.28

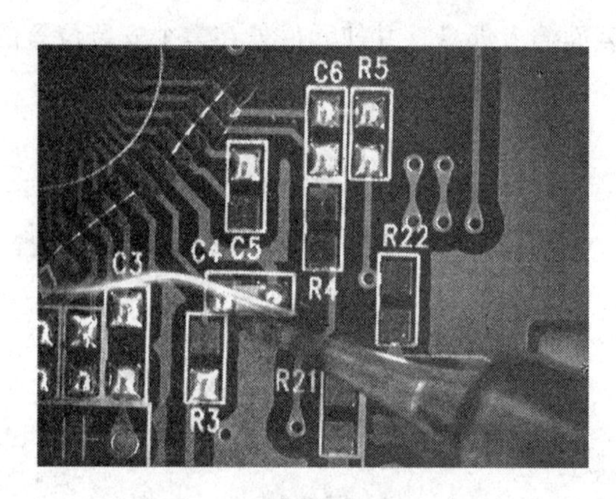

图 3.29

工序十三：

在焊锡熔融状态下，用镊子夹取元件并移走所需更换的元件，如图 3.30 所示。

工序十四：

用吸锡带吸除焊锡，如图 3.31 所示。将吸锡带放在焊点上，然后电烙铁加热吸锡带，使焊锡熔化后自动流向吸锡带，去除焊锡。

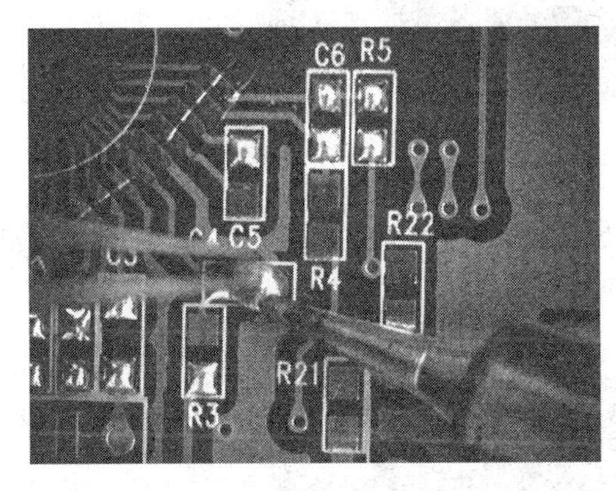

图 3.30

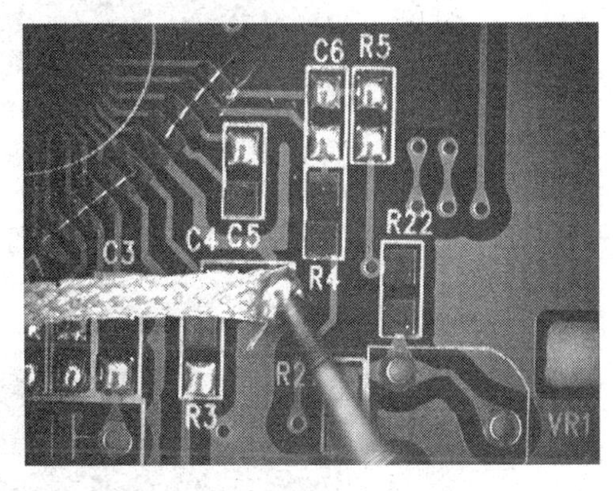

图 3.31

工序十五：

用吸锡带将焊锡清理干净，如图 3.32 所示。

注意：只需将焊锡清除干净即可，加热时间不宜过长，过长也会损坏 PCB 或焊盘。

工序十六：

移除焊锡，清洁焊盘后，重新进行焊接操作，参考工序一至工序十一，如图 3.33 所示。

图 3.32

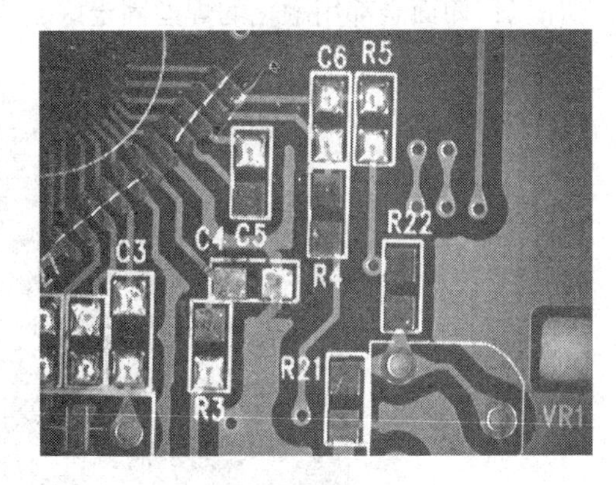

图 3.33

3.8.2　片状元件集成电路（IC）的焊接步骤

工序一：首先把 IC 平放在焊盘上，如图 3.34 所示。

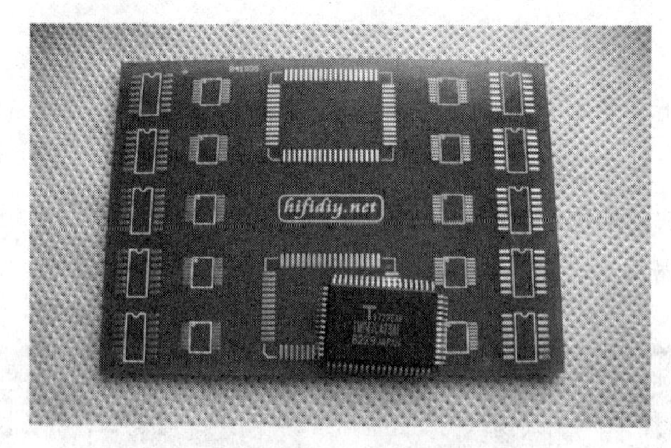

图 3.34

工序二：对准位置后，使用熔化的焊丝随意焊接 IC 的数个脚来固定 IC，如图 3.35 所示。

图 3.35

工序三：四面全部用融化的焊丝固定好，焊锡丝量稍多，如图 3.36 所示。

图 3.36

工序四：把 PCB 斜放 45°，先把烙铁头放入松香中，甩掉烙铁头部多余的焊锡，使烙铁按照如图 3.37 所示方式运动。

按照图示路线，由左向右迅速移动。如果过程中焊丝过多，
请再次把烙铁头侵入松香后甩掉多余的焊锡，重复开始动作。

图 3.37

工序五：重复以上的动作后达到如图 3.38 所示的效果。

图 3.38

工序六：四面使用同样的方法焊好，如图 3.39 所示。

图 3.39

工序七：用酒精清洗表面上的松香，如图 3.40 所示。

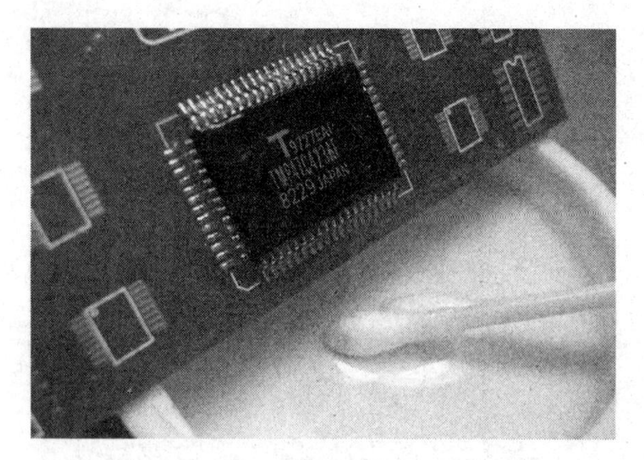

图 3.40

清洗后的效果，如图 3.41 所示。

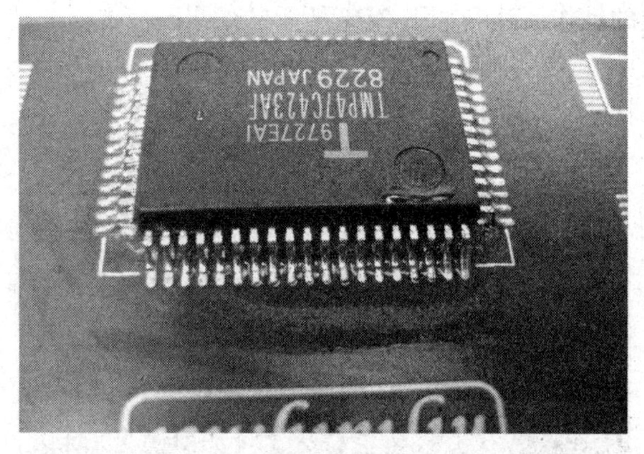

图 3.41

工序八：如果有粘连，短路的情况，可使用细铜丝吸锡。先将细钢丝浸入松香后拉丝，如图 3.42 所示。

再将其放入 IC 脚上，用烙铁加热铜丝吸锡，如图 3.43 所示。

图 3.42

图 3.43

第4章　印制电路板的设计与制作

PCB（Printed Circuit Board），中文名称为印制电路板，又称印刷电路板、印刷线路板，是重要的电子部件，是电子元器件的支撑体，是电子元器件电气连接的提供者。印制电路板由绝缘基板、印制导线、焊盘和印制元件组成，是电子设备的重要组成部分，具有导线和绝缘底板的双重作用，被广泛用于家用电器、仪器仪表、计算机等各种电子设备中。它既可以实现电路中各个元器件之间的电气连接或电气绝缘，代替复杂的布线，同时也可以为电路中各种元器件的固定、装配提供机械支撑，为元器件的插装、检查和维修提供识别字符和图形等。随着电子产品向小型化、轻量化、薄型化、多功能和高可靠性的方向发展，印制电路板由过去的单面板发展到双面板、多层板、挠性板，其精度、布线密度和可靠性不断提高。不断发展的印制电路板制作技术使电子产品设计、装配走向了标准化、规模化、机械化和自动化的时代。掌握印制电路板的基本设计方法和制作工艺，了解生产过程是学习电子工艺技术的基本要求。

4.1　印制电路板基础知识

最早使用的印制电路板是单面纸基覆铜板，随着半导体晶体管的出现，对印制电路板的需求量也在急剧上升，特别是集成电路的迅速发展及广泛应用，使电子设备的体积越来越小，电路布线密度及难度越来越大，因而对覆铜板的要求越来越高。覆铜板也由原来的单面纸基覆铜板发展到环氧覆铜板、聚四氟乙烯覆铜板和聚酰亚胺柔性覆铜板。新型覆铜板的出现，使印制电路板不断更新，结构和质量都得到不断提高。印制电路板设计通常有两种方式：一种是人工设计，另一种是计算机辅助设计。无论采用哪种方式，都必须符合原理图的电气连接和产品电气性能、机械性能的要求，符合相应的国家标准要求。目前，计算机辅助设计（CAD）印制电路板的应用软件已经普及推广，在专业化的印制电路板生产厂家中，新的设计方法和工艺不断出现，机械化、自动化生产已经完全取代了手工操作。

4.1.1　印制电路板的组成

印制电路板的基材是由粘敷铜箔的绝缘板经过几十道工序加工而成，普通印制电路板主要由基板、导电图形、金属表面镀层及保护涂敷层等组成。印制电路板组成如图 4.1 所示。

图 4.1 印制电路板组成

1. 基　板

由基材构成的起承载元器件和结构支撑作用的绝缘板。基材品种很多，大体上分为两大类，即有机类基板材料和无机类基板材料。有机类基板材料是指用增强材料如玻璃纤维布（纤维纸、玻璃毡等），浸以树脂黏合剂，通过烘干成基板坯料；无机类基板主要是陶瓷板、玻璃和瓷釉基板。

2. 导电图形

由以铜为代表的导电材料，通过某种方式黏敷在基板上构成电路连接或印制元件的导电图形。目前广泛采用的印制电路板制造工艺是在基材上黏压一定厚度的铜箔，通过图形转移和蚀刻等技术制作出需要的图形，不同导电层之间的连接则是通过金属化孔技术来实现的。

3. 表面镀层

为了保护导电图形并且增强焊盘可焊性而在导电图形上涂敷的一种表面金属镀层，例如银或锡铅合金。这种表面镀层直接影响电路板组装焊接性能，是印制电路板的重要组成部分。

4. 保护涂敷层

为了防止导电图形上的不需要连接部分在焊接时被润湿，或者用于保护导电图形的可焊性而在印制电路板表面涂敷的保护层。前者称为阻焊层，后者称为助焊层。在一些要求不高的电路板中助焊层可代替表面镀层，例如在裸铜图形上涂敷松香助焊剂。

4.1.2 印制电路板的材料

1. 增强材料

常用的增强材料有纸、玻璃布、玻璃毡等，主要分为以下几类。

1）酚醛纸基覆铜箔层压板

由绝缘浸渍纸或棉纤维浸以酚醛树脂，两面为无碱玻璃布，在其一面或两面覆以电解紫铜箔，经热压而成的板状纸品。此种层压板的缺点是机械强度低、易吸水和耐高温性能差（一般不超过 100 °C），但由于价格低廉，广泛用于低档民用电器产品中。

2）环氧纸基覆铜箔层压板

与酚醛纸基覆铜箔层压板不同的是，它所使用的黏合剂为环氧树脂，性能优于酚醛纸基覆铜板。环氧树脂的黏结能力强，电绝缘性能好，又耐化学溶剂和油类腐蚀，机械强度高、耐高温和耐潮湿性较好，但价格高于酚醛纸板。环氧纸板广泛应用于工作环境较好的仪器、仪表及中档民用电器中。

3）环氧玻璃布覆铜箔层压板

由玻璃布浸以双氰胺固化剂的环氧树脂，并覆以电解紫铜，经热压而成。这种覆铜板基板的透明度好，耐高温和耐潮湿性优于环氧纸基覆铜板，具有较好的冲剪、钻孔等机械加工性能。环氧玻璃板被用于电子工业、军用设备、计算机等高档电器中。

4）聚四氟乙烯玻璃布覆铜箔层压板

具有优良的介电性能和化学稳定性，介电常数低，介质损耗低，是一种耐高温、高绝缘的新型材料。聚四氟乙烯玻璃板应用于微波、高频、家用电器、航空航天、导弹、雷达等产品中。

5）聚酰亚胺柔性覆铜板

其基材是软性塑料（聚酯、聚酰亚胺、聚四氟乙烯薄膜等），厚度约 0.25 ~ 1 mm。在其一面或两面覆以导电层以形成印制电路系统。使用时将其弯成适合形状，用于内部空间紧凑的场合，如硬盘的磁头电路和数码相机的控制电路。

2. 铜　箔

铜箔是覆铜板的关键材料，必须有较高的电导率和良好的可焊性。铜箔质量直接影响到铜板的质量，要求铜箔不得有划痕、砂眼和皱折等。其铜纯度不低于 99.8%，厚度均匀误差不大

于 ± 5 μm。铜箔厚度选用标准系列为 18 μm、25 μm、35 μm、50 μm、70 μm、105 μm。目前较普遍采用的是 35 μm 和 50 μm 厚的铜箔。

3. 黏合剂

黏合剂有酚醛、环氧树脂、聚四氟乙烯和聚酰亚胺等。

4.1.3 印制电路板的分类

印制电路板的种类很多，一般情况下可按印制电路的分布和机械特性划分。

1. 按印制电路的分布划分

根据 PCB 印刷线路板电路层数分类：PCB 印刷线路板分为单面板、双面板和多层板。常见的多层板一般为 4 层板或 6 层板，复杂的多层板可达几十层。

1）单面板

单面板（Single-Sided Boards）在最基本的 PCB 上，零件集中在其中一面，导线则集中在另一面上。因为导线只出现在其中一面，所以这种 PCB 叫作单面板（Single-sided）。因为单面板在设计线路上有许多严格的限制（因为只有一面，布线间不能交叉而必须绕独自的路径），所以只有早期的电路才使用这类的板子。

2）双面板

双面板（Double-Sided Boards）这种电路板的两面都有布线，不过要用上两面的导线，必须要在两面间有适当的电路连接才行。这种电路间的“桥梁”叫做导孔（via）。导孔是在 PCB 上，充满或涂上金属的小洞，它可以与两面的导线相连接。因为双面板的面积比单面板大了一倍，双面板解决了单面板中因为布线交错的难点（可以通过孔导通到另一面），它更适合用在比单面板更复杂的电路上。

3）多层板

多层板（Multi-Layer Boards）为了增加可以布线的面积，多层板用上了更多单或双面的布线板。用一块双面作内层、两块单面作外层或两块双面作内层、两块单面作外层的印刷线路板，通过定位系统及绝缘黏结材料交替在一起且导电图形按设计要求进行互连的印刷线路板就成为四层、六层印刷电路板了，也称为多层印刷线路板。板子的层数并不代表有几层独立的布线层，在特殊情况下会加入空层来控制板厚，通常层数都是偶数，并且包含最外侧的两层。大部分的主机板都是 4 到 8 层的结构，不过技术上理论可以做到近 100 层的 PCB 板。大型的超级计算机大多使用相当多层的主机板，不过因为这类计算机已经可以用许多普通计算机的集群代替，超多层板已经渐渐不被使用了。因为 PCB 中的各层都紧密的结合，一般不太容易看出实际数目，不过如果仔细观察主机板，还是可以看出来。

2. 按机械特性划分

1）刚性板

具有一定的机械强度，用它装成的部件具有一定的抗弯能力，在使用时处于平展状态，主要在一般电子设备中使用。酚醛树脂、环氧树脂、聚四氟乙烯等覆铜板都属刚性板。

2）柔性板（挠性板）

柔性板是以软质绝缘材料（如聚酰亚胺或聚酯薄膜）为基材而制成的，铜箔与普通印制电路板相同，使用黏合力强、耐折叠的黏合剂压制在基材上。表面用涂有黏合剂的薄膜覆盖，防止电路和外界接触引起短路和绝缘性下降，并能起到加固作用。使用时可以弯曲，减小使用空间。

3）刚挠（柔）结合板

采用刚性基材和挠性基材结合组成的印制电路板,刚性部分用来固定元器件作为机械支撑，挠性部分折叠弯曲灵活，可省去插座等元件。

4.1.4 印制电路板设计前的准备

印制电路板的设计质量不仅关系到元器件在焊接装配、调试中是否方便，而且直接影响到整机的技术性能。印制电路板设计不一定需要严谨的理论和精确的计算，但应遵守一定的规范和原则。印制电路设计主要是排版设计，设计前应对电路原理及相关资料进行分析，熟悉原理图中出现的每一个元器件，掌握每个元器件的外形尺寸、封装形式、引脚的排列顺序、功能及形状；确定哪些元器件因发热而需要安装散热装置，哪些元器件装在板上，哪些装在板外；找出线路中可能产生的干扰，以及易受外界干扰的敏感器件；确定覆铜板材及印制电路板的种类，了解印制电路板的工作环境等。

1. 覆铜板板材、板厚、形状及尺寸的选择

1）覆铜板的非电技术标准

覆铜板质量的优劣直接影响印制电路板的质量。衡量覆铜板质量的主要非电技术标准有以下几项：

（1）抗剥强度。

抗剥强度是使单位宽度的铜箔剥离基板所需的最小力（单位为 kgf/mm），用这个指标来衡量铜箔与基板之间的结合强度。此项指标主要取决于黏合剂的性能及制造工艺。

（2）翘曲度。

单位长度的扭曲值，是衡量覆铜板相对于平面的不平度指标，取决于基板材料和厚度。

（3）抗弯强度。

抗弯强度是覆铜板所承受弯曲的能力，以单位面积所受的力来计算（单位为 Pa）。这项指标取决于覆铜板的基板材料和厚度，在确定印制电路板厚度时应考虑这项指标。

（4）耐浸焊性。

耐浸焊性是指将覆铜板置入一定温度的熔融焊锡中停留一段时间（一般为 10 s）后铜箔所承受的抗剥能力。一般要求铜板不起泡、不分层。如果浸焊性能差，印制电路板在经过多次焊接时，可能使焊盘及导线脱落。此项指标对电路板的质量影响很大，主要取决于绝缘基板材和黏合剂。

除上述几项指标外，衡量覆铜板的技术指标还有表面平滑度、光滑度、坑深、介电性能、表面电阻、耐氰化物等，其相关指标可参考相关手册。

2）选择依据

覆铜箔板的选用，主要是根据产品的技术要求、工作环境和工作频率，以及经济性来决定的，其基本原则如下：

（1）根据产品的技术要求选用。

产品的工作电压的高低，决定了印制电路板的绝缘强度，由此可以决定板材的材质和厚度，不同的材质其性能差异较大。设计者在对产品技术分析的基础上，合理经济的选用。工作电压高时选用绝缘性能较好的环氧玻璃布层压板，电压低时选用酚醛纸质层压板就可满足要求。

（2）根据产品的工作环境要求选用。

在特种环境条件（如高温、高湿、高寒等条件）下工作的电子产品，整机要求防潮处理等，这类产品的印制电路板要选用环氧玻璃布层压板或更高档次的板材，如宇航、遥控遥测、舰用设备、武器设备等。

（3）根据产品的工作频率选用。

电子线路的工作频率不同，印制电路板的介质损耗也不同。工作在 30 ~ 100 MHz 的设备，可选用环氧玻璃布层压板；工作在 100 MHz 以上的电路，各种电气性能要求相对较高，可选用聚四氟乙烯铜箔板。

（4）根据整机给定的结构尺寸选用。

产品进人印制电路板设计阶段，整机的结构尺寸已基本确定，安装及固定形式也应给定。如印制电路板尺寸较大，有大体积的元器件装入，板材要选用厚一些的，以加强机械强度，以免翘曲。如果电路板是立式插人，且尺寸不大，又无太重的器件，板材可选薄些。如印制电路板对外通过插座连接时，必须注意插座槽的间隙，一般为 1.5 mm。若板材过厚则插不进去，过薄则容易造成接触不良。电路板厚度的确定还和面积及形状有直接关系，选择不当，产品进行冲击、振动和运输等例行实验时，印制电路板容易损坏，整机性能的质量难以保证。

（5）根据性能价格比选用。

设计档次较高的印制电路板产品时，一般对覆铜板的要求较好，价格也相应较高。设计一般民用产品时，在确保产品质量的前提下，尽量采用价格较低的材料。如袖珍收音机的线路板尺寸小，整机工作环境好，市场价格低廉，选用酚醛纸质板就可以了。

总之，印制电路板的选材是一个很重要的工作，选材恰当，既能保证整机质量，又不浪费成本；否则，容易造成浪费或者容易损坏从而造成更大的浪费。

2. 对外连接方式

印制电路板是整机中的一个组成部分，因此，存在印制电路板与印制电路板间、印制电路板与板外元器件之间的连接问题。要根据整机结构选择连接方式，总的原则是：连接可靠，安装调试维修方便。

1）导线连接

（1）单股导线连接。

这是一种操作简单、价格低廉且可靠性高的一种连接方式，连接时不需任何接插件，只需用导线将印制电路板上的对外连接点与板外元器件或其他部件直接焊牢即可。其优点是成本低、可靠性高，可避免因接触不良而造成的故障；缺点是维修调试不方便。一般适用于对外引线较少的场合，如收音机中的喇叭、电池盒等。

焊接时应注意：

① 印制电路板的对外焊接导线的焊盘应尽可能在印制电路板边缘，并按统一尺寸排列，以利于焊接与维修；

② 为提高导线与板上焊盘的机械强度，引线应通过印制电路板上的穿线孔，再从印制电路板的元件面穿过焊盘；

③ 将导线排列或捆扎整齐，通过线卡或其他紧固件将导线与印制电路板固定，避免导线移动而折断。

（2）排线焊接。

两块印制电路板之间采用排线连接，既可靠又不易出现连接错误，且两块印制电路板的相对位置不受限制。

（3）印制电路板之间直接焊接。

此方式常用于两块印制电路板之间为90°夹角的连接，连接后成为一个整体印制电路板部件。

2）插接器连接

在较复杂的电子仪器设备中，为了安装调试方便，经常采用插接器的连接方式，如图4.2所示。这是在电子设备中经常采用的连接方式，这种连接是将印制电路板边缘按照插座的尺寸、接点数、接点距离、定位孔的位置进行设计做出印制电路板插头，使其与专用印制电路板插座相配。这种连接方式的优点是可保证批量产品的质量，调试、维修方便；缺点是因为触点多，所以可靠性比较差。在印制电路板制作时，为提高性能，插头部分根据需要可进行覆涂金属处理。适用于印制电路板对外连接的插头、插座的种类很多，其中常用的几种为矩形连接器、口形连接器、圆形连接器等，如图4.3所示。一块印制电路板根据需要可有一种或多种连接方式。

图 4.2　插接器连接

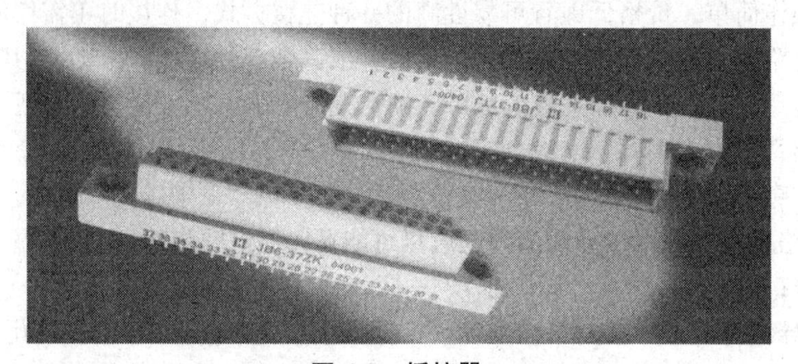

图 4.3　插接器

3. 电路原理及性能分析

任何电路都存在着自身及外界的干扰，这些干扰对电路的正常工作将造成一定的影响。设计前必须对电路原理进行认真的分析，并了解电路的性能及工作环境，充分考虑可能出现的各种干扰，提出抑制方案。通过对原理图的分析应明确以下几点。

（1）找出原理图中可能产生的干扰源，以及易受外界干扰的敏感元器件。

（2）熟悉原理图中出现的每个元器件，掌握每个元器件的外形尺寸、封装形式、引线方式、引脚排列顺序、功能及形状等，确定哪些元器件因发热而需要安装散热片并计算散热面积，确定元器件的安装位置。

（3）确定印制电路板种类：单面板、双面板或多面板。

（4）确定元器件安装方式、排列规则、焊盘及印制导线布线形式。

（5）确定对外连接方式。

4.2　印制电路板的排版设计

印制电路板设计的主要内容是排版设计，印制电路板的组件布局、电气连线方式及正确的结构设计是决定仪器能否正常工作的关键因素。排版设计不是单纯将元器件通过印制导线依照原理图简单连接起来，而是要采取一定的抗干扰措施，遵守一定的设计原则。合理的工艺结构，既可消除因布线不当而产生的干扰，同时也便于生产中的安装、调试与检修等。在设计中考虑的最重要因素是可靠性高，调试维修方便。这些因素主要是通过合理的印制电路设计，正确地选择制作材料和采用先进的制造技术来实现的。这里介绍印制电路板整体布局的几个一般原则。

4.2.1 印制电路板的设计原则

实践证明，即使电路原理图设计正确，如果印制电路板设计不当，也会对电子设备的可靠性产生不良影响。例如，如果印制电路板两条细平行线靠得很近，则会形成信号波形的延迟，在传输线的终端形成反射噪声，影响设备正常工作。这里将介绍印制电路设计与布局的一般原则，便于设计者依据这些印制电路板设计的基础知识，更合理地进行排版设计。

1. 元器件布局原则

1）按照信号流向及功能布局

在整机电路布局时，将整个电路按功能划分成若干个电路单元，按照电信号的流动，逐次安排功能电路单元在印制电路板上的位置，使布局便于信号流通，并尽可能使信号流向保持一致。在多数情况下，信号流向安排成从左到右（左输入、右输出）或从上到下（上输入、下输出）。与输入、输出端直接相连的元器件应当放在靠近输入、输出接插件或连接器的地方。以每个功能电路的核心元件为中心，围绕它来进行布局。

2）特殊元器件的布局

所谓特殊元器件是指那些从电、热、磁、机械强度等方面对整机性能产生影响的元器件。元器件在印制电路板上布局时，要根据元器件确定印制电路板的尺寸。在确定 PCB 尺寸后，再确定特殊元器件的位置。最后，根据电路的功能单元，对电路的全部元器件进行布局。

在确定特殊元器件的位置时要遵守以下几项原则：

（1）高频元器件之间的连线应尽可能缩短，以减小它们的分布参数和相互间的电磁干扰，易受干扰的元器件之间不能距离太近。

（2）对某些电位差较高的元器件或导线，应加大它们之间的距离，以免放电引出意外短路。带高压的元器件应尽量布置在调试时手不易触及的地方。

（3）重量较大的元器件，安装时应加支架固定，或应装在整机的机箱底板上。对一些发热元器件应考虑散热方法，热敏元件应远离发热元件。

（4）对可调元器件的布局应考虑整机的结构要求，其位置布设应方便调整。

（5）在印制电路板上应留出定位孔及固定支架所占用的位置。

3）布设原则

根据电路的功能单元，对电路的全部元器件进行布局时，要符合以下原则：

（1）就近原则：当板上对外连接确定后，相关电路部分应就近安放：避免走远路，绕弯子，尤其忌讳交叉穿插。

（2）信号流原则：按电路信号流向布放，避免输入输出、高低电平部分交叉。

（3）先大后小：先安放占面积较大的元器件。

（4）先集成后分立：先安放集成电路。

（5）先主后次：多块集成电路时先放置主电路。

（6）在高频下工作的电路，要考虑元器件之间的分布参数。

2. 布线的原则

（1）印制导线的宽度要满足电流的要求且布设应尽可能短，在高频产品中更应如此。

（2）印制导线的拐弯应成圆角。直角或尖角在高频电路和布线密度高的情况下会影响电气性能。

（3）高频电路应采用岛形焊盘，并采用大面积接地布线。

（4）当双面板布线时，两面的导线宜相互垂直、斜交或弯曲走线，避免相互平行，以减小寄生耦合。

（5）电路中的输入及输出印制导线应尽量避免相邻平行，以免发生干扰，并在这些导线之间加接地线。

（6）充分考虑可能产生的干扰，并同时采取相应的抑制措施。良好的布线方案是仪器可靠工作的重要保证。

4.2.2 印制电路板干扰的产生及抑制

干扰现象在电气设备的调试和使用中经常出现，其原因是多方面的，除外界因素造成干扰外，印制电路板布线不合理、元器件安装位置不当等都可能产生干扰。这些干扰可能会导致电气设备不能正常工作甚至会导致设计失败。因此，在印制电路板排版设计时，就应对可能出现的干扰及抑制方法加以讨论。

1. 地线干扰的产生及抑制

原理图中的地线表示零电位。在整个印制电路板电路中的各个接地点相对电位差也应为零。印制电路板电路上各接地点，并不能保证电位差绝对为零。在较大的印制电路板上，地线处理不好，不同的位置有百分之几伏的电位差是完全可能的，这极小的电位差信号，经放大电路放大，可能形成影响整机电路正常工作的干扰信号。

为克服地线干扰，在印制电路设计中，应尽量避免不同回路电流同时流经某一段公用地线，特别是在高频电路和大电流电路中，更要注意地线的接法。在印制电路的地线设计中，首先要处理好各级的内部接地，同级电路的几个接地点要尽量集中（称一点接地），以避免其他回路的交流信号窜入本级，或本级中的交流信号窜到其他回路中。

在处理好同级电路接地后，在设计整个印制电路板上的地线时，防止各级电流的干扰的主要方法有以下几种：

（1）正确选择接地方式。在高增益、高灵敏度电路中，可采用一点接地法来消除地线干扰。如一块印制电路板上有几个电路（或几级电路）时，各电子电路（各级）地线应分别设置（并联分路），并分别通过各处地线汇集到电路板的总接地点上，如图 4.4 所示。这只是理论上的接法，在实际设计过程中，印制电路的地线一般放置在印制电路板的边缘，并较一般印制导线宽，各级电路采取就近并联接地。

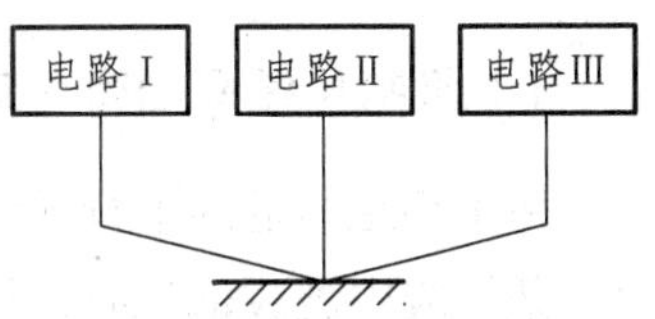

图 4.4 并联分路式接地

（2）将数字电路地与模拟电路地线分开。在一块印制电路板上，如同时有模拟电路和数字电路，两种电路的地线应完全分开，供电也要完全分开，以抑制它们相互干扰。

（3）尽量加粗接地线。若接地线很细，接地点电位则随电流的变化而变化，致使电子设备的定时信号电平不稳，抗噪声性能变差。因此，应将接地线尽量加粗，使它能通过三倍于印制电路板的允许电流。

（4）大面积覆盖接地。在高频电路中，设计时应尽量扩大印制电路板上的地线面积，以减少地线中的感抗，从而削弱在地线上产生的高频信号，同时，大面积接地还可对电场干扰起到屏蔽作用。

2. 电源干扰及抑制

任何电子设备（电子产品）都需电源供电，并且绝大多数直流电源是由交流电通过变压、整流、稳压后供电的。供电电源的质量会直接影响整机的技术指标。而供电质量除了电源电路原理设计是否合理外，电源电路的工艺布线和印制电路板设计不合理都会产生干扰，这里主要包含交流电源的干扰和直流电源电路产生的电场对其他电路造成的干扰。所以，印制电路布线时，交直流回路不能彼此相连，电源线不要平行大环形走线，电源线与信号线不要靠得太近，并避免平行。必要时，可以在供电电源的输出端和用电器之间加滤波器。图 4.5 所示就是由于布线不合理，致使交直流回路彼此相连，造成交流信号对直流产生干扰，从而使质量下降的例子。

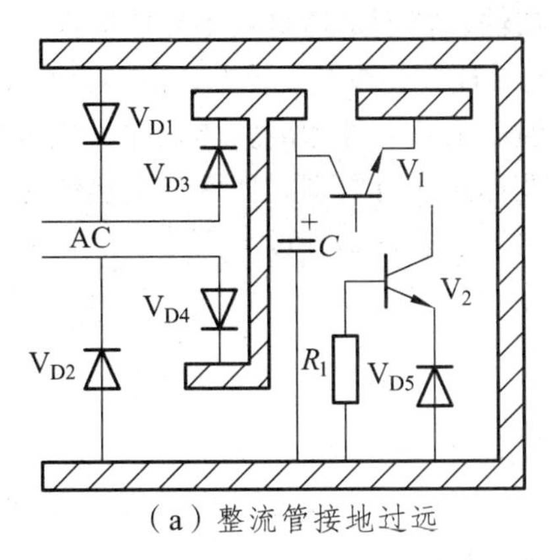

（a）整流管接地过远

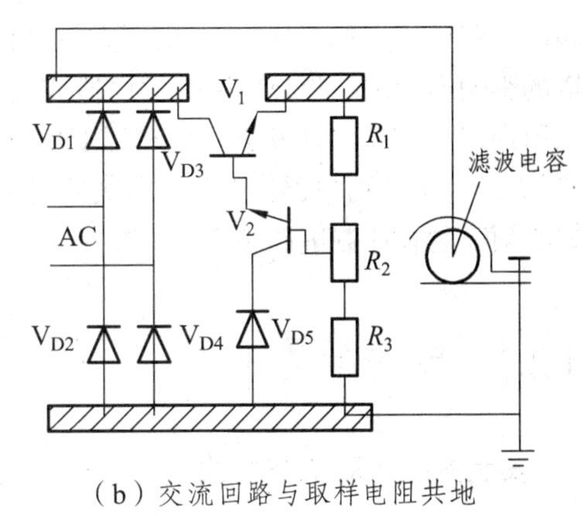

（b）交流回路与取样电阻共地

图 4.5 电器布线不合理引起的干扰

3. 电磁场的干扰及抑制

印制电路板的特点是使元器件安装紧凑、连接密集，但是如果设计不当，这一特点也会给整机带来麻烦，如分布参数造成干扰、元器件的磁场干扰等。印制电路板布线不合理、元器件安装位置不恰当等，都可能引起干扰。电磁场干扰的产生主要有以下几种：

1）印制导线间的寄生耦合

两条相距很近的平行导线，它们之间的分布参数可以等效为相互耦合的电感和电容，当其中一条导线中流过信号时，另一条导线内也会产生感应信号，感应信号的大小与原始信号的频率及功率有关。感应信号就是干扰源。为了抑制这种干扰，排版时要分析原理图，区别强弱信号线，使弱信号线尽量短，并避免与其他信号线平行靠近，不同回路的信号线要尽量避免相互平行，布设双面板上的两面印制线要相互垂直，尽量做到不平行布设。在某些信号线密集平行，无法摆脱较强信号干扰的情况下，可采用屏蔽线将弱信号屏蔽以抑制干扰。使用高频电缆直接输送信号时，电缆的屏蔽层应一端接地。为了减小印制导线之间寄生电容所造成的干扰，可通过对印制线屏蔽进行抑制。

2）磁性元器件相互间干扰

扬声器、电磁铁、永磁性仪表等产生的恒定磁场，高频变压器、继电器等产生的交变磁场，不仅对周围元器件产生干扰，同时对周围印制导线也会产生影响。根据不同情况采取的抑制对策有：

（1）减少磁力线对印制导线的切割；

（2）两个磁元件的相互位置应使两个元件磁场方向相互垂直，以减小彼此间的耦合；

（3）对干扰源进行磁屏蔽，屏蔽罩应良好接地。

4. 热干扰及抑制

电器中因为有大功率器件的存在，在工作时表面温度较高，这导致电路中存在热源，这也将对印制电路产生干扰。比如，晶体管是一种温度敏感器件，特别是锗材料半导体器件，更易受环境的影响而使之工作点漂移，从而造成整个电路的电性能发生变化，因此，在排版设计时，应根据原理图，首先区别发热元件和温度敏感元件，使温度敏感元件远离发热元件。并将热源（如功耗大的电阻及功率器件）安装在板外通风处，以防发热元件对周围元器件产生热传导或辐射。如必须安装在印制电路板上时，要配以足够大的散热片，防止温升过高。

4.2.3 元器件的布设

1）安装方式：卧式与立式

（1）卧式安装：如图 4.6 所示，适用于焊盘间距较远时安装。

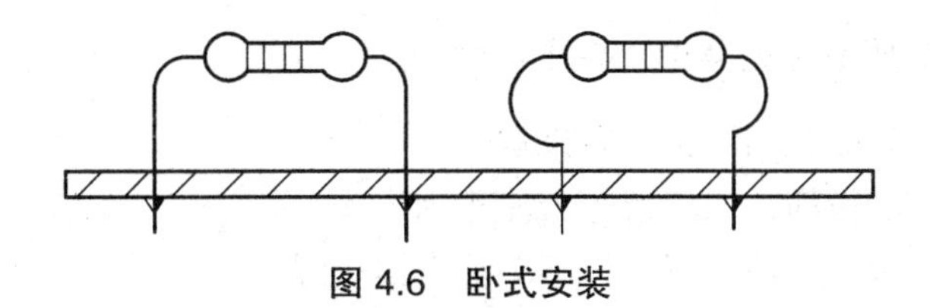
图 4.6　卧式安装

（2）立式安装：如图 4.7 所示，适用于焊盘间距较近时安装。

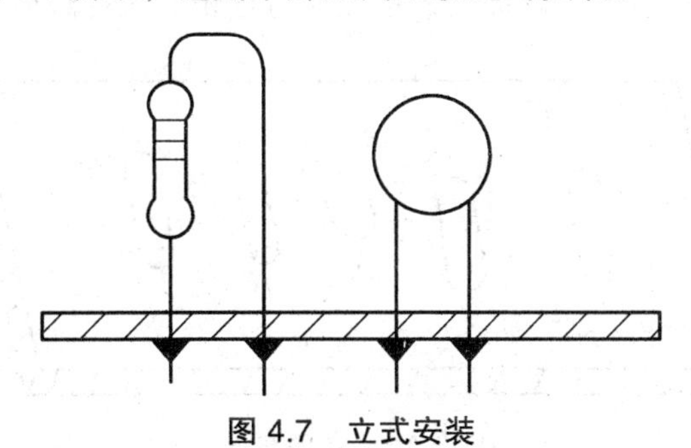
图 4.7　立式安装

2）元器件排列格式

（1）不规则排列（见图 4.8）。

此种方式以固定立式为主，看起来杂乱无章，但印制导线布设方便，印制导线短而少，可减少线路板的分布参数，抑制干扰，特别对抗高频干扰极为有利。

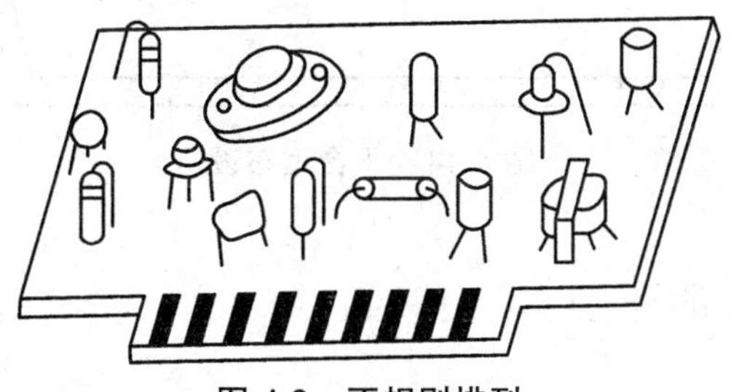
图 4.8　不规则排列

（2）规则排列（见图 4.9）。

此种方式以卧式为主，排列规范，整齐，便于安装、调试、维修，但布线时受方向、位置的限制而变得复杂些。

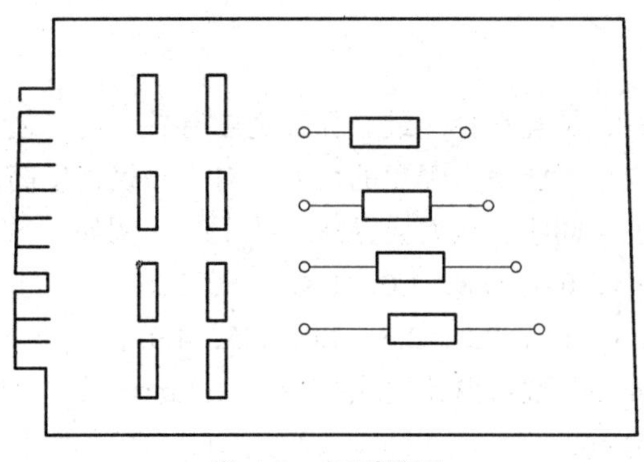
图 4.9　规则排列

3）元器件布设原则（见图 4.10 和图 4.11）

（1）元器件在整个板面疏密一致，布设均匀。

（2）元器件不要占满板面，四周留边，便于固定。

（3）元器件布设在板的一面，每个引脚单独占用一焊盘。

（4）元器件布设不可上下交叉，相邻元器件之间保持间距。

（5）元器件安装高度尽量短，以提高稳定性和防止相邻元件碰撞。

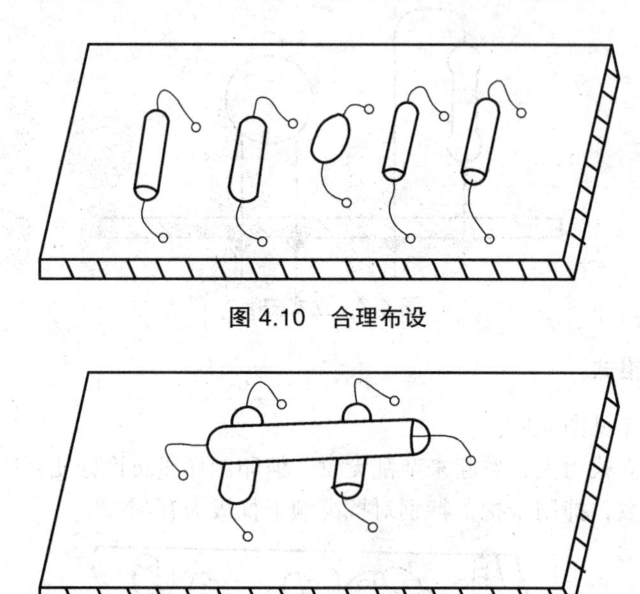

图 4.10 合理布设

图 4.11 不合理布设

4.2.4 焊盘及孔的设计

焊盘，也叫连接盘，是由引线及其周围的铜箔组成的。在印制电路中起到固定元器件和连接印制导线的作用。特别是金属化孔的双面印制电路板，连接盘要使两面印制导线连通。焊盘的尺寸、形状将直接影响焊点的外观与质量。

1. 焊盘的尺寸

焊盘的尺寸与钻孔设备、钻孔孔径、最小孔环宽度有关。为了便于加工和保持焊盘与基板之间有一定的黏附强度，应尽可能增大焊盘的尺寸。对于布线密度高的印制电路板，为了焊盘能更大，就得减少导线宽度与间距，从而会导致一些干扰。例如：

钻孔直径 (mm) 0.4，0.5，0.6，0.8，1.0，1.3，1.6，2.0；

焊盘直径 (mm) 1.3，1.3，1.5，2.0，2.5，3.0，3.5，4.0。

在单面板上，焊盘的外径一般可取比引线孔径大 1.3 mm 以上，即焊盘直径为 D，引线孔径为 d，应有：$D \geqslant (d + 1.3)$ mm。

2. 焊盘的形状

1）岛形焊盘

如图 4.12（a）所示，焊盘与焊盘之间的连线合为一体，犹如水上小岛，故称为岛形焊盘。岛形焊盘常用于元器件的不规则排列、元器件密集固定，特别适用于立式安装的元器件，这样可大量减少印制导线的长度与数量，在一定程度上能抑制分布参数对电路造成的影响。此外，焊盘与印制导线合为一体后，铜箔的面积加大，可增加印制导线的抗剥强度。

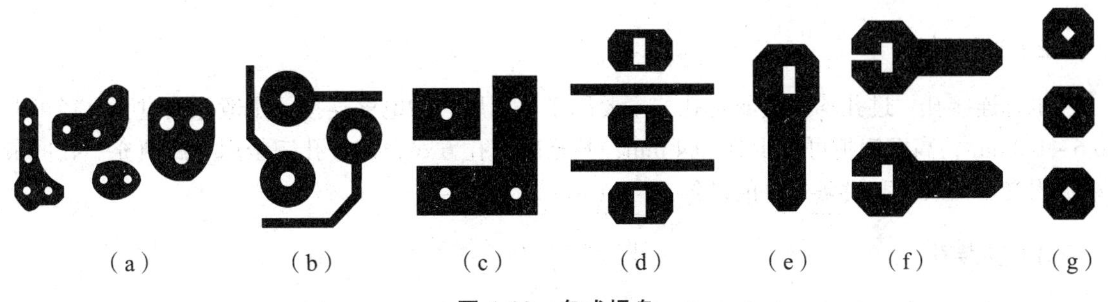

图 4.12 各式焊盘

2）圆形焊盘

如图 4.12（b）所示，焊盘与引线孔是同心圆。其外径一般为 2～3 倍孔径。设计时，如板面允许，应尽可能增大连接盘的尺寸，以方便加工制造和增强抗剥能力。

3）方形焊盘

如图 4.12（c）所示，当印制电路板上元器件体积大、数量少且印制线路简单时，多采用方形焊盘。这种形式的焊盘设计制作简单，精度要求低，容易制作。手工制作常采用这种方式。

4）椭圆焊盘

这种焊盘既有足够的面积以增强抗剥能力，又在一个方向上尺寸较小，利于中间走线。常用于双列直插式器件，如图 4.12（d）所示。

5）泪滴式焊盘

这种焊盘与印制导线过渡圆滑，在高频电路中有利于减少传输损耗，提高传输速率，如图 4.12（e）所示。

6）钳形（开口）焊盘

如图 4.12（f）所示，钳形焊盘上钳形开口的作用是为了保证在波峰后，使焊盘孔不被焊锡封死，其钳形开口应小于外圆的 1/4。

7）多边形焊盘和异形焊盘

如图 4.12（g）所示，矩形和多边形焊盘一般用于区别某些焊盘外径接近而孔径不同的焊盘。

3. 孔的设计

印制电路板上孔的种类主要有：引线孔、过孔、安装孔和定位孔。

1）引线孔

即焊盘孔，有金属化和非金属化之分。引线孔有电气连接和机械固定双重作用。引线孔的直径一般比元器件引线直径大 0.2 ~ 0.4 mm。引线孔过小，元器件引脚安装困难，焊锡不能润湿金属孔；引线孔过大，容易形成气泡等焊接缺陷。

2）过　孔

也称连接孔。过孔均为金属化孔，主要用于不同层间的电气连接。工般电路过孔直径可取 0.6 ~ 0.8 mm，高密度板可减少到 0.4 mm，甚至用盲孔方式，即过孔完全用金属填充。孔的最小极限受制板技术和设备条件的制约。

3）安装孔

用于大型元器件和印制电路板的固定，安装孔的位置应便于装配。

4）定位孔

主要用于印制电路板的加工和测试定位，可用安装孔代替，也常用于印制电路板的安装定位，一般采用三孔定位方式，孔径根据装配工艺确定。

4.2.5　印制导线设计

印制导线用于连接各个焊点，是印制电路板最重要的部分，印制电路板设计都是围绕如何布置导线来进行的。因此在设计时，除了要考虑印制导线的机械、电气因素外，还要尽量使其干扰小、布线美观。

1. 印制导线宽度

印制导线的宽度由该导线工作电流决定。

印制导线是铜箔组成，尽管铜是一种良导体，但毕竟有一定电阻，且电阻随温度变化，同时流过一定强度的电流又会引起导线温度升高。印制导线宽度与最大工作电流的关系见表 4.1。

表 4.1　印制导线最大允许工作电流

导线宽度/mm	1	1.5	2	2.5	3	3.5	4
导线面积/mm^2	0.05	0.075	0.1	0.125	0.15	0.175	0.2
导线电流/A	1	1.5	2	2.5	3	3.5	4

2. 导电图形间距

相邻导电图形之间的间距（包括印制导线、焊盘、印制元件）由它们之间的电位差决定。印制板基板的种类、制造质量及表面涂覆都影响导电图形间的安全工作电压。表 4.2 给出的间距/电压参考值在一般设计中是安全的。

表 4.2　印制导线间距最大允许工作电压

导线间距/mm	0.5	1	1.5	2	3
工作电压/V	100	200	300	500	700

3. 印制导线走向与形状

印制电路板布线，“走通”是最起码的要求，“走好”是惊讶和技巧的表现。图 4.13 是导线走向与形状的部分实例。实际设计是要根据具体电路条件的选择，但以下几条准则是各种条件均适用的。

（1）印制导线应尽量短，能走捷径就不要绕远。

（2）走线平滑自然为佳，避免急拐弯和尖角。

（3）公共地线应尽可能多地保留铜箔。

（4）若布线密度低，可加粗导线，信号线间距适当加大。

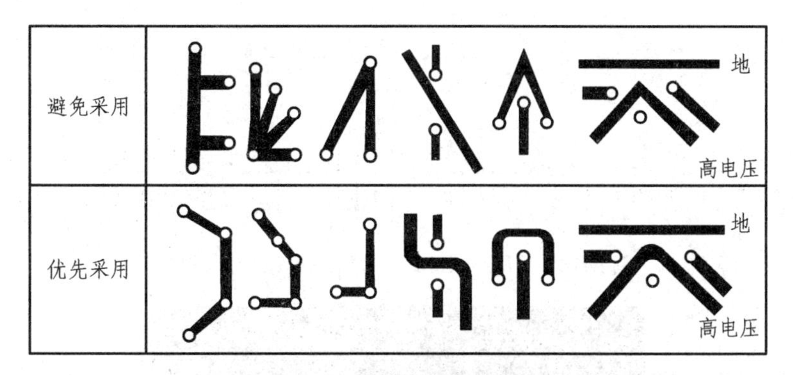

图 4.13　导线的走向与形状规则

4.3　印制电路板电路设计与制作实例

本节主要介绍印制电路板（Printed Circuit Board，PCB）的设计与制作。PCB 的电子辅助设计软件主要有 Altium Designer、PowerPCB、Cadence 等。本节以广泛使用的 Altium Designer 软件为例，介绍电路原理图的设计、元件库文件的绘制、元件封装的绘制和 PCB 线路设计，以及热转印法制作 PCB 电路板的方法和步骤。

4.3.1 PCB 设计实例

本节将以实例的方式展示 PCB 设计的过程，示例中所画电路原理图为 STC89C52 单片机的最小系统，如图 4.14 所示。设计完成的 PCB 线路图如图 4.15 所示。

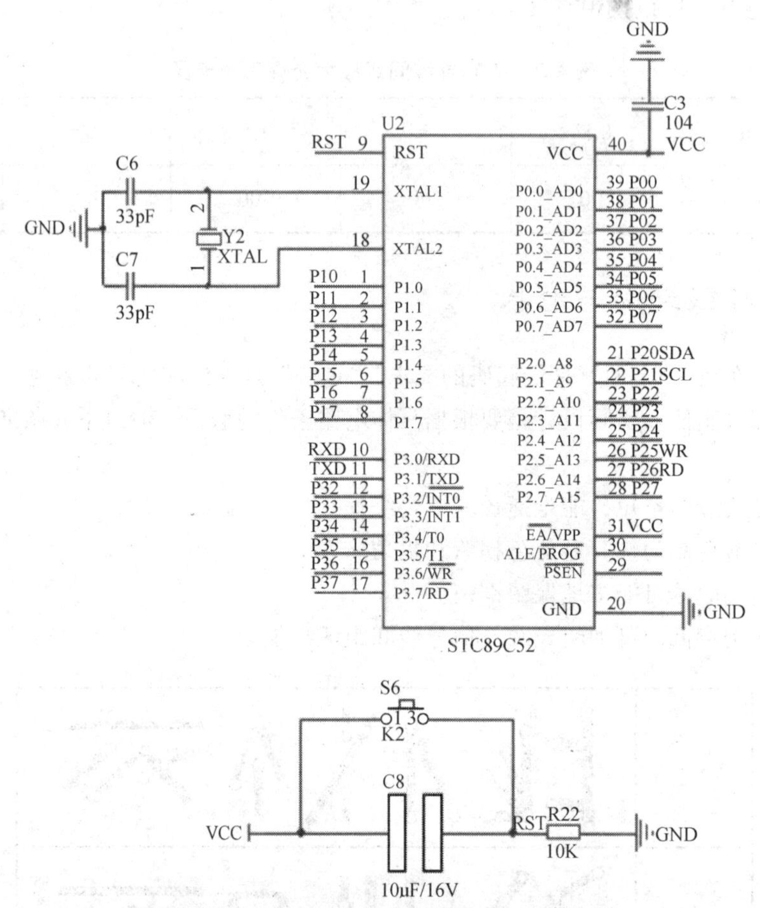

图 4.14　STC89C52 单片机最小系统原理图

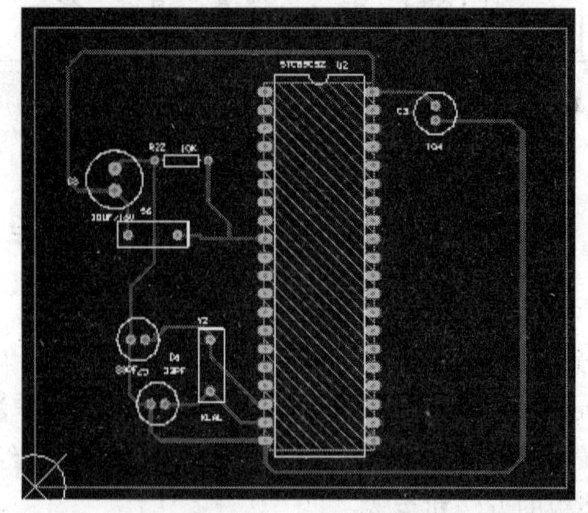

图 4.15　STC89C52 单片机最小系统 PCB 线路图

4.3.2 设计电路原理图

在设计 PCB 之前，应先建立一个 PCB 工程，工程文件包括电路原理图和 PCB 线路图等。

1. 创建 PCB 工程

运行 Altium Designer Release 10，依次点击 File→New→Project→PCB Project。点击 File→Save Project，在弹出的对话框中选择保存路径与项目名称，点击保存，如图 4.16 所示。

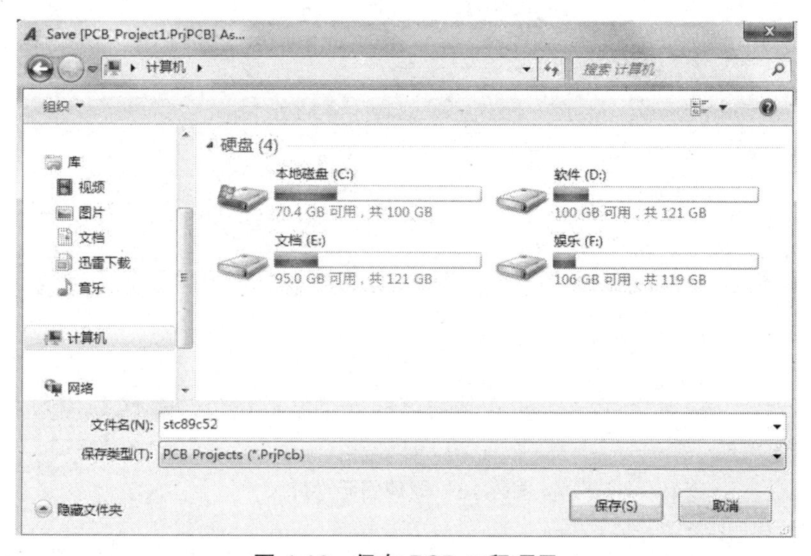

图 4.16　保存 PCB 工程项目

2. 创建电路原理图文件

右击刚才新建的项目，Add New to Project→Schematic，在该项目中新建电路原理图，如图 4.17 所示，原理图文件后缀名为.SchDoc。

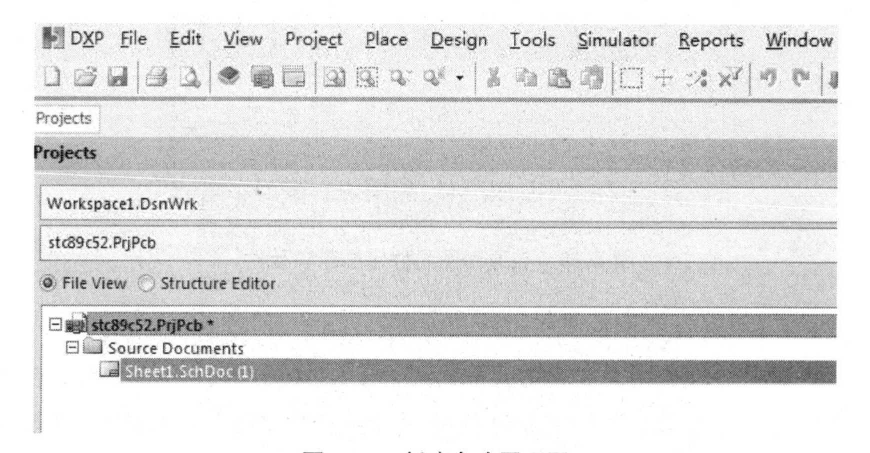

图 4.17　新建电路原理图

3. 新建原理图元件库

有的电子元器件在软件自带的原理图库里面没有收录，就需要自己创建元件原理图库文件，这里以 STC89C52 为例，介绍如何创建一个原理图库文件。

右击刚才新建的项目，Add New to Project→Schematic Library，按【Ctrl+S】，在弹出的对话框中填写原理图元件库文件名，点击保存。如图 4.18 所示，原理图库文件后缀名为.SchLib。

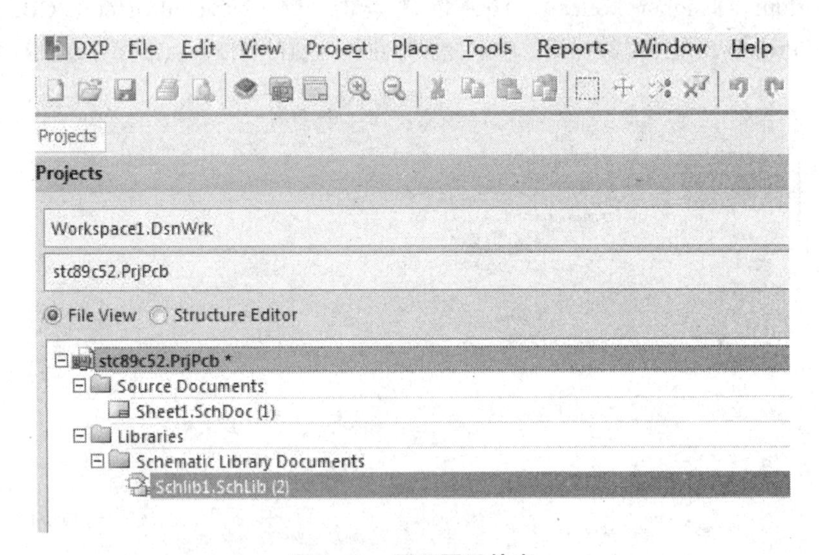

图 4.18　原理图元件库

点击 Tools/New Component 按钮，添加新元件，在弹出的对话框中填写元件名称，默认元件名为 Component_1，点击 OK，如图 4.19 所示。

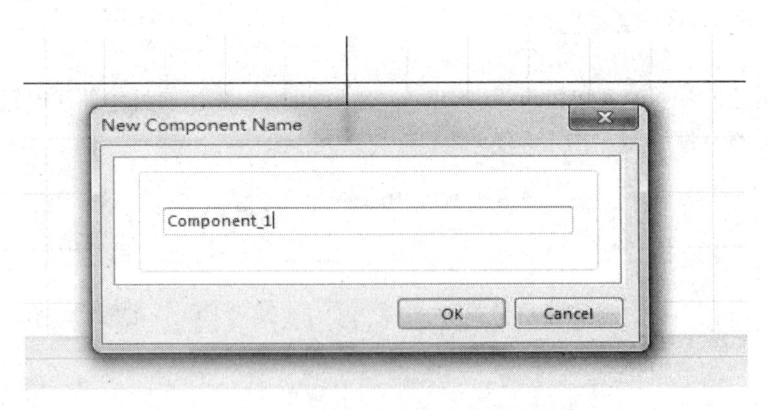

图 4.19　在原理图元件库中新建元件

点击图 4.20 所示按钮，画元件边框如图 4.21 所示。

点击“放置引脚”按钮。在引脚为浮动状态时按【Tab】可以编辑引脚属性，按下空格键可以 90°旋转引脚，左键单击即可完成放置。按照芯片文档所提供的芯片引脚图（见图 4.22），完成引脚放置，放置效果如图 4.23 所示。

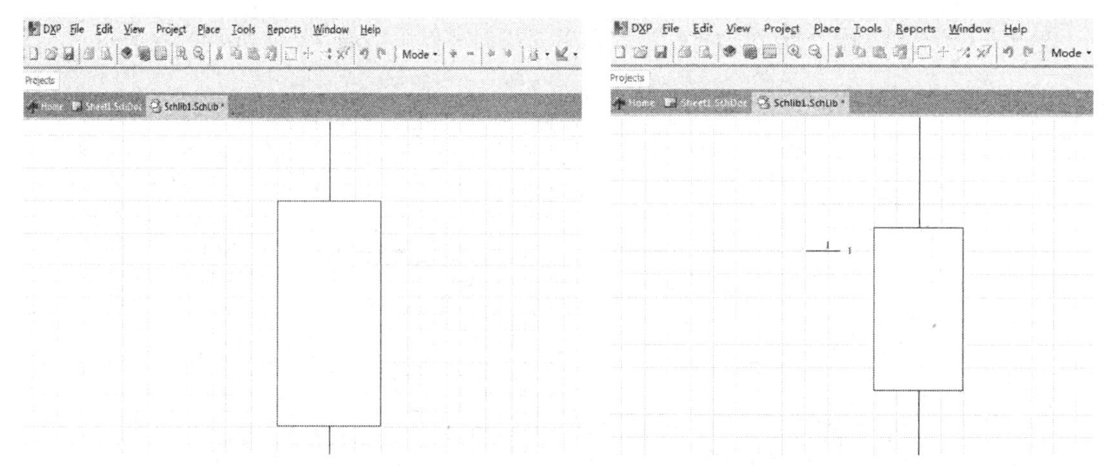

图 4.20　放置方框按钮　　　　图 4.21　完成元器件引脚边框

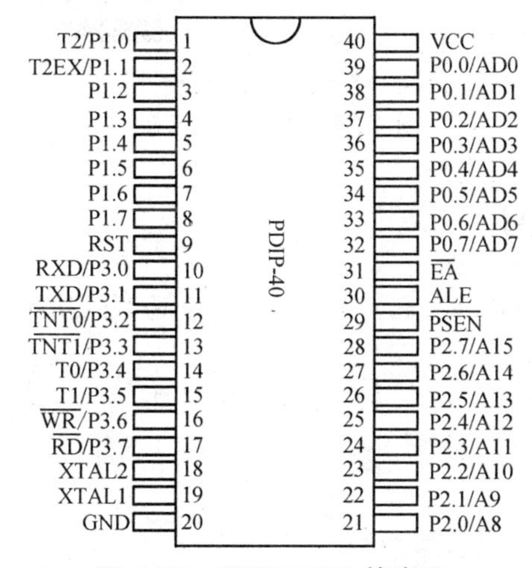

图 4.22　STC89C52 管脚图

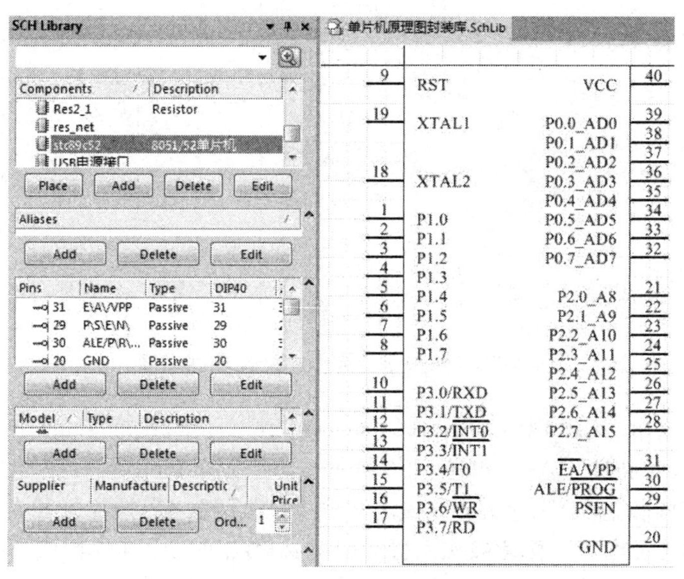

图 4.23　完成引脚放置

PROG 上方横线的输入方法为：在需要加上划线的字母后添加“\”，如图 4.24 所示。

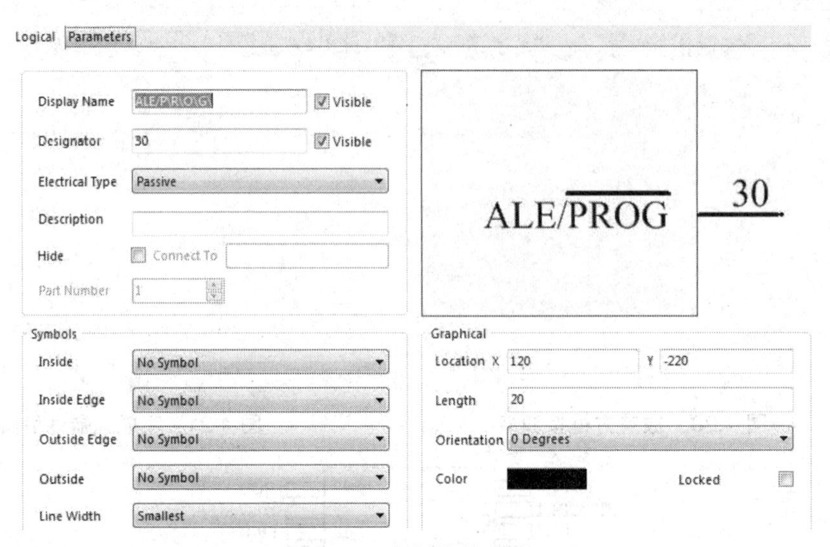

图 4.24　上划线的实现

4. 绘制电路原理图

在原理图元件库中选中 STC89C52，点击 Place，如图 4.25 所示，将该器件添加到原理图中。

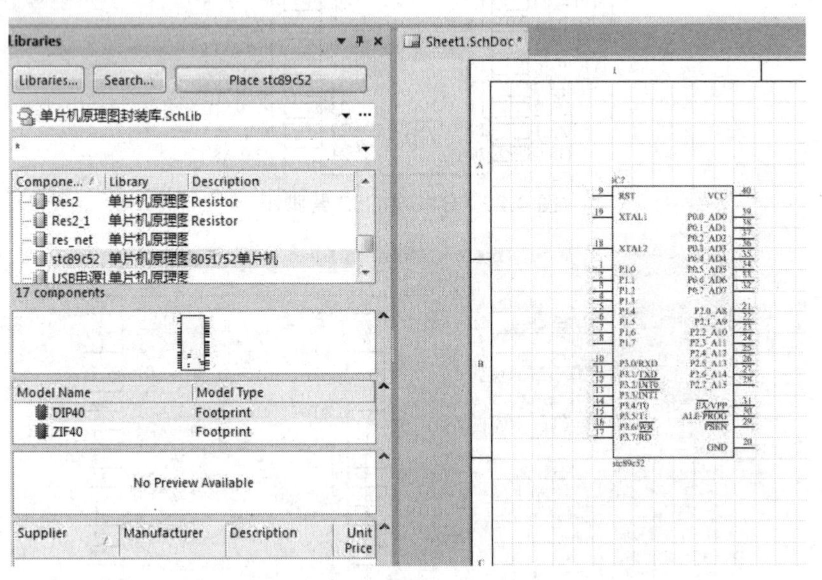

图 4.25　添加元件库中的元件到原理图

点击右侧 Libraries，选择 Miscellaneous Devices，在 Component Name 一栏中选择所需的元器件，双击即可添加到原理图中，如图 4.26 所示。添加完所有元器件之后如图 4.27 所示。

按住【Ctrl】键同时滚动鼠标滚轮（或者按住【Ctrl】键之后按住鼠标右键同时移动鼠标）可以实现原理图的放大缩小，按住鼠标右键同时移动鼠标可以实现拖拽原理图。注：这些操作同样适用于原理图库、PCB 封装库与 PCB。

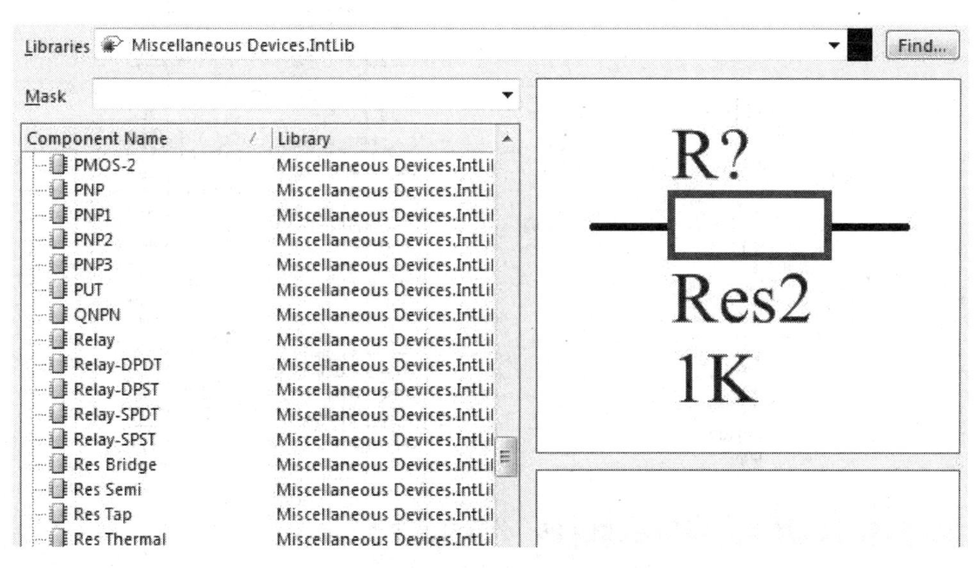

图 4.26　从标准库中添加元件

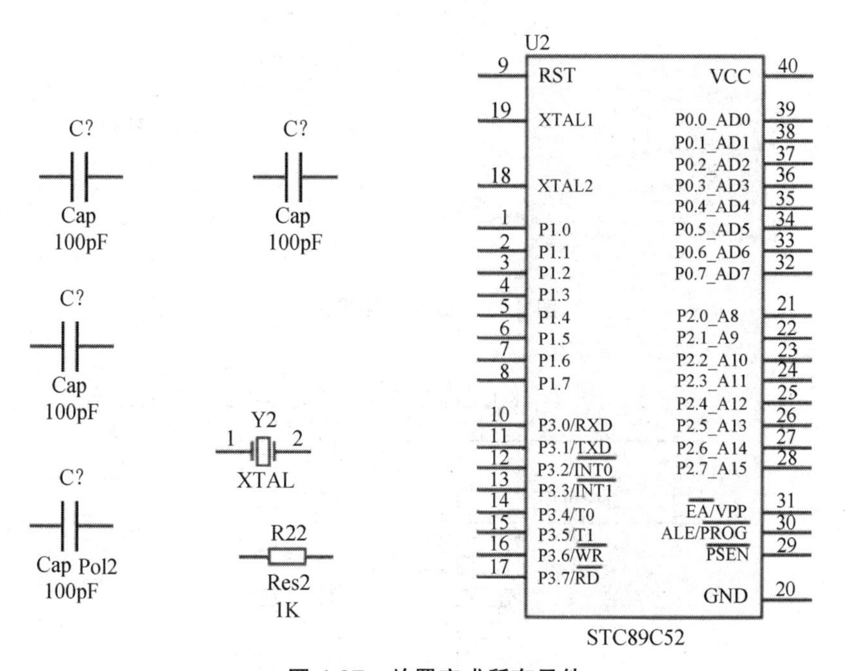

图 4.27　放置完成所有元件

其中接插件的放置可以在 Libraries 中选择 Miscellaneous Connectors 后找到，电源与地可以通过图 4.28 中的按钮放置。

双击原理图中的元件，可以更改其属性，如需更改电阻值大小，则如图 4.29 所示。

经连线后的电路原理图如图 4.30 所示，其中画电气连接线通过 Place Wire 按钮完成。Place Net Label 可以给某条电气连接线设定标号，相同标号的线之间，系统认为其在电气上相互连接。即使用 Net 方式既可以使电路图显得清晰明白，又不影响其电气连接。

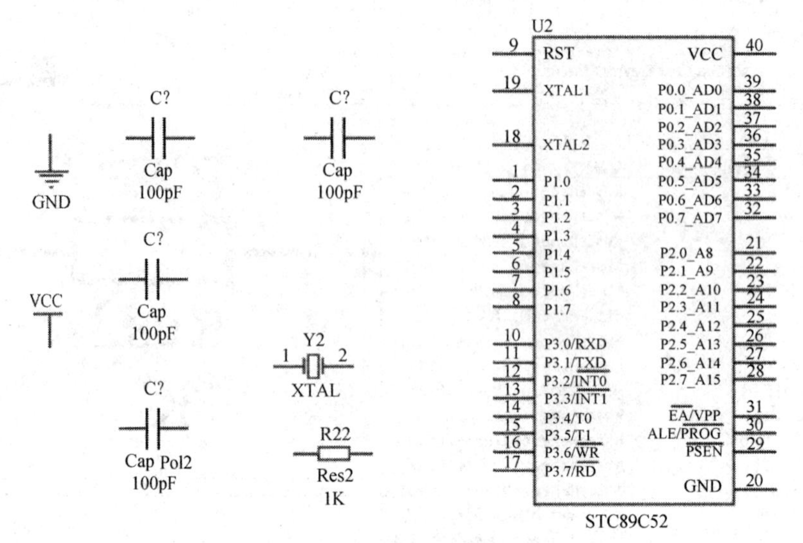

图 4.28 放置电源与地

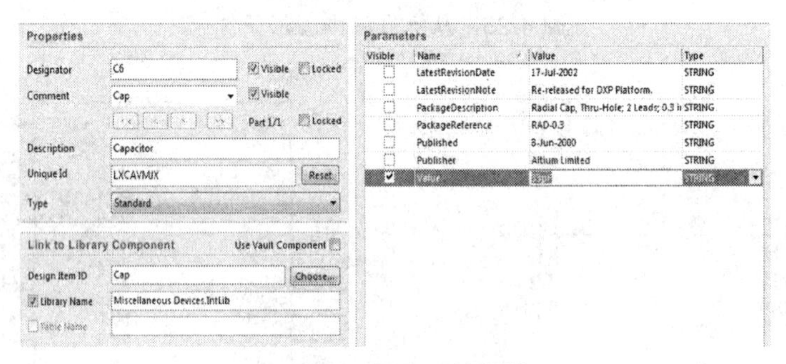

图 4.29 更改元件属性

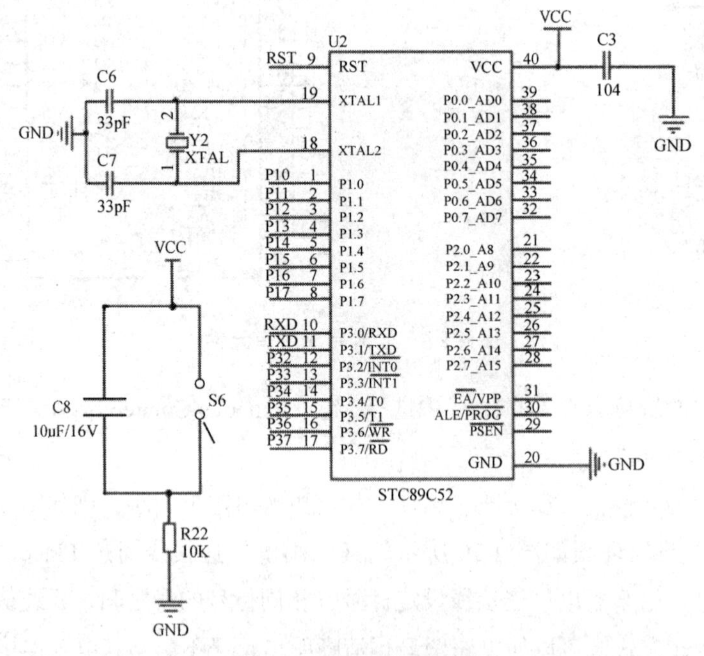

图 4.30 画好的原理图

打开 Reports/BillofMaterials，输出材料清单，如图 4.31 所示。

Comment	Description	Designator	Footprint	LibRef
Cap	Capacitor	C3, C6, C7	CAP10	Cap
Cap Pol2	Polarized Capacitor (Axi	C8	BUZZ	Cap Pol2
Res2	Resistor	R22	AXIAL-0.4	Res2
	Single-Pole, Single-Thrc	S6	SPST-2	SW-SPST
stc89c52	8051/52单片机	u2	DIP40	stc89c52
XTAL	晶体振荡器	Y2	XTAL-RAD-0.2	XTAL

图 4.31　材料清单

4.3.3　设计 PCB 文件

1. 新建 PCB 元件封装库

由于部分元器件在软件自带库中找不到对应的封装，因此需要掌握元器件封装的绘制方法。右击项目，Add New to Project→PCB Library，按【Ctrl+S】完成保存。在本例中，由于标准库中没有 104 电容与 12 MHZ 晶振的封装，所以需要自己设计，以下将介绍 104 电容与 12 MHZ 晶振的封装设计。

右击 Component 区域，选择 New Blank Component，双击新建的元件封装，可以更改封装名称，此处改为“CAP10”。使用 Place Line 可以画线，若要画边框，需先选择 Top Overlay。使用 Place Pad 可以放置焊盘，使用 Place Arc By Center 等工具可以画圆。具体尺寸需要根据器件实际大小确定，画好后如图 4.32 所示。距离测量方法为 Reports→Measure Distance，也可以使用快捷键【Ctrl+M】操作。

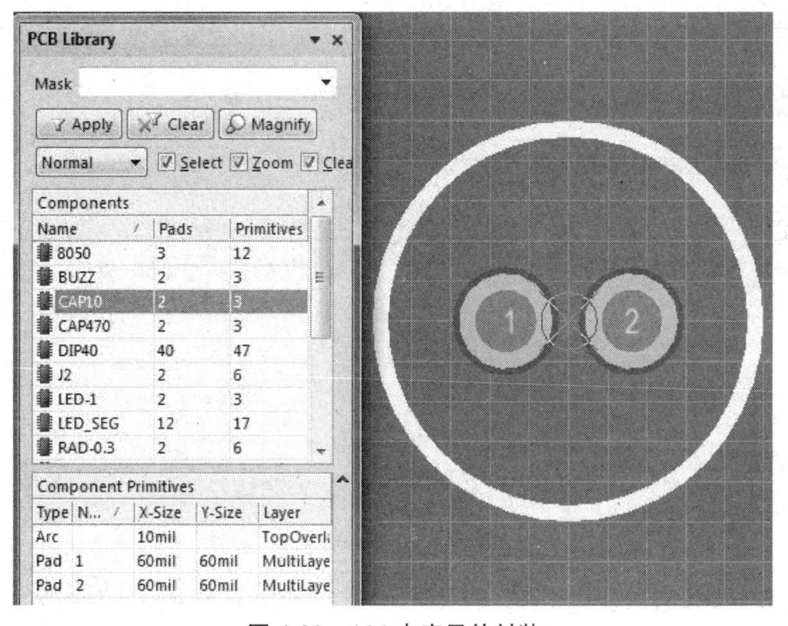

图 4.32　104 电容元件封装

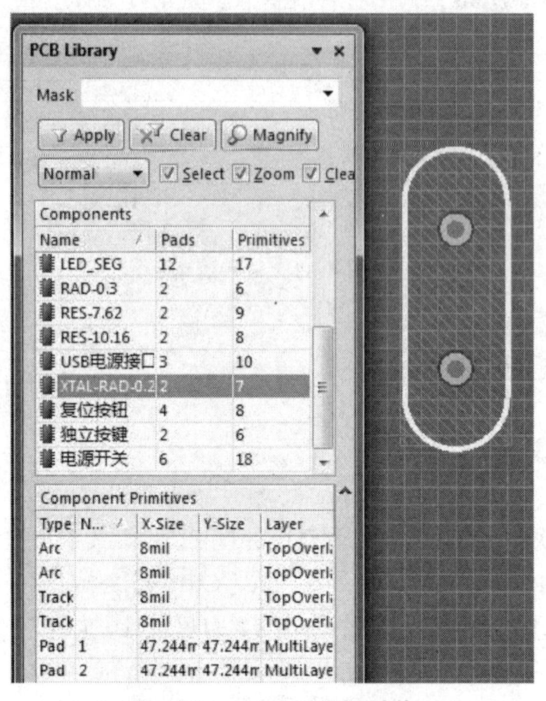

图 4.33　12MHZ 晶振封装

2. 在原理图中设置每个元件的封装

再回到原理图，点击 Tools→Footprints Manager，弹出对话框如图 4.34 所示。

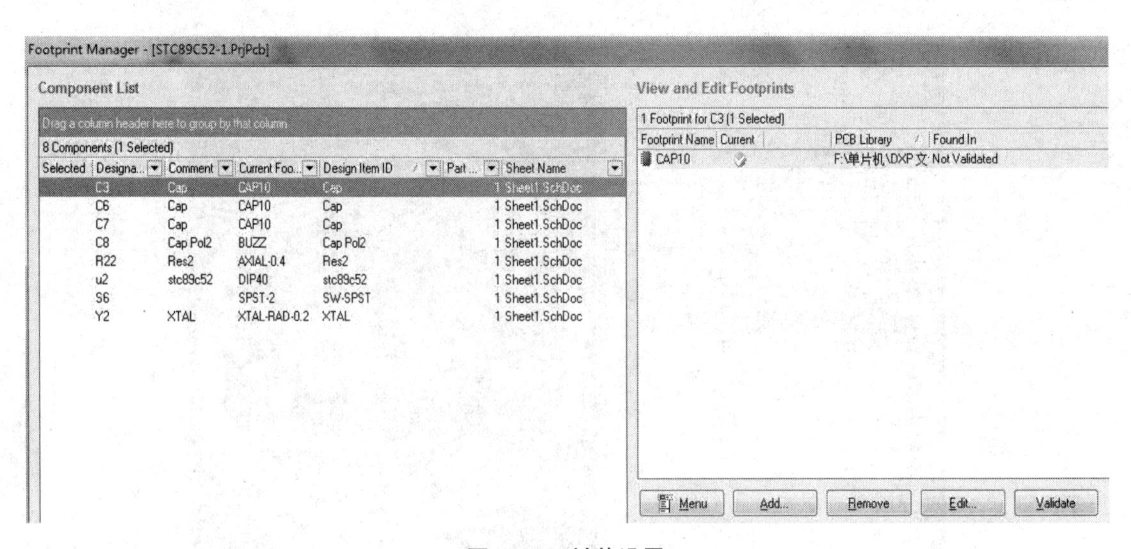

图 4.34　封装设置

在左侧点击需要设置封装的元件，若右侧无封装，则需点击 Add 添加封装，如 104 电容就需要选择刚才画好的封装 CAP10，如图 4.36 所示。

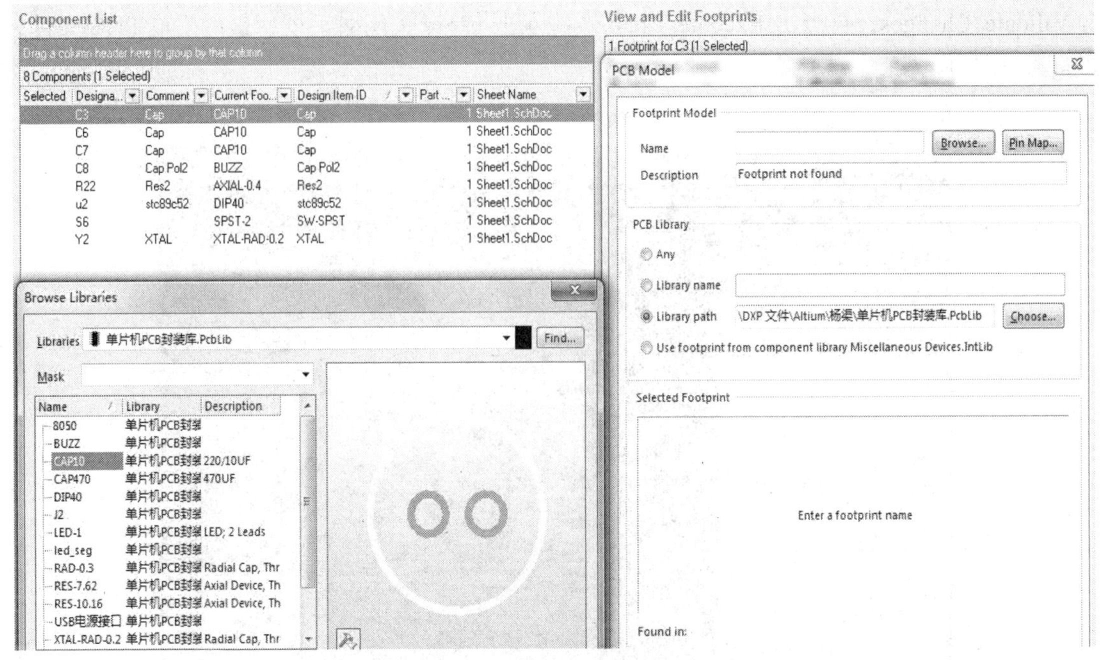

图 4.36 设置 104 电容封装

若所选元件已有封装的，需要查看封装是否正确，按自己需要更改封装，在本例中，将电阻电容的封装均改成 0805，所有元件的封装均更改完成之后，点击 Accept Changes，在弹出的对话框中点击 Validate Changes，再点击 Execute Changes 完成封装设置，点击 Close 关闭对话框。此时，可再次点击 Tools→Footprints Manager，查看封装设置是否正确，正确设置如图 4.37 所示。

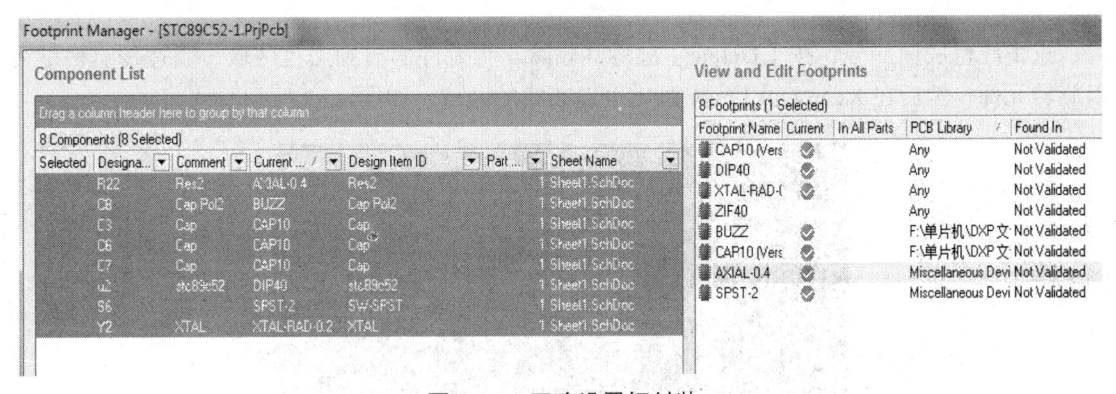

图 4.37 正确设置好封装

3. 将原理图更新到 PCB 文件

先新建一个 PCB 文件，右击项目，Add New to Project→PCB，按【Ctrl+S】键完成保存。确保项目中的原理图文件与 PCB 文件均处于打开状态，并且原理图上的元件封装已经设置完毕，此时在原理图下点击 Design→Update PCB Document PCB1.PcbDoc，在弹出的对话框中点击 Validate Changes，再点击 Execute Changes，点击 Close 关闭对话框，最后生成 PCB 文件，如图 4.38 所示。

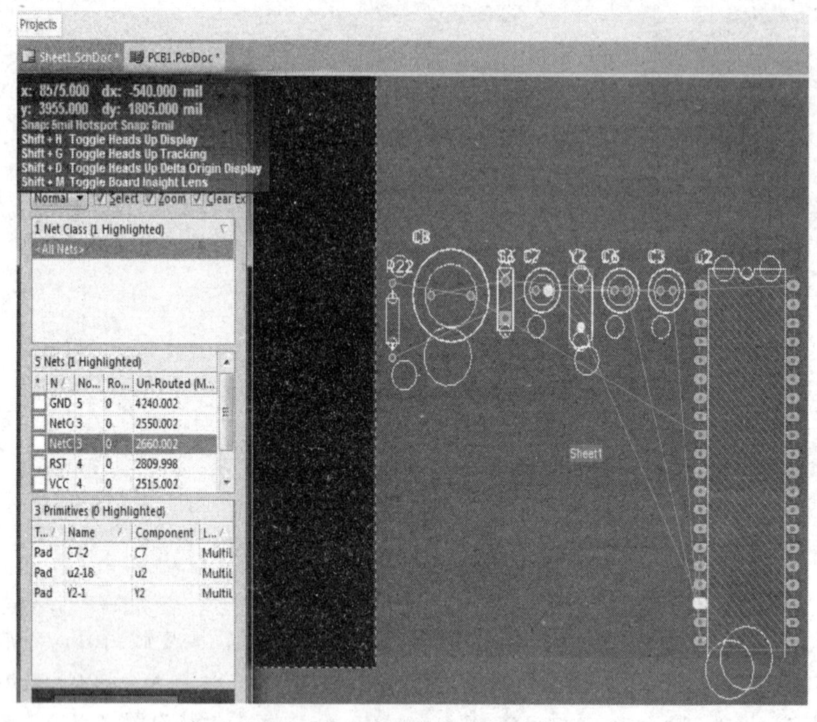

图 4.38　生成的 PCB 文件

4. 放置元器件

点击红色底面部分，按【Delete】键将其删除，将元件摆放到黑色区域，通过按空格键可以旋转元件。然后在 Keep-Out Layer 画出可以布线的区域，如图 4.39 所示。

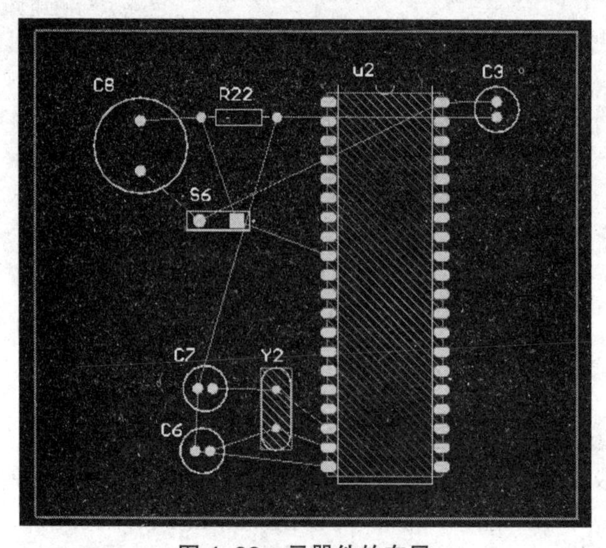

图 4..39　元器件的布局

5. 布　线

布线分为手动布线和自动布线，当然也可以先自动布线再手动布线。下面介绍自动布线，点击 Auto Route→All，在弹出的对话框中点击 Route All，等待布线完成，如图 4.40 所示。

Messages

Class	Document	Source	Message	Time	Date	N..
Sit...	PCB1.PcbD...	Situs	Routing Started	17:32:14	2017/6/19	1
Ro...	PCB1.PcbD...	Situs	Creating topology map	17:32:14	2017/6/19	2
Sit...	PCB1.PcbD...	Situs	Starting Fan out to Plane	17:32:14	2017/6/19	3
Sit...	PCB1.PcbD...	Situs	Completed Fan out to Plane in 0 Seconds	17:32:14	2017/6/19	4
Sit...	PCB1.PcbD...	Situs	Starting Memory	17:32:14	2017/6/19	5
Sit...	PCB1.PcbD...	Situs	Completed Memory in 0 Seconds	17:32:14	2017/6/19	6
Sit...	PCB1.PcbD...	Situs	Starting Layer Patterns	17:32:14	2017/6/19	7
Ro...	PCB1.PcbD...	Situs	Calculating Board Density	17:32:14	2017/6/19	8
Sit...	PCB1.PcbD...	Situs	Completed Layer Patterns in 0 Seconds	17:32:14	2017/6/19	9
Sit...	PCB1.PcbD...	Situs	Starting Main	17:32:14	2017/6/19	10
Ro...	PCB1.PcbD...	Situs	13 of 14 connections routed (92.86%) in 1 ...	17:32:15	2017/6/19	11
Sit...	PCB1.PcbD...	Situs	Completed Main in 0 Seconds	17:32:15	2017/6/19	12
Sit...	PCB1.PcbD...	Situs	Starting Completion	17:32:15	2017/6/19	13
Sit...	PCB1.PcbD...	Situs	Completed Completion in 0 Seconds	17:32:15	2017/6/19	14
Sit...	PCB1.PcbD...	Situs	Starting Straighten	17:32:15	2017/6/19	15
Sit...	PCB1.PcbD...	Situs	Completed Straighten in 0 Seconds	17:32:15	2017/6/19	16
Ro...	PCB1.PcbD...	Situs	14 of 14 connections routed (100.00%) in 1...	17:32:15	2017/6/19	17
Sit...	PCB1.PcbD...	Situs	Routing finished with 0 contentions(s). Fa...	17:32:15	2017/6/19	18

图 4.40　布线信息

在提示“布线完成，没有失败”之后，即可看到已经布线完成的 PCB，如图 4.41 所示。

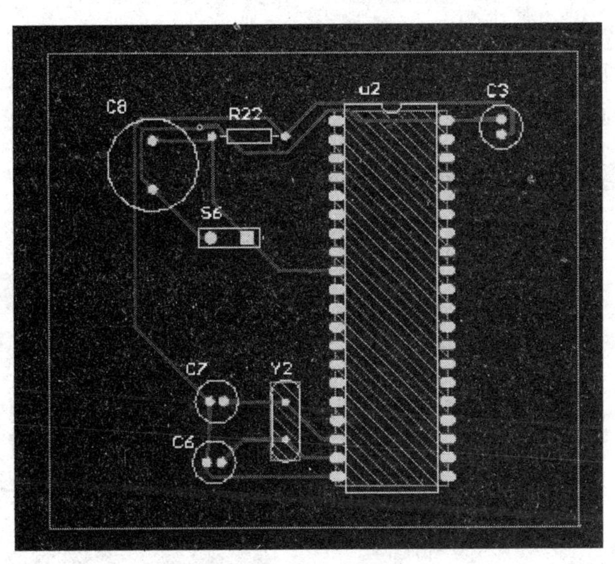

图 4.41　布线完成后的 PCB

若要更改布线的间距，可以点击 Design→Rules，选中 Routing 项下的 Clearance，按照需求进行更改，如图 4.42 所示。PCB 设计中的所有规则均可在这里更改。自动布线完成后，可用手工布线进行调整。若要取消已经自动布好的线，可以点击 Tools→Un-Route→All。

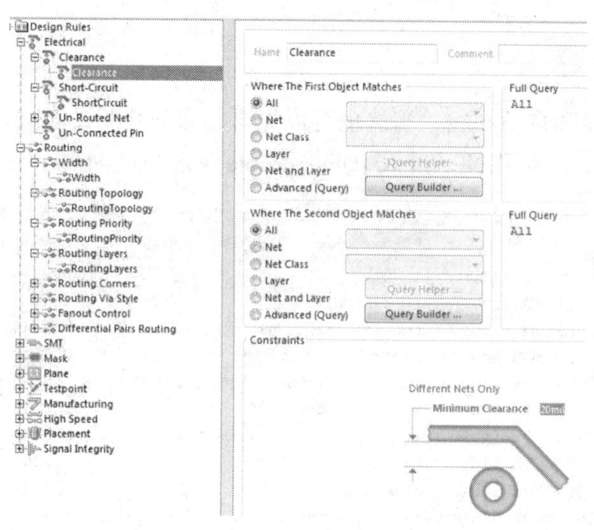

图 4.42　PCB 设计规则设置

6. 其他常用操作

1）泪滴焊盘

Design→Teardrops，在弹出的对话框中点击 OK，即完成泪滴焊盘。

2）铺　铜

Place→Polygon Pour，在弹出的对话框中可选择在哪一层铺铜，可设置将铺铜连接到哪个电气连接点，设置完后如图 4.43 所示，点击 OK。此时鼠标呈十字，依次顺时针依次点击 PCB 中在 Keep-Out Layer 所画的方框的四个顶点，再右击确定，软件将自动完成铺铜，如图 4.44 所示。同理，可在 TOP Layer 完成铺铜。

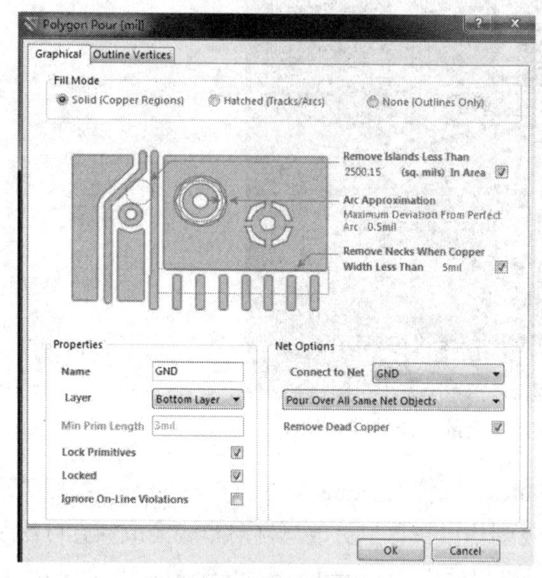

图 4.43　铺铜设置

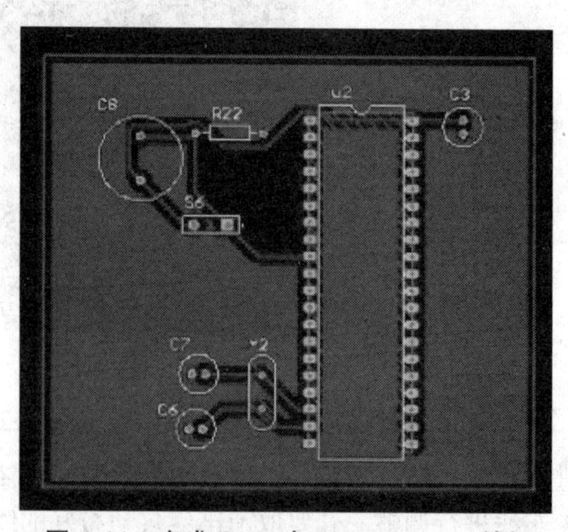

图 4.44　完成 GND 在 Bottom Layer 铺铜

7. PCB 文件打印输出

选择 FILE/Page Setup，如图 4.45 所示。选择 Portrait，Scaling 方框内选择 Scaled Print，Scale 选择 1.00（1 : 1）。然后点击下面 Advanced，如图 4.46 所示。保留需要打印的层，删掉不需要打印的层。

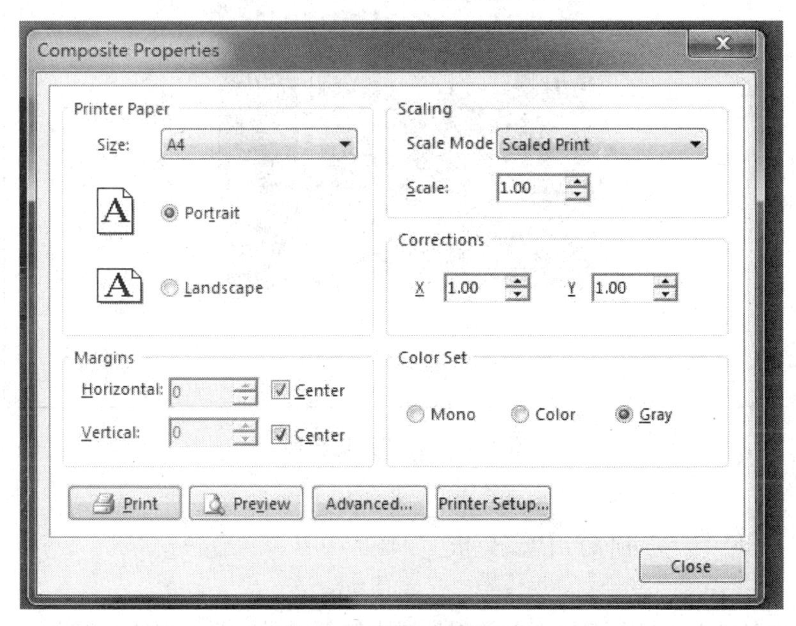

图 4.45　打印设置界面

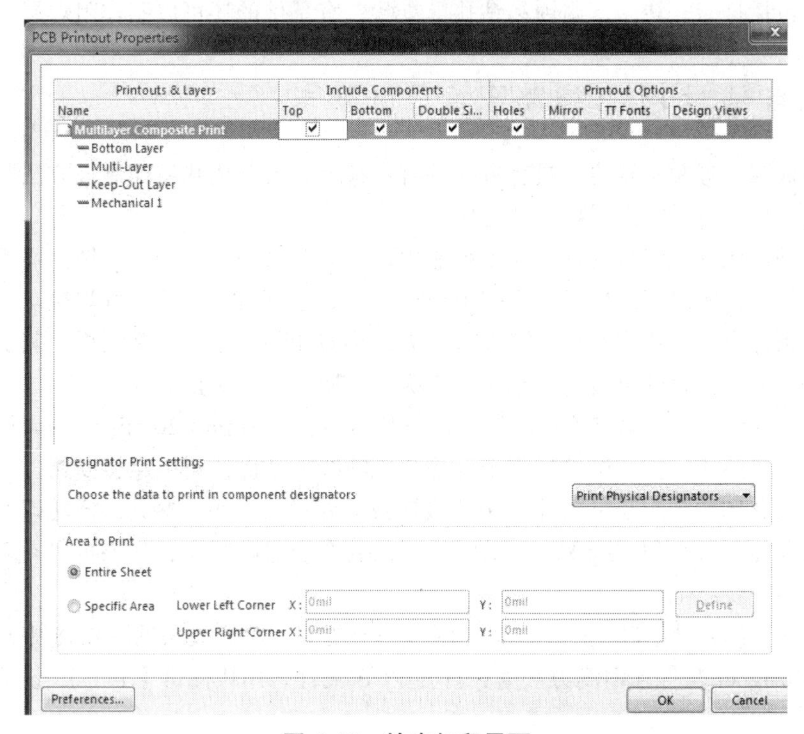

图 4.46　输出打印界面

打开 File/Print Preview，如图 4.47 所示。在确认准确无误后用热转印纸按 1∶1 比例打印。

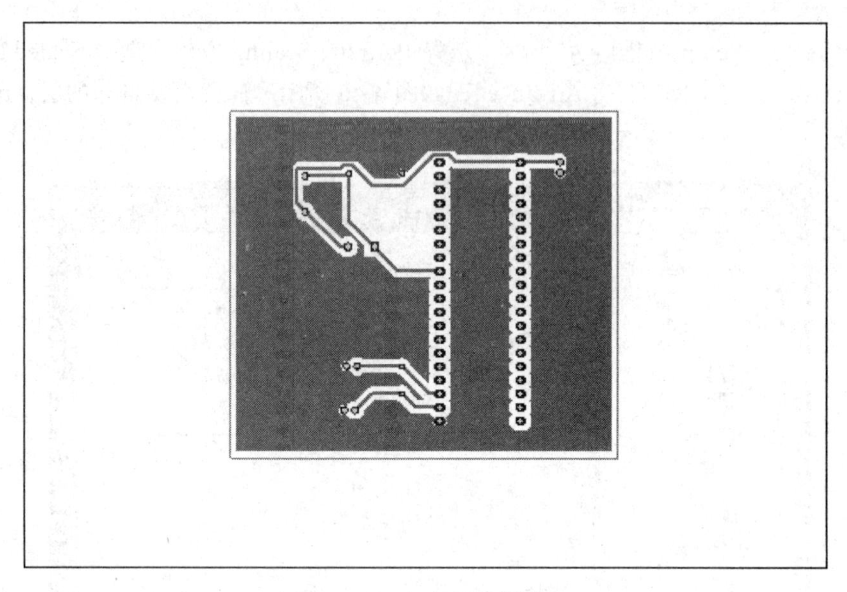

图 4.47　打印预览界面

4.3.4　热转印法制作 PCB 板

热转印法制作方式和制作工具简单，制作成本较低，是初学者制作 PCB 的一种常用方法。制作过程主要包括打印、转印、腐蚀和钻孔等步骤，有条件的还可以制作阻焊层。

1. 热转印法对 PCB 线路图设计的要求

热转印制板跟正规制板相比，具有自身特有的特点，若想用热转印制板方法制作出来的电路板有良好的效果，在设计上需要特殊考虑。

（1）只要条件允许，焊盘的环宽要尽可能大，因为业余制板是用手工钻孔而不是数控钻孔所以难免会有偏差，所以如果焊盘的环宽很小很容易破盘，破了盘就不好焊接。

（2）只要条件允许，线间距尽可能大些，无论热转印制板还是正规制板，其实这一点都是一样要求，间距大了短路的可能性就越小，制板的品质就越有保证。

（3）只要条件允许，线宽应该越大越好，一般不小于 0.5 mm（20 mil）。如果设计的线宽比较窄，在后续的热转印过程和腐蚀过程中容易造成断线，从而使得电路板断路。

（4）PCB 线路图的外形尺寸要比所用的敷铜板的外形尺寸小一些，这样转印的时候如果有偏移，也能保证能百分百印在板上。有的时候还需要在板边贴胶布，如果板边有多余的空间就不需要把胶布贴在线路上。

（5）焊盘最好都要补泪滴，这样焊盘的附着力会更好，对比效果见图 4.48 中画圈的焊盘所示。Aultium Designer 软件补泪滴方法为：打开 PCB 文件，用快捷键【T+E】，设置好参数，点 OK 即可。

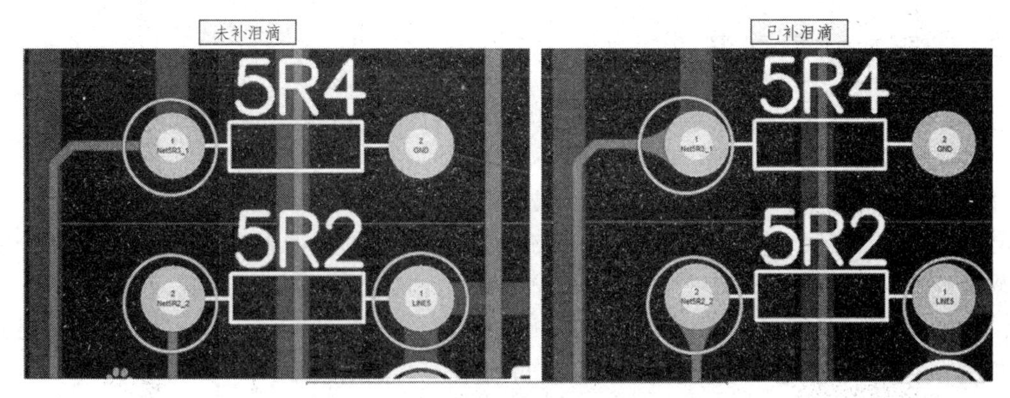

图 4.48　未补泪滴与补泪滴电路板的对比图

2. 打印 PCB 线路图注意事项

热转印法制作 PCB 电路板时，PCB 线路图的打印也是很重要的一步，有以下几点需要注意：

（1）PCB 线路图必须打印在专用热转印纸光滑的那一面，这样用热转印机转印时油墨才能从纸上转移到覆铜板上。

（2）打印机必须使用激光打印机，打印机的分辨率调到最高，这样才能保证有最多的碳粉，转印的效果才会最好。

（3）如果 PCB 线路板尺寸合适，一张热转印纸上可以打印尽量多的图，这样一次就可以制作多张板子，节约材料，如图 4.49 所示。

（4）打印设置时，要让焊盘中间的孔露出来，主要是为了给后续打孔定位。

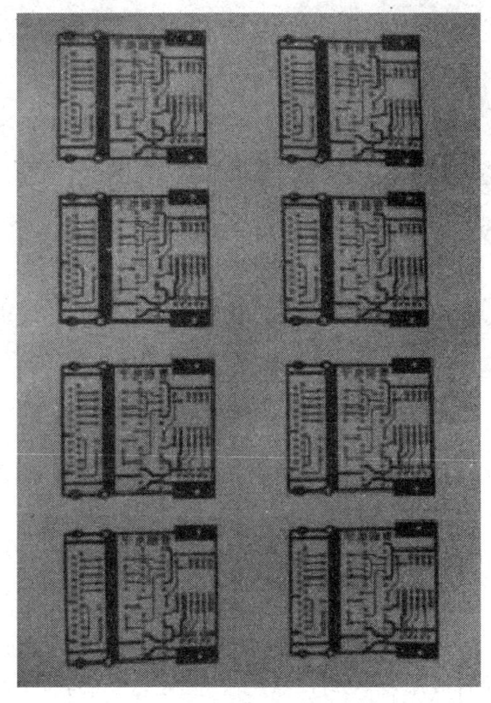

图 4.49　热转纸打印 PCB 线路图

3. 覆铜板的处理要求

覆铜板在热转印之前需要进行预处理，主要内容有：

（1）用细砂纸把覆铜上氧化层、手印和污染的部分和板边的毛刺处理干净。氧化、手印和污染物会导致转印不上，板边毛刺可能导致胶辊受损。

（2）选择的板子长宽要适当比图纸的长宽大一些，因为转印过程中，板边由于铜皮少散热慢，转印纸容易在板边留下残胶。残胶和线路在一起的时候，处理起来比较困难。

（3）应选择质量较好的覆铜板，如玻璃纤维板基材料的覆铜板，尽量不要使用纸基材料的覆铜板。

4. 热转印步骤及注意事项

热转印是指把打印纸上的油墨线转移到覆铜板上的过程。热转印过程一般采用热转印机来进行处理。如果没有热转印机，也可以使用电熨斗来代替，热转印过程要注意以下事项：

（1）使用耐高温胶带或透明胶带将打印好的热转印纸的油墨层固定在覆铜板有铜的那一面上。固定的时候最少必须固定一边，即推入转印机的方向是一定要固定的。为了保险起见也可以把四边都固定住。

（2）粘好图纸的覆铜板要预热后，才能送入热转移机进行热转印。如果不预热，覆铜板吸附油墨的能力较差，会导致转印失败。可以将覆铜板放在热转移机的散热板上进行预热处理，如图 4.50 所示。

图 4.50　预热覆铜板

（3）热转印机的温度设置要大于 180 °C，热转印机升温需要一段时间，待温度达到预设温度时，才能将覆铜板推入转印机胶辊。

（4）覆铜板需要在热转印机里过 2～3 遍，根据制版机的温度自行取舍。应当注意的是，在转印纸未与铜箔充分结合时最好是单方向过，即每次都以边上贴有透明胶布的那一边推入制版机，以免错位。

（5）刚转印完成后的覆铜板温度较高，这时不能马上去揭转印纸，先让它自然冷然后，从一角小心翼翼的揭掉转印纸，纸上的油墨线完全转移到覆铜板上即可，如图 4.51 所示。

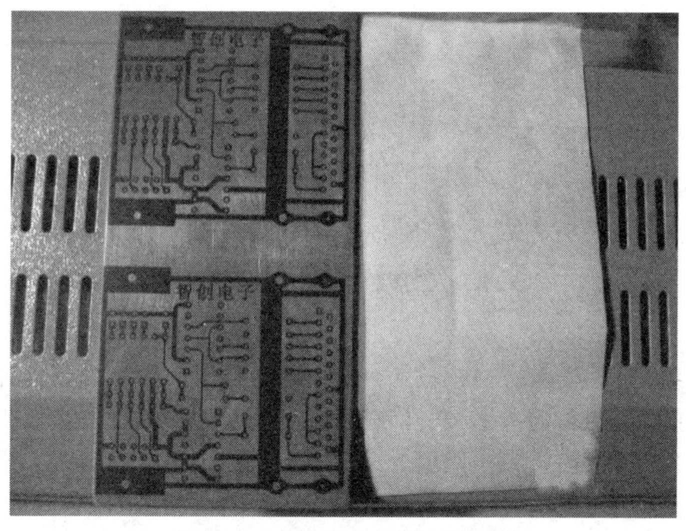

图 4.51　热转印完成后的覆铜板

5．腐蚀及钻孔

转印好的覆铜板腐蚀掉多余的铜箔并在焊盘上钻了安装孔之后，才能称之为 PCB 板。腐蚀试剂可以使用 40%三氯化铁加 60%的温水调配，也可以使用环保腐蚀剂，一般成分为过氧化钠等氧化剂。如果想快速腐蚀掉铜箔，可以使用专用腐蚀箱，腐蚀箱内一般有加装装置和水循环装置，可以加快腐蚀速度。腐蚀完成后的电路板如图 4.52 所示。

一定要先把孔钻好，然后再清洗油墨线，先清洗油墨将无法看到孔的位置。钻孔推荐使用微型高速小台钻，特别适合钻电路板，噪音低，速度快。油墨用钢丝球或水砂纸擦掉并清洗干净。图 4.53 所示为钻孔和清洗完成后的电路板。至此，热转印法制作 PCB 全过程已经完成，后续就可以根据原理图，在 PCB 板上焊接元器件即可。

图 4.52　腐蚀完成后的电路板

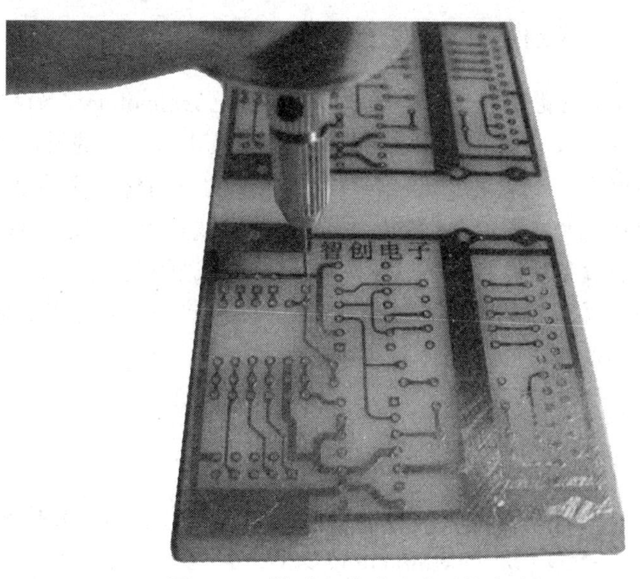

图 4.53　钻孔和清洗完成后的电路板

第5章　SMT生产实习

5.1　SMT技术概述

表面贴（组）装技术，也称 SMT 技术，是一门包括电子组件、装配设备、焊接方法和装配辅助材料等内容的系统性综合技术。它打破了传统的印制电路板通孔基板插装元器件的方式，直接将无引脚的元器件平卧在印制电路板上进行焊接安装，如图 5.1 所示。SMT 技术是电子产品能有效地实现“轻、薄、短、小”，高功能，高可靠，优质量，低成本的重要手段。它具有元器件组成密度高、可靠性好、生产成本低、易于自动化等特点。它属于第四代电子装联技术，现已广泛用于电子产品的生产中。

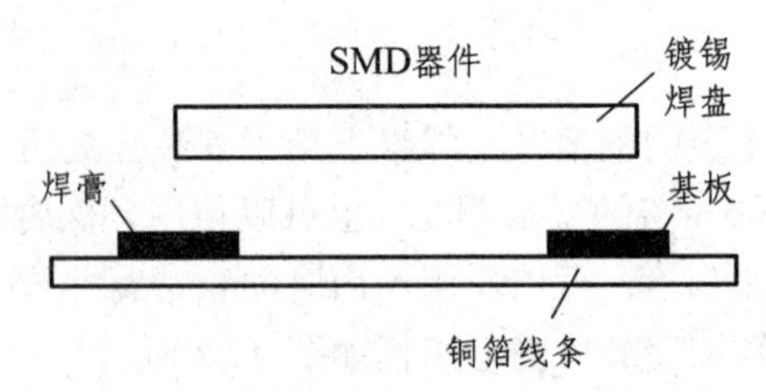

图 5.1　表面贴（组）装技术示意图

5.1.1　SMT 的基础知识

1. SMT 定义

表面贴装技术（Surface Mounting Technology，简称 SMT）是新一代电子组装技术，它将传统的电子元器件压缩成为体积只有几十分之一的器件，从而实现了电子产品组装的高密度、高可靠、小型化、低成本，以及生产的自动化。这种小型化的元器件称为：SMD 器件（或称 SMC、片式器件）。将组件装配到印刷线路板或其他基板上的工艺方法称为 SMT 工艺。相关的组装设备则称为 SMT 设备。目前，先进的电子产品，特别是在计算机及通讯类电子产品，已普遍采用 SMT 技术。国际上 SMD 器件产量逐年上升，而传统器件产量逐年下降，因此随着时间的推移，SMT 技术将越来越普及。

2. SMT 相关术语

SMT（Surface Mounting Technology）：表面贴装技术

SMD（Surface Mounting Device）：表面贴装设备

SMC（Surface Mounting Component）：表面贴装组件
PCBA（Printed Circuit Board Assembly）：印刷电路板组装

5.1.2　SMT 的历史与现状

表面组装技术是由组件电路的制造技术发展起来的，其发展主要历经了以下三个阶段。

（1）第一阶段（1970—1975 年）：这一阶段 SMT 的主要技术目标是把小型化的片状元件应用到混合电路（我国称为厚膜电路）的生产制造中去。从这个角度来说，SMT 对集成电路的制造工艺和技术发展作出了重大的贡献；同时，SMT 开始大量使用在民用的石英电子表和电子计算器等产品中。

（2）第二阶段（1976—1985 年）：SMT 在这个阶段促使了电子产品迅速小型化、多功能化，开始广泛用于摄像机、耳机式收音机和电子照相机等产品中；同时，用于表面装配的自动化设备大量研制开发出来，片状元件的安装工艺和支撑材料也已经成熟，为 SMT 的下一步发展打下了基础。

（3）第三阶段（1986 年至今）：直到目前仍在延续的这个阶段里，SMT 的主要目标是降低成本，进一步改善电子产品的性价比；随着 SMT 技术的成熟，工艺可靠性的提高，应用在军事和投资类（汽车、计算机、通信设备及工业设备）领域的电子产品迅速发展，同时大量涌现的自动化表面装配设备及工艺手段，使片式元器件在 PCB 上的使用量高速增长，加速了电子产品总成本的下降。

SMT 目前是最流行电子产品组装方式之一，从 20 世纪 60 年代初至今，SMT 设备经历过手动到半自动到全自动，精度由以前的毫米级提高到目前的微米级，SMT 组件也逐渐向短、小、轻、薄化方向发展。SMT 的制程难度不断加深，制程技术也逐渐走向成熟。包括无铅制程（Lead free）和 0201 甚至 01005 组件装配技术都已应用，更高技术已提上日程。

5.1.3　SMT 生产线组成

由表面涂敷设备、贴装机、焊接机、清洗机、测试设备等表固组装设备形成的 SMT 生产系统习惯上称为 SMT 生产线。图 5.2 是一条适用于单表面组装的 SMT 生产线组成示意图。

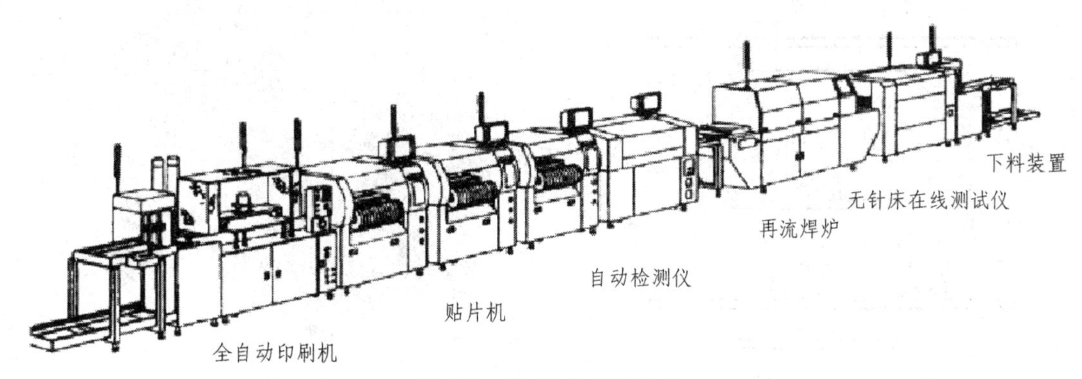

图 5.2　SMT 生产线示例

5.2　表面贴装的刷焊技术

焊膏和贴装胶的涂敷技术是表面组装工艺技术的重要组成部分，它直接影响表面组装的功能和可靠性。焊膏涂敷通常采用的是印刷技术，贴装胶涂敷通常采用的是滴涂技术。

5.2.1　印刷机的基础知识

1. 印刷的基本原理

锡膏印刷现在被认为是，表面贴装技术中控制最终焊锡节点品质的关键的过程步骤。印刷是一个建立在流体力学下的制程，它可多次重复地保持，将定量的物料（锡膏或黏胶）涂覆在PCB的表面，一般来讲，印刷制程是非常简单的，PCB的上面与丝网或钢板保持一定距离（非接触式）或完全贴住（接触式），锡膏或黏胶在刮刀的作用下流过丝网或钢板的表面，并将其上的切口填满，于是锡膏或黏胶便贴在PCB的表面，最后，丝网或钢板与PCB分离，于是便留下由锡膏或黏胶组成的图像在PCB上。印刷机基本原理如图5.3所示。

在印刷锡膏的过程中，基板放在工作台上，机械地或真空夹紧定位，用定位销或视觉来对准。或者丝网（screen）或者模板（stencil）用于锡膏印刷。在手工或半自动印刷机中，锡膏是手工地放在模板/丝网上，这时印刷刮刀（squeegee）处于模板的另一端。在自动印刷机中，锡膏是自动分配的。自动印刷机见图 5.4。在印刷过程中，印刷刮刀向下压在模板上，使模板底面接触到电路板顶面。当刮刀走过所腐蚀的整个图形区域长度时，锡膏通过模板/丝网上的开孔印刷到焊盘上。

在锡膏已经沉积之后，丝网在刮刀之后马上脱开（snap off），回到原地。这个间隔或脱开距离是设备设计所定的，大约 0.020 ~ 0.040 mm。脱开距离与刮刀压力是两个达到良好印刷品质的与设备有关的重要变量。如果没有脱开，这个过程叫接触（on-contact）印刷。当使用全金属模板和刮刀时，使用接触印刷。非接触（off-contact）印刷用于柔性的金属丝网。

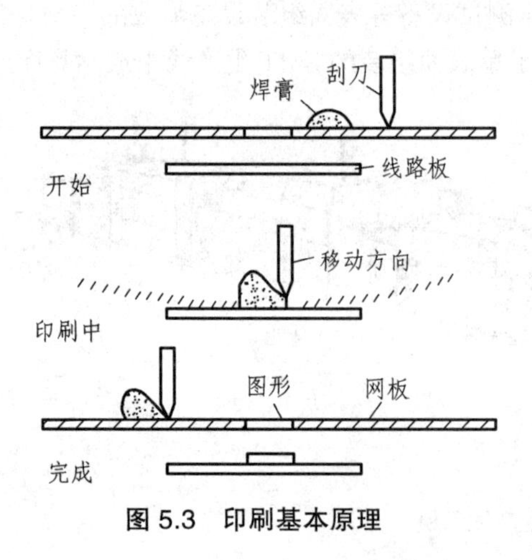

图 5.3　印刷基本原理

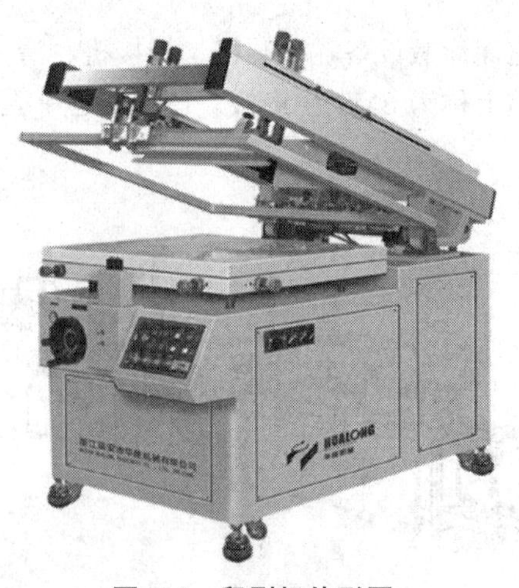

图 5.4　印刷机外形图

2. 印刷机分类

常见印刷机一般分为三类，手工印刷机、半自动印刷机、全自动印刷机。

1）手工印刷机

手工印刷机是最简单而且最便宜的印刷系统，PCB 放置及取出均需人工完成，其刮刀可用手把或附在机台上，印刷动作亦需人手完成，PCB 与钢板平行度对准或以板边缘保证位置度均需依靠作业者的技巧，如此将导致每印一块 PCB，印刷的参数均需进行调整变化。

2）半自动印刷机

半自动印刷机是当前使用最为广泛的印刷设备，它们实际上很类似手工印刷机，其 PCB 的放置及取出仍赖手工操作，与手工机的主要区别是印刷头的发展，它们能够较好地控制印刷速度，刮刀压力、刮刀角度，印刷距离以及非接触间距，工具孔或 PCB 边缘仍被用来定位，而钢板系统以助人员良好地完成 PCB 与钢板的平行度调整。

3）全自动印刷机

PCB 的置取均是利用边缘承载的输送带完成，制程参数如刮刀速度、刮刀压力、印刷长度、非接触间距均可编程设定。PCB 的定位则是利用定位孔或板边缘，有些设备甚至可利用视觉系统自行将 PCB 与钢板调成平行，当使用该类视觉系统时，便可免却边缘定位带来的误差，而且令定位变得容易，人工的定位确认为视觉系统所取代。

5.2.2 钢板的基础知识

钢板的定义：一种 SMT 专用模具（又称模板），如图 5.5 所示。

钢板的主要功能是帮助锡膏的沉积（deposition）。目的是将准确数量的材料转移到光板（bare PCB）上准确的位置。锡膏阻塞在钢板上越少，沉积在电路板上就越多。因此，当在印刷过程中某个东西出错的时候，第一个反应是去责备钢板。可是，应该记住，还有比钢板更重要的参数，可影响其性能。这些变量包括印刷机、锡膏的颗粒大小和黏度、刮刀的类型、材料、硬度、速度和压力、钢板从 PCB 的分离（密封效果）、阻焊层的平面度、和组件的平面性。

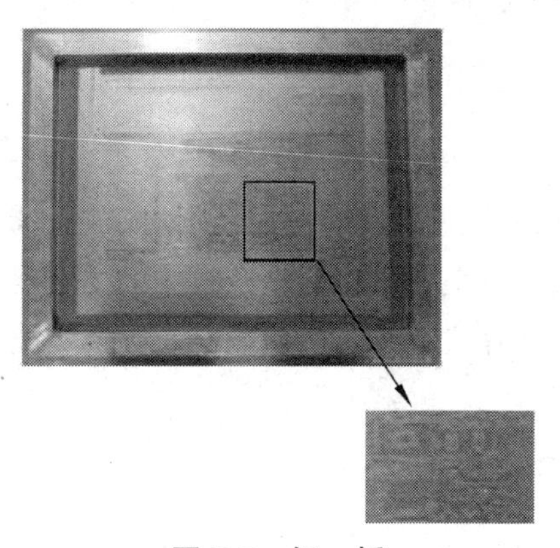

图 5.5 钢 板

钢板是一种用液体或干膜覆盖于金属薄片并蚀刻制成的金属板，覆盖层除那些需蚀刻成切口的区域外，将金属薄片完全盖住，蚀刻后，再将覆盖层去除，将此金属薄片直接粘接在框架上，称为金属钢板，若是通过金属丝网与框架进行粘接，则称为柔性钢板，一般建议使用柔性钢板的粘接方式，因为金属丝网可令钢板在其牵引下变得平坦无弯曲。

5.2.3 焊膏的基础知识

表面组装中再流焊焊接要使用焊锡膏，焊锡膏由焊料合金粉末和助焊剂组成，简称焊膏。焊膏必须有足够的黏性，可以将 SMT 元器件黏附在印制电路板上，直到开始进行再流焊接。一般焊锡膏的选用依照下面几个特征进行。

（1）焊膏的活性由 SMB 的表面清洁度及 SMT/SMD 保鲜度确定，一般可选中活性，必要时选高活性或无活性级、超活性级；

（2）焊膏的黏度根据涂覆法选择，一般液料分配器用 100 ~ 200 Pa · s，丝印用 100 ~ 300 Pa · s，漏模板印刷用 200 ~ 600 Pa · s；

（3）焊料粒度选择由图形决定，图形越精细，焊料粒度越高；

（4）双面焊时，两面所用焊膏熔点应相差 30 ~ 40 °C；

（5）含有热敏感元件时应用低熔点焊膏。

5.3 SM421 贴片机

贴片机：又称“贴装机”、“表面贴装系统”（Surface Mount System），在生产线中，它配置在点胶机或丝网印刷机之后，是通过移动贴装头把表面贴装元器件准确地放置 PCB 焊盘上的一种设备。分为手动和全自动两种。

5.3.1 贴片机的基础知识

1. 贴片机概念

全自动贴片机是用来实现高速、高精度地全自动地贴放元器件的设备，是整个 SMT 生产中最关键、最复杂的设备。贴片机是 SMT 的生产线中的主要设备，贴片机已从早期的低速机械贴片机发展为高速光学对中贴片机，并向多功能、柔性连接模块化发展。

2. 贴片机分类

贴片机的生产厂家很多，则种类也较多。贴片机的分类如下。

1）按速度分

可分为中速贴片机、高速贴片机、超高速贴片机。其中超高速贴片机贴片速度可达 4 万片/小时以上，采用旋转式多头系统。

2）按功能分

可分为高速/超高速贴片机，主要以贴片式元件为主体，贴片器件品种不多；多功能贴片机，能贴装大型器件和异型器件。

3）按方式分

可分为顺序式贴片机，它是按照顺序将元器件一个一个贴到 PCB 上，通常见到的就是该类贴片机；同时式贴片机，使用放置圆柱式元件的专用料斗，一个动作就能将元件全部贴装到 PCB 相应的焊盘上。产品更换时，所有料斗全部更换，已很少使用；同时在线式贴片机，由多个贴片头组合而成，依次同时对一块 PCB 贴片。

4）按自动化分程度分

可分为全自动机电一体化贴片机，大部分贴片机就是该类；手动式贴片机，贴片头安装在 Y 轴头部，X、Y、e 定位可以靠人手的移动和旋转来校正位置。主要用于新产品开发，具有价廉的优点。图 5.6 和图 5.7 分别为全自动机电一体化贴片机和手动式贴片机。

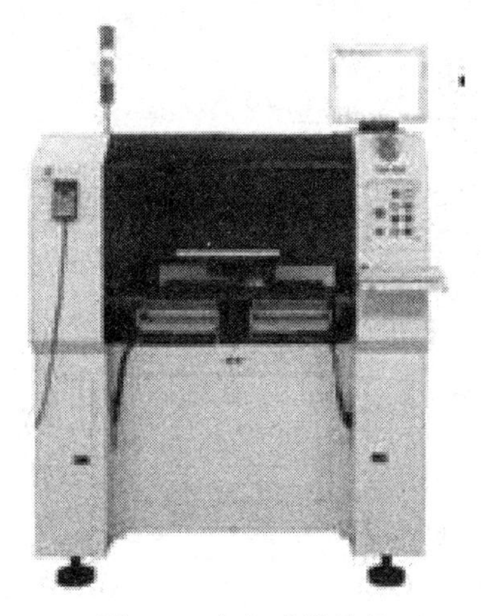

图 5.6 全自动贴片机

图 5.7 手动贴片机

5.3.2 表面贴装元器件的基础知识

表面安装元器件（SMC 和 SMD）又称为贴片元器件或片式元器件，它包括电阻器、电容器、电感器及半导体器件等，它具有体积小、重量轻、无引线或短引线、安装密度高、可靠性高、抗振性能好、易于实现自动化等特点。表面安装元器件在彩色电视机（高频头）、VCD、DVD、计算机、手机等电子产品中已大量使用。

1. 表面贴装元器件的特点

（1）提高了组装密度，使电子产品小型化、薄型化、轻量化，节省原材料。

（2）无引线或引线很短，减少了寄生电容和寄生电感，从而改善了高频特性，有利于提高使用频率和电路速度。

（3）形状简单、结构牢固，紧贴在印制板表面上，提高了可靠性和抗振性。

（4）组装时没有引线的打弯、剪线，在制造印制板时，减少了插装元器件的通孔，降低了成本。

（5）形状标准化，适合于用自动贴装机进行组装，效率高、质量好、综合成本低。

2. 表面贴装元器件种类

1）按形状分

片式元器件按其形状可分为矩形、圆柱形和异形（如翼形、钩形等）三类，外形如图 5.8 所示。

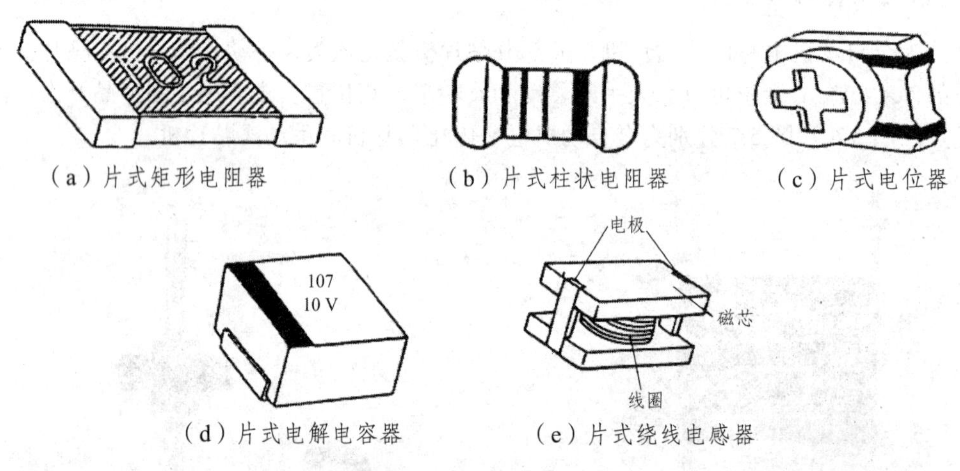

（a）片式矩形电阻器　（b）片式柱状电阻器　（c）片式电位器

（d）片式电解电容器　（e）片式绕线电感器

图 5.8　片式元器件形状

2）按功能分

按其功能可分为无源、有源和机电元器件三类，具体见表 5.1。

表 5.1　按功能分元器件种类

种　类		矩　形	圆　柱　形
片式无源元件	片式电阻器	厚膜、薄膜电阻器、热敏电阻器	碳膜、金属膜电阻器
	片式电容器	陶瓷电容器、云母电容器、铝电解电容器、钽电解电容器	陶瓷电容器、固体钽电解电容器
	片式电位器	电位器、微调电位器	
	片式电感器	绕线电感器、叠层电感器、可变电感器	绕线电感器
	片式敏感组件	压敏电阻器、热敏电阻器	
	片式复合组件	电阻网络、滤波器、谐振器、陶瓷电容网络	

续表 5.1

种　　类		矩　形	圆　柱　形
片式有源器件	小型封装二极管	塑封稳压、整流、开关、齐纳、变容二极管	整流、开关、变容二极管
	小型封装晶体管	塑封 PNP、NPN 晶体管、塑封场效应管	
	小型集成电路	扁平封装、芯片载体	
	裸芯片	带形载体、倒装芯片	

3．表面贴装元器件常见封装形式

1）小外形塑封晶体管（SOT）

SOT 的主要封装形有：SOT23，SOT89，SOT143。

SOT23 是通用的表面组装晶体管。有三条引线，功耗为 150 ~ 300 mW，可用来封装小功率晶体管、场效应管、二极管和带电阻网络的复合晶体管。SOT23 封装如图 5.9 所示。

2）小外形封装集成电路（SOP）

SOP 习惯称 SOIC，而 J 形又称 SOJ，如图 5.10 所示。这种器件的引线排列在封装体的两侧，引线有鸥翼型、J 型和 I 型。翼形引线的 SOP 封装特点是引线容易焊接，工艺过程中检测方便，但占 PCB 的面积较 SOJ 大。SOP 封装如图 5.11 所示。由于 SOJ 能节省较多 PCB 面积，采用这种封装能提高装配密度，因此，集成电路组装采用 SOJ 较多。

SOP 的引线距常用 1.27 mm、1.0 mm、0.76 mm，因引线距较大，故引线条数较少，常用引线距为 1.27 mm 的有 8 ~ 28 条；引线距为 1.0 mm 有 32 条；引线距为 0.76 mm 有 40 ~ 56 条。多数数字逻辑电路和各种线形电路都采用这种封装形式。

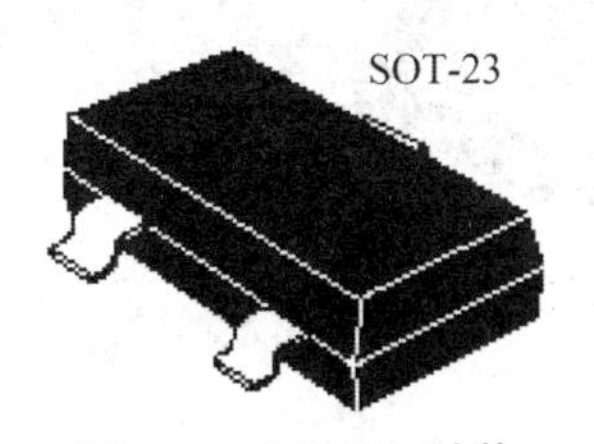

图 5.9　SOT23 封装

图 5.10　SOJ 封装

图 5.11　SOP 封装

3）方形扁平封装芯片载体（QFP）

QFP 有矩形和方形之分，如图 5.12 和 5.13 所示，引线形状有鸥翼型和 I 型，是专为小引线距表面组装 IC 而研制的一种封装。QFP 的特点是：

（1）用 SMT 表面贴装技术在 PCB 上安装布线；

（2）封装外形尺寸小，寄生参数减小，适合高频应用；

（3）操作方便；

（4）可靠性高；

（5）多引线、细间距。

图 5.12　QFP 方形

图 5.13　QFP 矩形

图 5.14　PLCC 封装

4）塑封有引线芯片载体 PLCC

PLCC 的形状有矩形和方形两种。在封装的四周具有向下弯曲的“J”形短引线。PLCC 引线一般数十条至上百条。PLCC 封装如图 5.14 所示。

5）陶瓷封装器件

陶瓷封装器件可分两种，一种是无引线陶瓷芯片载体（LCCC），如图 5.15 所示；另外一种是有引线陶瓷芯片载体（LDCC），如图 5.16 所示。

陶瓷封装器件有几个主要特点：

（1）可以受高温；

（2）可以吸潮、耐腐蚀性，可以在恶劣环境条件下可靠地工作。可在 – 55 ~ 125 °C 工作；

（3）价格较贵；

（4）易碎。

LCCC 封装对象：高可靠性的单元电路。（CPU、存储器）陶瓷封装器件在军事通信设备、航空、航天、船舶等尖端和恶劣环境的设备中广泛应用。

图 5.15　LCCC 封装

图 5.16　LDCC 封装

6）BGA 封装

20 世纪 90 年代随着集成技术的进步、设备的改进和深亚微米技术的使用，LSI、VLSI、ULSI 相继出现，芯片集成度不断提高，I/O 引脚数急剧增加，功耗也随之增大，对集成电路封装的要求也更加严格。为满足发展的需要，在原有封装方式的基础上，又增添了新的方式——球栅数组封装，简称 BGA（Ball Grid Array Package）。BGA 一出现便成为 CPU、南北桥等 VLSI 芯片的最佳选择，如图 5.17 所示。

BGA 主要特点有：

（1）I/O 引脚数虽然增多，但引脚间距远大于 QFP，从而提高了组装成品率；

（2）虽然它的功耗增加，但 BGA 能用可控塌陷芯片法焊接，简称 C4 焊接，从而可以改善它的电热性能；

（3）厚度比 QFP 减少 1/2 以上，重量减轻 3/4 以上；

（4）寄生参数减小，信号传输延迟小，使用频率大大提高；

（5）组装可用共面焊接，可靠性高；

（6）BGA 封装仍与 QFP、PGA 一样，占用基板面积过大。

图 5.17　BGA 封装

7）CSP 封装

CSP（Chip Scale Package）封装，如图 5.18 所示，即芯片级封装。CSP 封装最新一代的内存芯片封装技术，这是指一种焊区面积等于或稍大于裸芯片面积的单芯片封装技术，其技术性能又有了新的提升。CSP 封装可以让芯片面积与封装面积之比超过 1∶1.14，已经相当接近 1∶1 的理想情况，绝对尺寸也仅有 32 mm^2，约为普通的 BGA 的 1/3，仅仅相当于 TSOP 内存芯片面积的 1/6。与 BGA 封装相比，同等空间下 CSP 封装可以将存储容量提高 3 倍。

图 5.18　CSP 封装

5.3.3　SM421 编程软件

三星 SM421 贴片机采用的配套 SmartSM 系列软件进行程序编写，由于篇幅关系，我们在此仅仅对编写主流程做一个介绍。

1. 调节轨道宽度

（1）在 Board Size 中输入电路板的长宽尺寸，如图 5.19 所示。

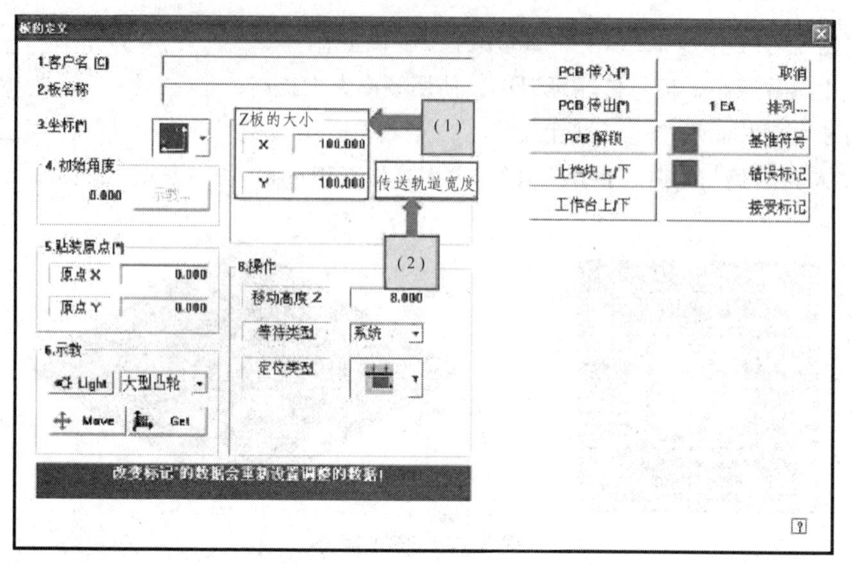

图 5.19　轨道宽度调节界面

（2）检查轨道上有无 PCB，如无则点击“Conv.Width”，机器自动调节宽度；如有则取出后再点击“Conv.Width”。

2. PCB 原点设置

（1）按动示教盒上“AXIS 键”，使 X Y 轴灯亮，如图 5.20 所示。

（2）按动示教盒上“MODE 键”，使 JOG 或 BANG 灯亮，如图 5.20 所示。

（3）选择一个焊盘的直角位置，按下方向键使显示屏的十字架的交点指示在该直角的位置，如图 5.21 的 R127 右下角。

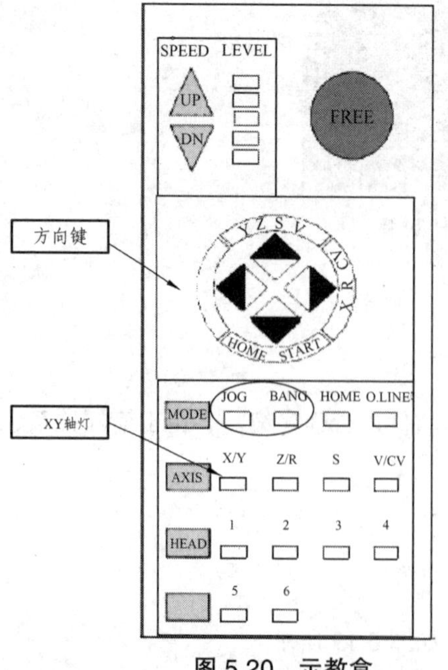

图 5.20　示教盒

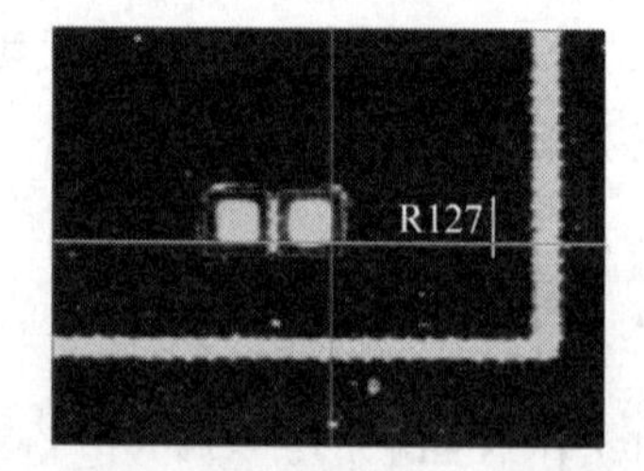

图 5.21　选定 R127 右下角

（4）将光标移动到 origin x 或 origin y，如图 5.22 所示。

（5）Device 选择 FID. CAM，如图 5.22 所示。

（6）点击“Get”，如图 5.22 所示。

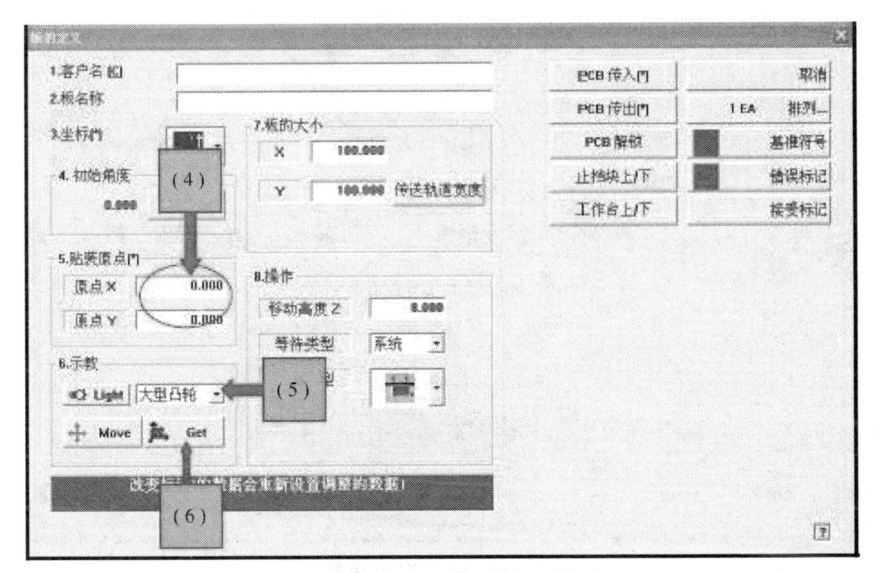

图 5.22　获取原点

3. 拼板设置

（1）点击“Array[排列]”，如图 5.23 所示。

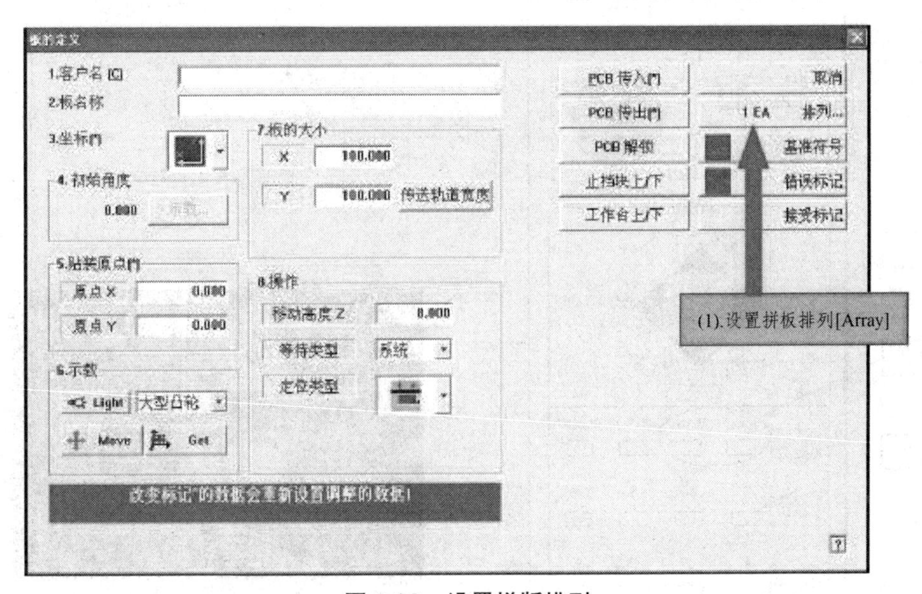

图 5.23　设置拼版排列

（2）输入拼板数量（如 5×1），如图 5.24 所示。

（3）点击“Apply[应用]”，如图 5.24 所示。

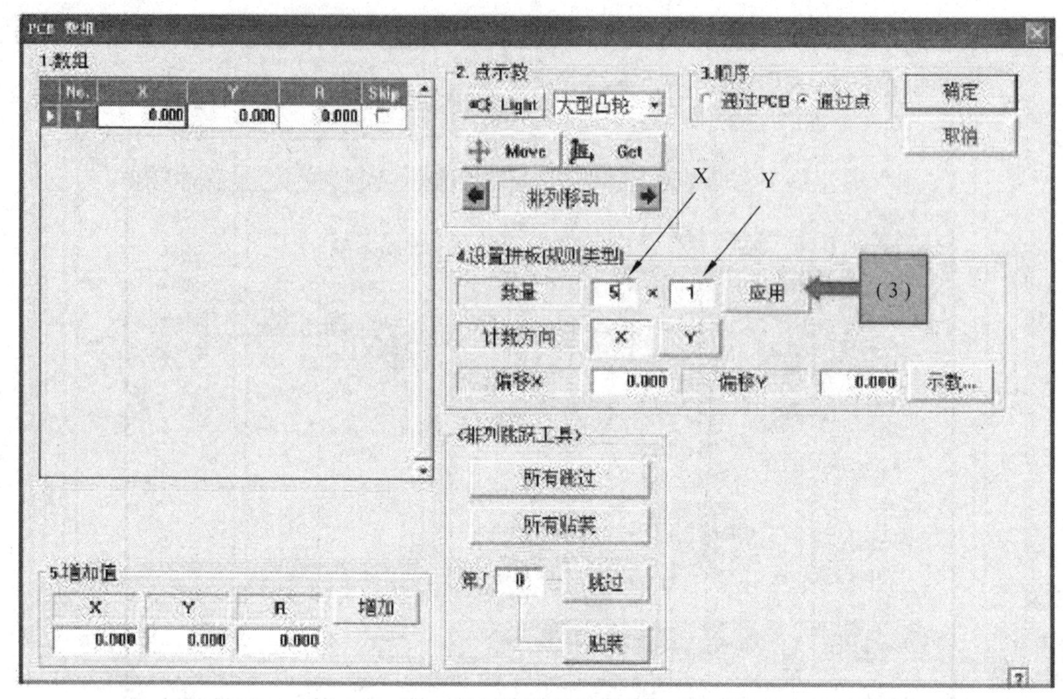

图 5.24　输入拼版数量

（4）按动示教盒上“AXIS 键”，使 XY 灯亮，如图 5.25 所示。

（5）按动示教盒上“MODE 键”，使 JOG 或 BANG 灯亮，如图 5.25 所示。

（6）按下方向键使显示屏的十字架的交点指示在第二块 PCB 的 R127 的位置，如图 5.26 所示。

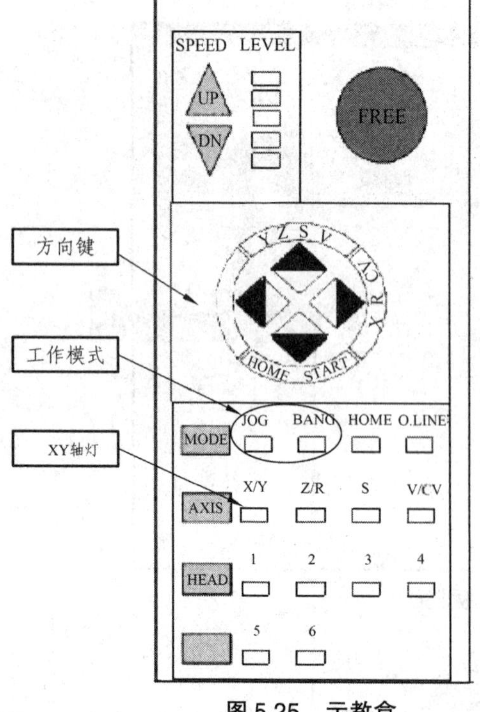

图 5.25　示教盒

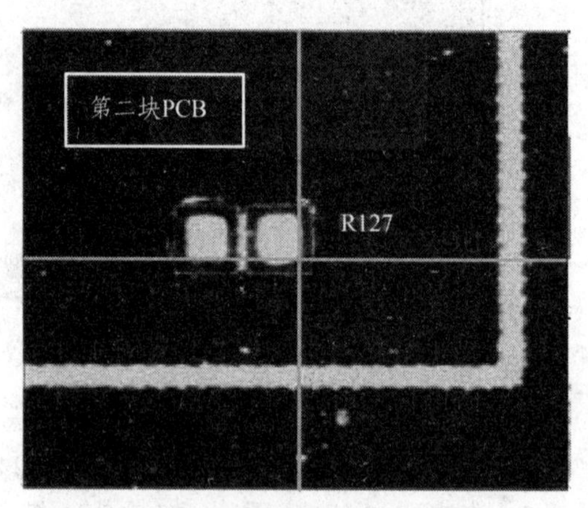

图 5.26　移动到相应位置

（7）点击将光标选择到 Array[数组]的 No.2 位置，如图 5.27 所示。
（8）Device 选择 FID.CAM，如图 5.27 所示。
（9）点击“Get”，如图 5.27 所示。
（10）在 *R* 中输入角度，如图 5.27 所示。
（11）重复（6）~（10）的步骤做出 Array 的 No.3、No.4、No.5 的位置。
（12）点击“OK[确定]”，如图 5.27 所示。

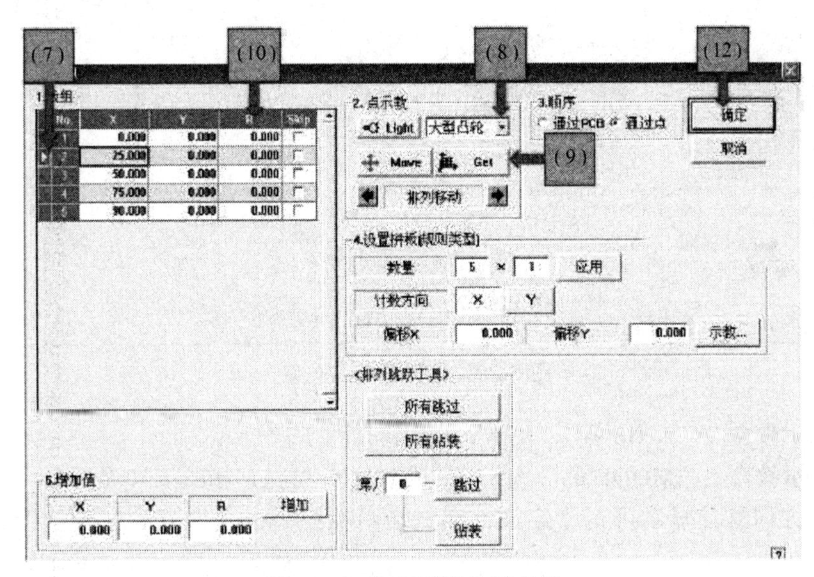

图 5.27　设定拼版位置参数

4. 基准点设置

（1）点击“Fiducial Mark [基准符号]”，如图 5.28 所示。

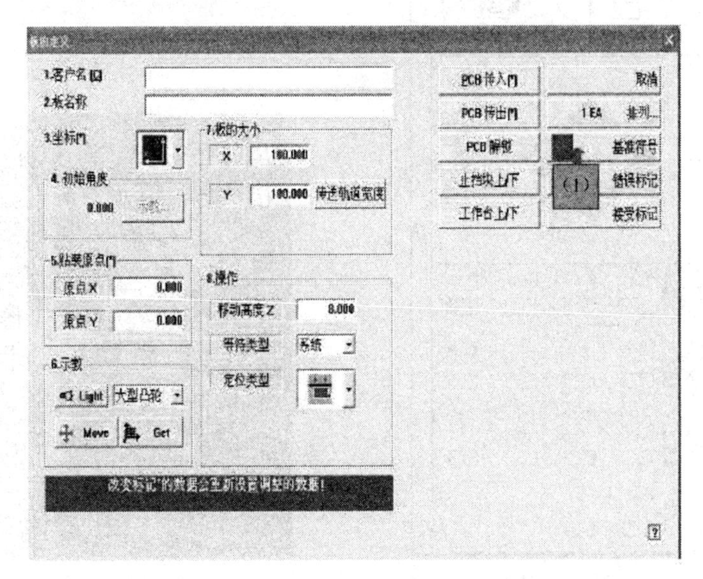

图 5.28　基准符号

（2）在 Position Type [位置类型]选择基准点类型，如图 5.29 所示。

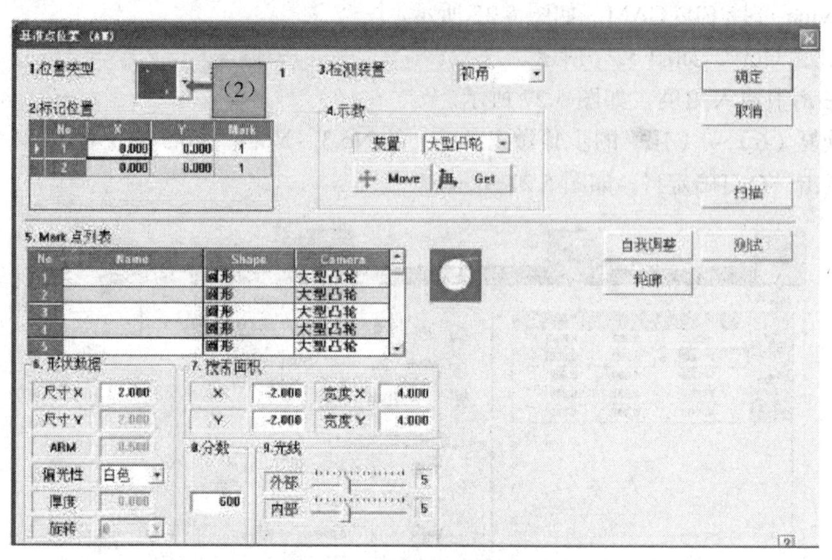

图 5.29　选择基准点类型

（3）按动示教盒上“AXIS 键”，使 XY 灯亮，如图 5.30 所示。

（4）按动示教盒上“MODE 键”，使 JOG 或 BANG 灯亮，如图 5.30 所示。

（5）按下方向键使显示屏的十字架的交点指示在第一个基准点的中心位置，如图 5.31 所示。

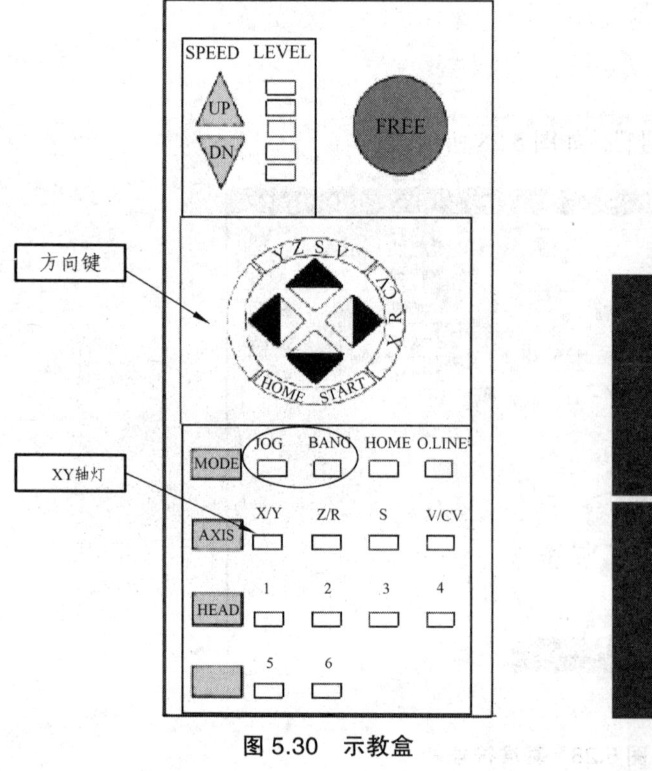

图 5.30　示教盒

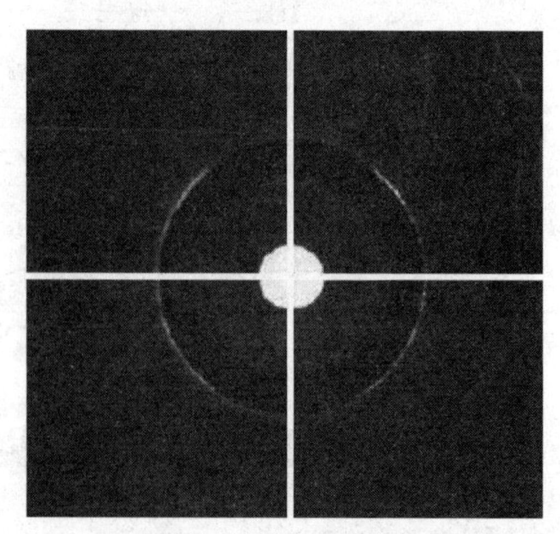

图 5.31　基准点中心位置

（6）光标点到 MarkPosition 的 No.1 的 X 或 Y 位置，如图 5.32 所示。

（7）Device 选择 MoveCamera，如图 5.32 所示。

（8）点击“Get”，如图 5.32 所示。

（9）在 Mark ID 里输入 ID 号（如”1”），如图 5.32 所示。

（10）在 Mark List 点击 No.1，使光标显示在该位置一一对应。

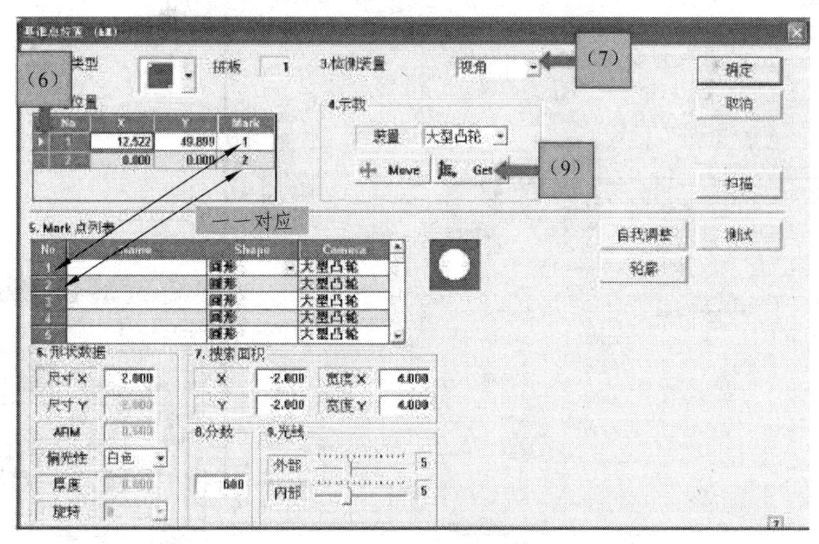

图 5.32 位置参数设定

（11）选择基准点的中心颜色，如图 5.33 所示。

（12）调节相机亮度，使中心的颜色与周围的颜色区分清晰，如图 5.34 所示。

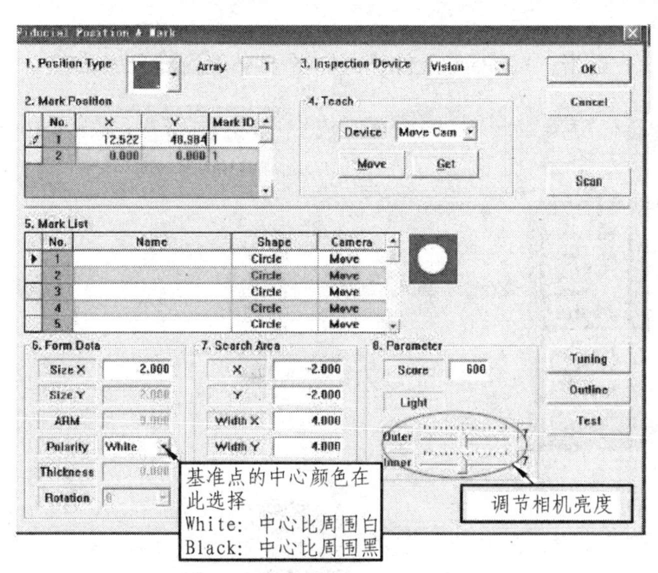

图 5.33 基准点中心颜色和相机亮度调节

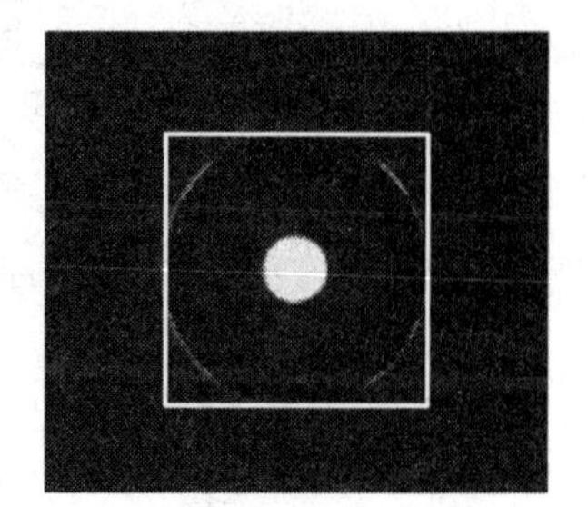

图 5.34 调节效果

（13）点击“Tuning”，如图 5.35 所示。

（14）在 Vision Status 中点“ok”，如图 5.35 所示。

（15）重复（3）~（14）的步骤做出第二个基准点的数据。

（16）点击“Scan”后选择确定，如图 5.35 所示。

（17）点击“ok”保存数据退出，如图 5.35 所示。

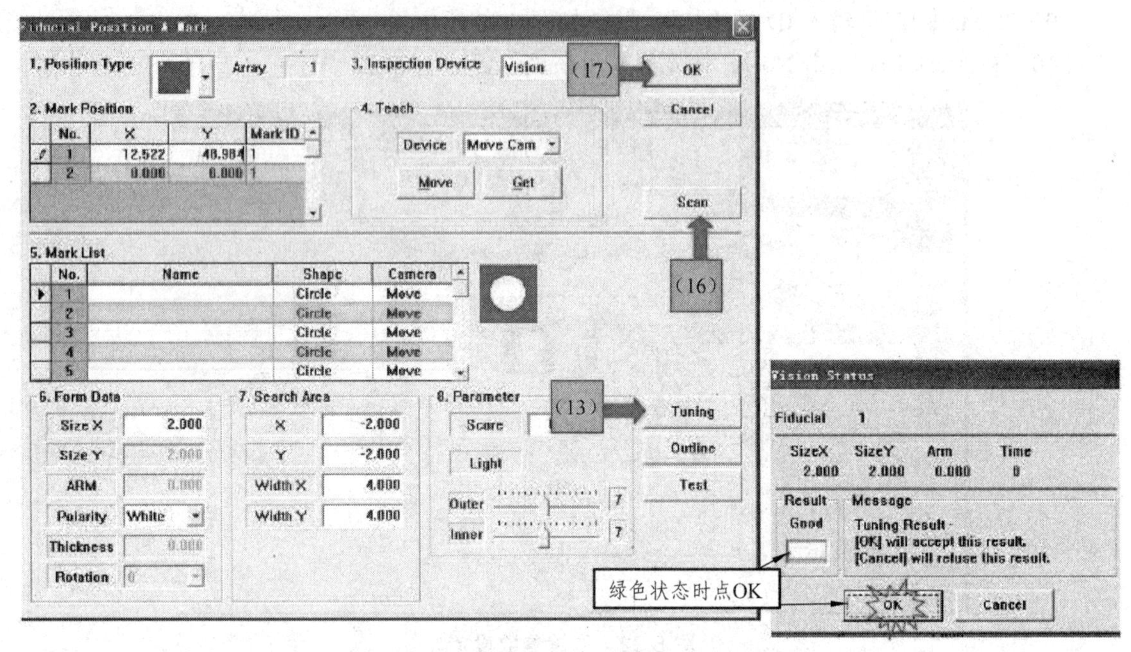

图 5.35　确定第二个基准点数据

5．元器件的建立

（1）在“PCB Edit[编辑]”菜单下点击“F3 Part[元件]”，如图 5.36 所示。

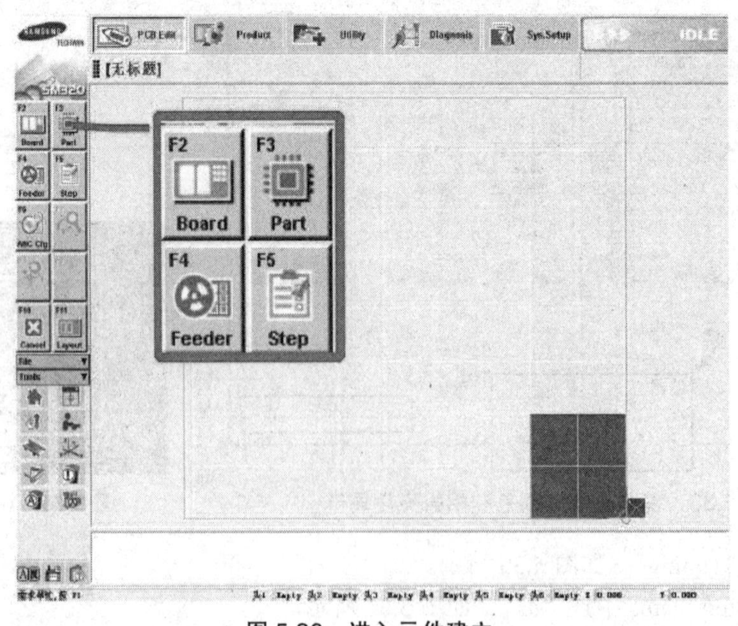

图 5.36　进入元件建立

（2）点击“New Part”，如图 5.37 所示。

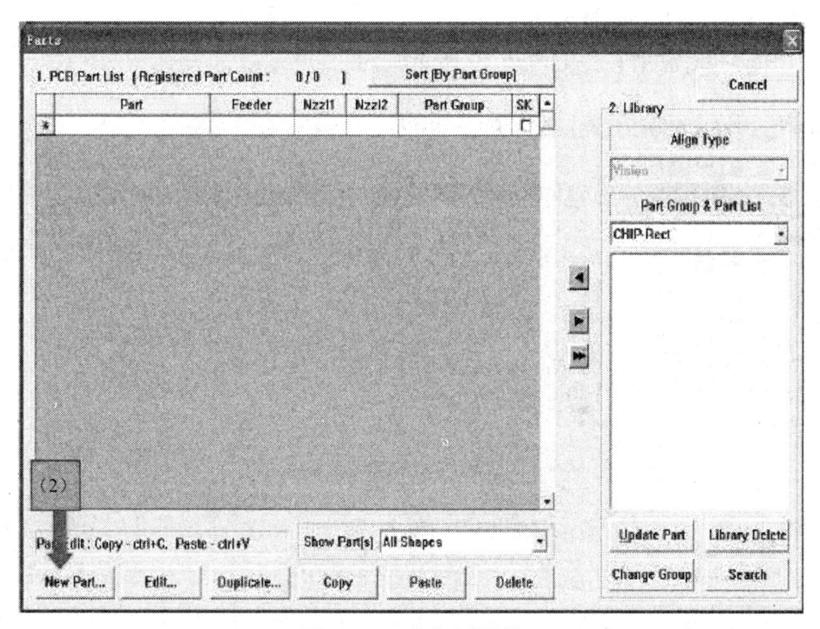

图 5.37　建立新元件

（3）输入元件规格名称，如图 5.38 所示。

（4）选择封装，如图 5.38 所示。

（5）测量元件厚度并输入，如图 5.38 所示。

（6）点击“Common Data”，如图 5.38 所示。

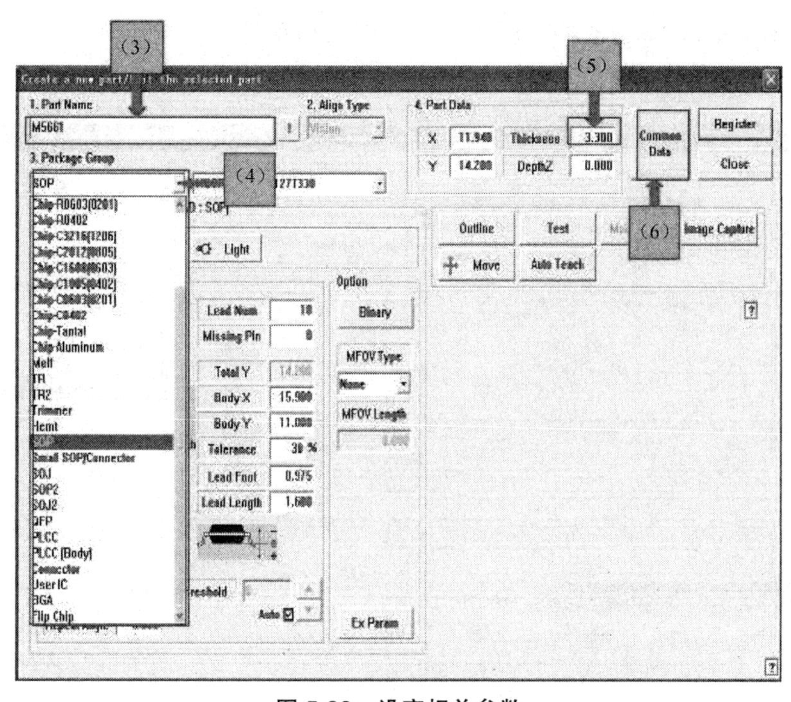

图 5.38　设定相关参数

（7）选择 Feeder 类型，如图 5.39 所示。

（8）选择 Nozzle 类型，如图 5.39 所示。

（9）点击“Register[注册]”，如图 5.39 所示。

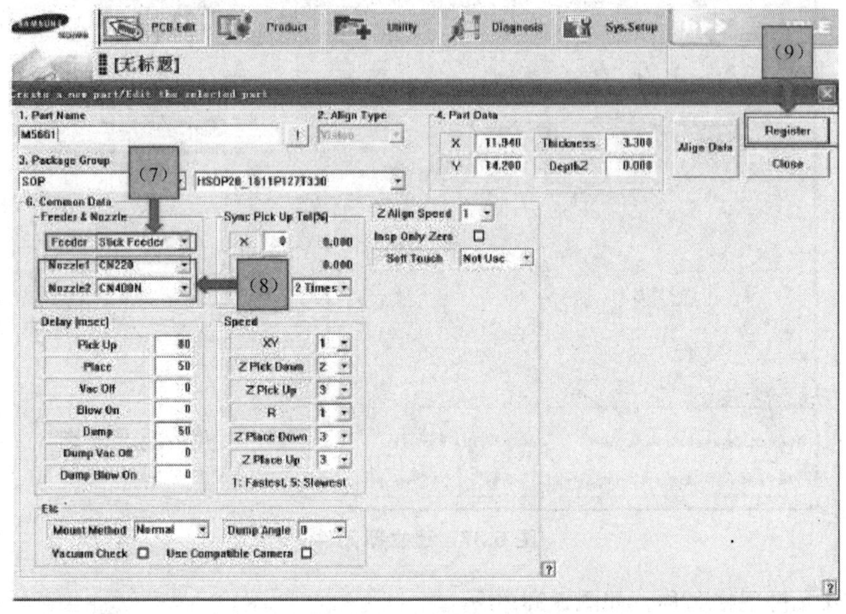

图 5.39　确定相关类型

6. 调用已编好的元器件

（1）在 Part Group& Part List 里选择封装，如图 5.40 所示。

（2）选择一个需要的元件名并连续点击两次鼠标左键，如图 5.40 所示。

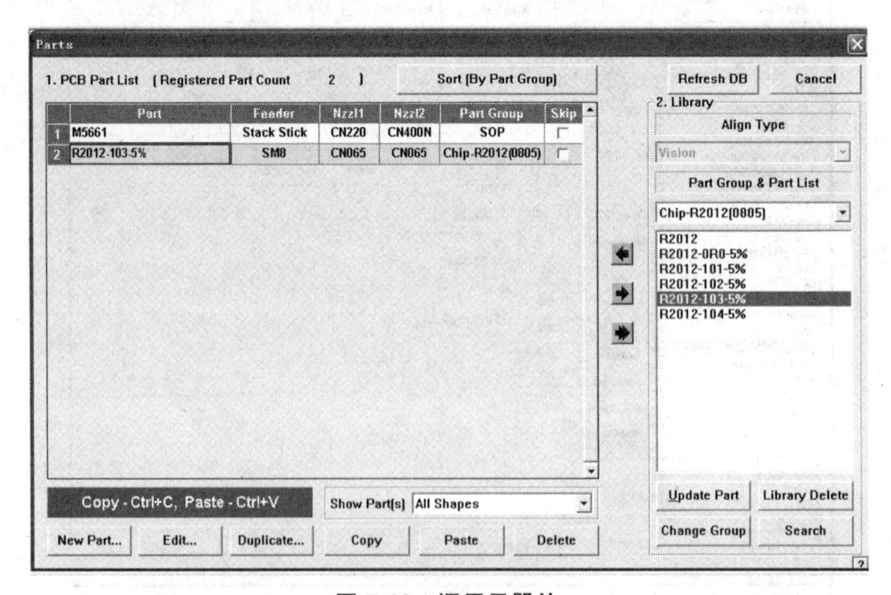

图 5.40　调用元器件

（3）在随后出现的 New PART Name 里点击“OK”，如图 5.41 所示。

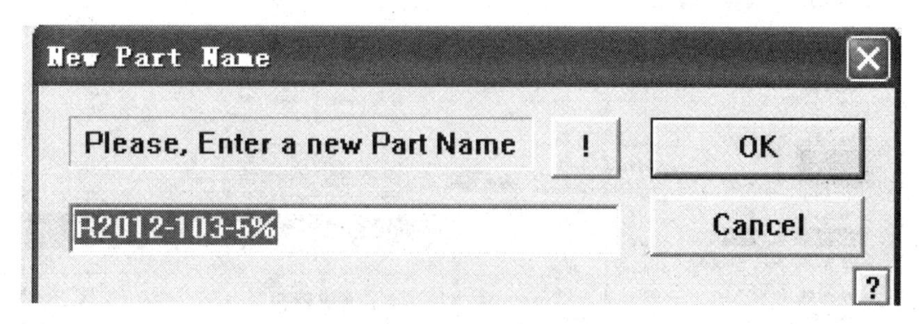

图 5.41　确定调用

7. 元器件参数编辑

（1）在“PCB 编辑”菜单下点击“F3 元件”，如图 5.42 所示。

（2）选中目标元件名，如图 5.42 所示。

（3）点击“EDIT [编辑]”，如图 5.42 所示。

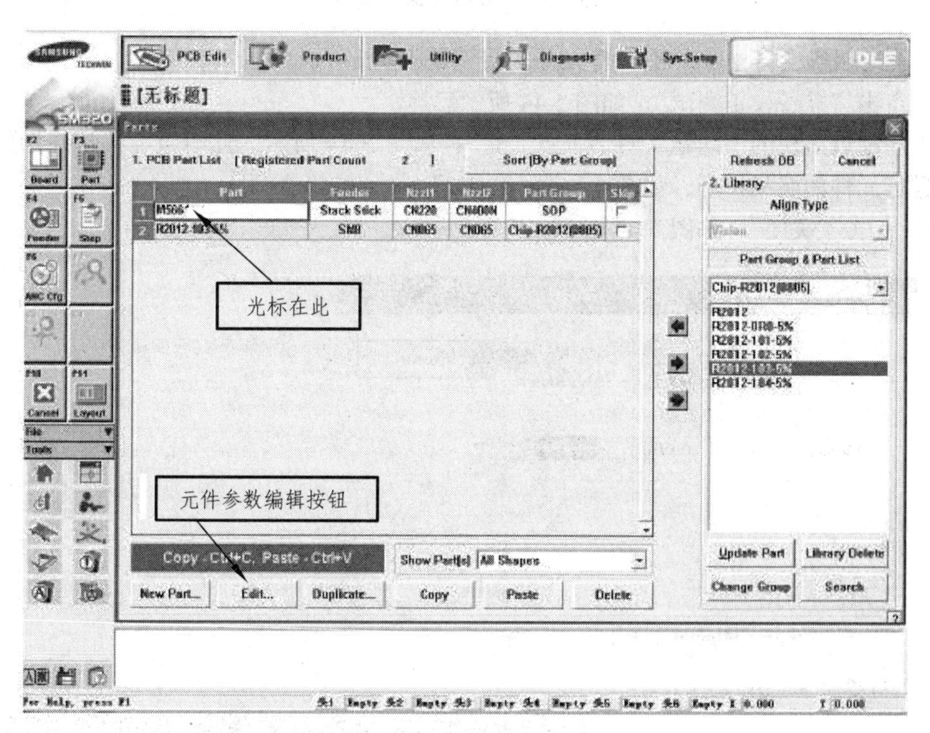

图 5.42　元件参数编辑

（4）点击“MOVE [移动]”。

（5）在随后出现的“校正测试—移动”对话框中选择“DEVICE [装置]”，如图 5.43 所示。

（6）点击“PREPAREMANUAL PICK [准备手动吸取]”，如图 5.43 所示。

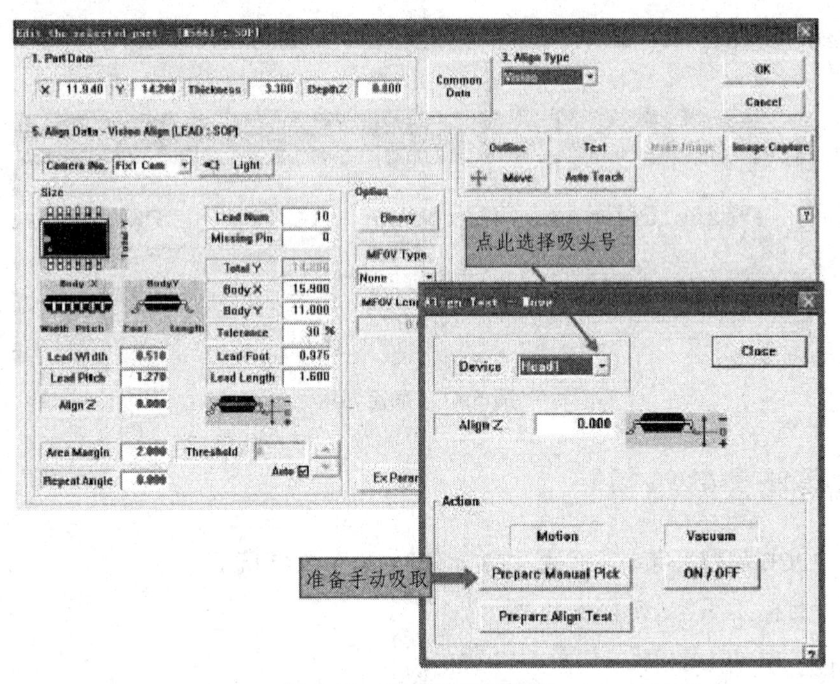

图 5.43　准备元器件吸取

（7）此时吸嘴会降下来，手动将元件安装到该吸嘴上。

（8）点击“准备校正测试”，如图 5.44 所示。

（9）在随后出现的“问题”对话框点“是”，如图 5.44 所示。此时吸嘴移动到相机的中心点位置进行元件的照相识别，如图 5.44 所示。

（10）点击“关闭”，如图 5.44 所示。

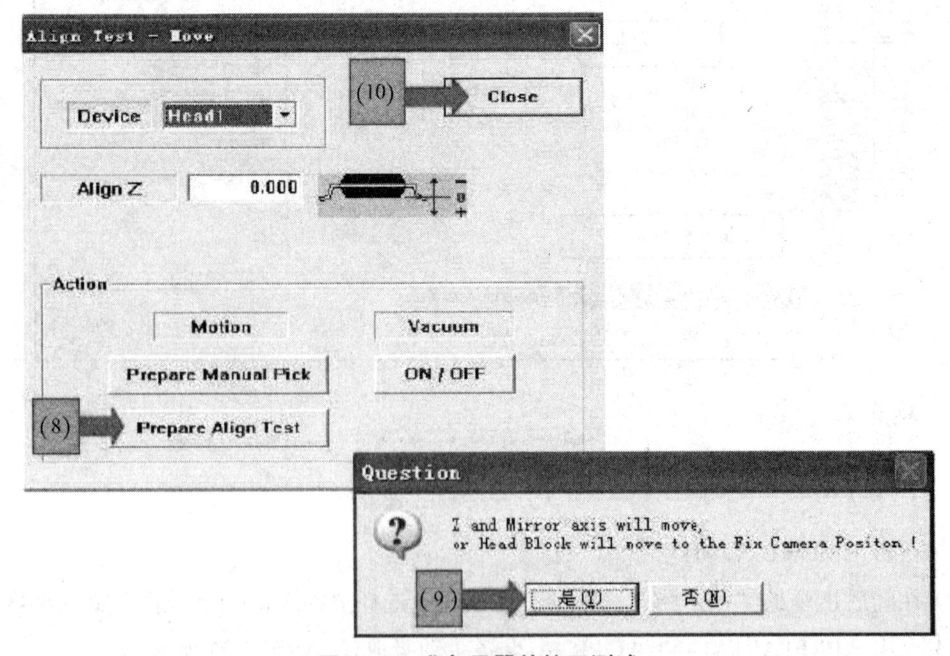

图 5.44　准备元器件校正测试

（11）点击“亮度控制”及“门槛”设置相机的照明环境，要求元件二元图像的金属引脚与塑料本体黑白清楚，周围无白色或黑色杂点，如图 5.45 所示。

（12）点击“TEXT [测试]”或“AUTO TEACH [自动示教]”，在随后出现的对话框显示绿色的表示参数与实际的元件符合，如图 5.45 所示。

（13）点击“COMMON DATA[公共数据]”，如图 5.45 所示。

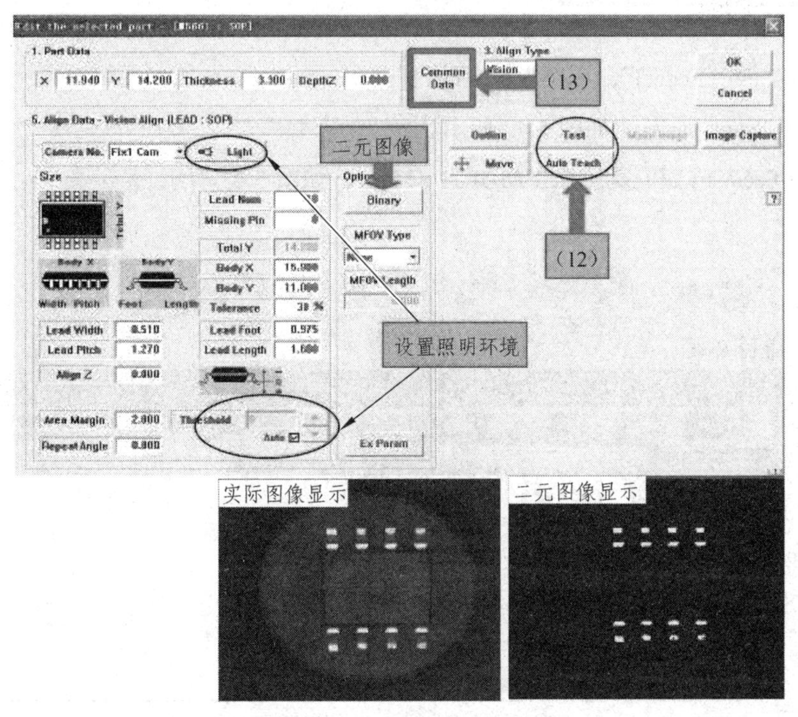

图 5.45　元器件校正测试

（14）选择“FEEDER[喂料器]”设置元器件的包装形式，如图 5.46 所示。

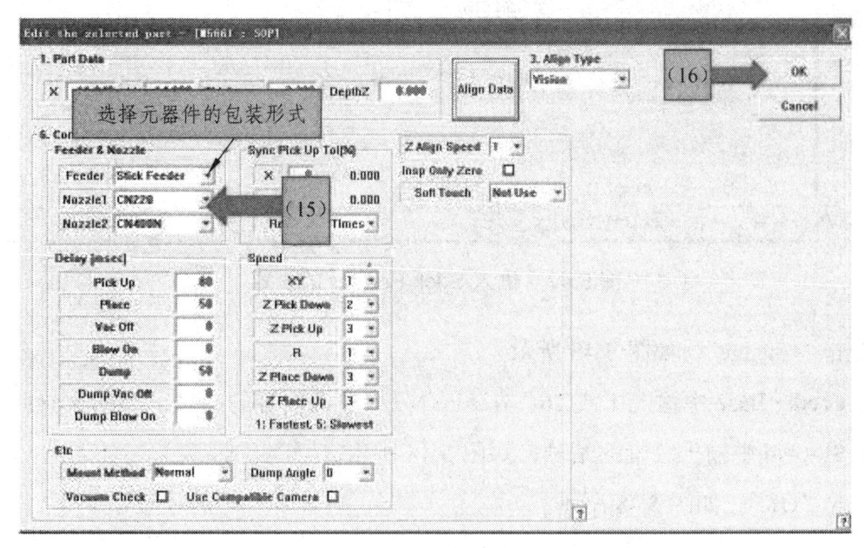

图 5.46　确定元器件包装形式及吸嘴

（15）选择合适的吸嘴类型，如图 5.46 所示。

（16）点击“OK[确定]”，如图 5.46 所示。

（17）重复（1）~（16）的步骤设置其他元器件的参数。

8. Stick Feeder 的设置

（1）点击“F4 [Feeder]”，如图 5.47 所示。

（2）点击“Stick Unit”，如图 5.47 所示。

（3）选择 Feeder TYPE 为 BELT MULTI STICK，如图 5.47 所示。

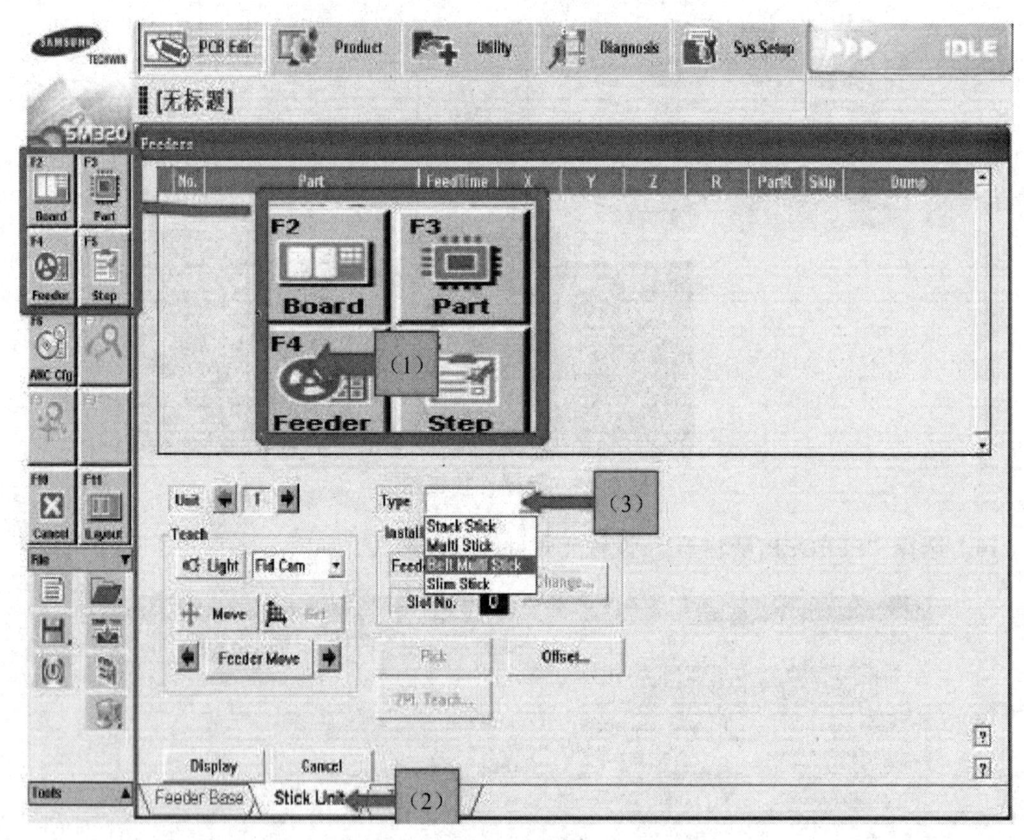

图 5.47　进入 Stick Feeder 的设置

（4）点击“Change”，如图 5.48 所示。

（5）在 Feeder Base 中输入 1 或 26，在 Slot No 中输入放置的站号，如图 5.48 所示。

（6）在 Slot No 中输入放置的站号，如图 5.48 所示。

（7）点击“OK”，如图 5.48 所示。

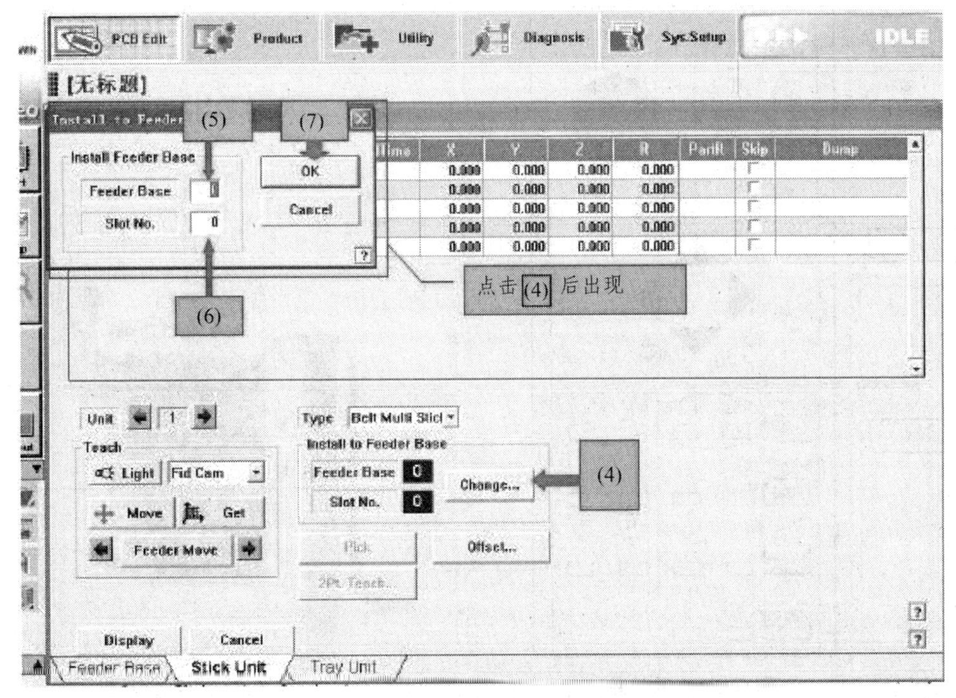

图 5.48　设置相关参数

（8）选择元器件规格名称，如图 5.49 所示。

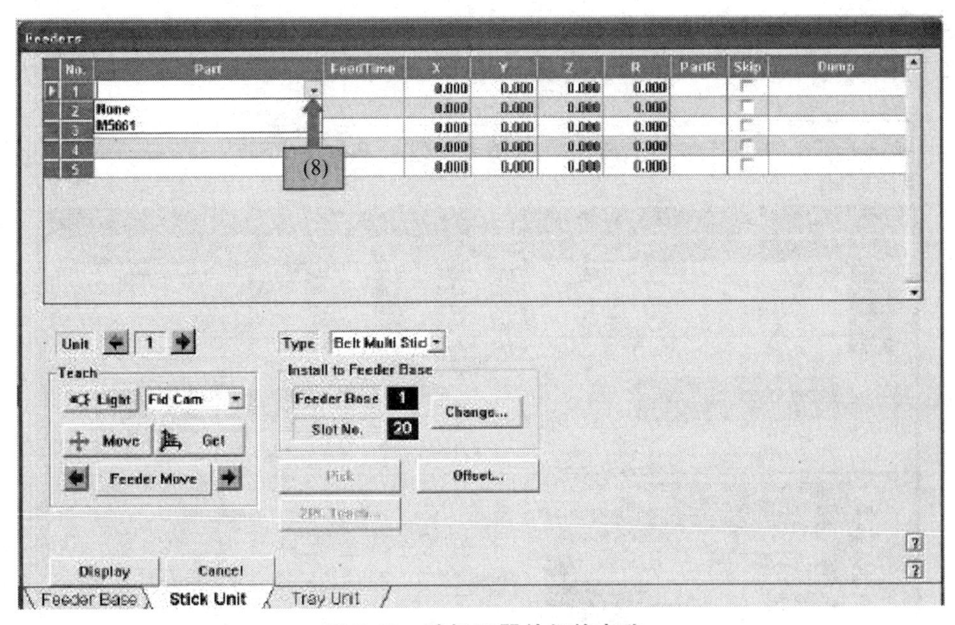

图 5.49　选择元器件规格名称

（9）按动示教盒上“AXIS 键”，使 X Y 灯亮，如图 5.50 所示。

（10）按动示教盒上“MODE 键”，使 JOG 或 BANG 灯亮，如图 5.50 所示。

（11）按下方向键使显示屏的十字架的交点指示在元件的中心位置，如图 5.51 所示。

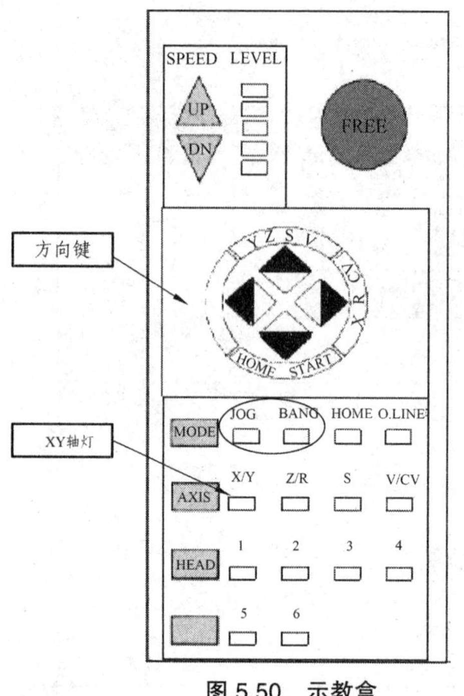

图 5.50 示教盒

图 5.51 中心位置

（12）Device 选择 FID CAM，如图 5.52 所示。

（13）光标点到元件名称的位置，如图 5.52 所示。

（14）点击“Get”，如图 5.52 所示。

（15）在 Part R 里选择元件的检测角度，如图 5.52 所示。

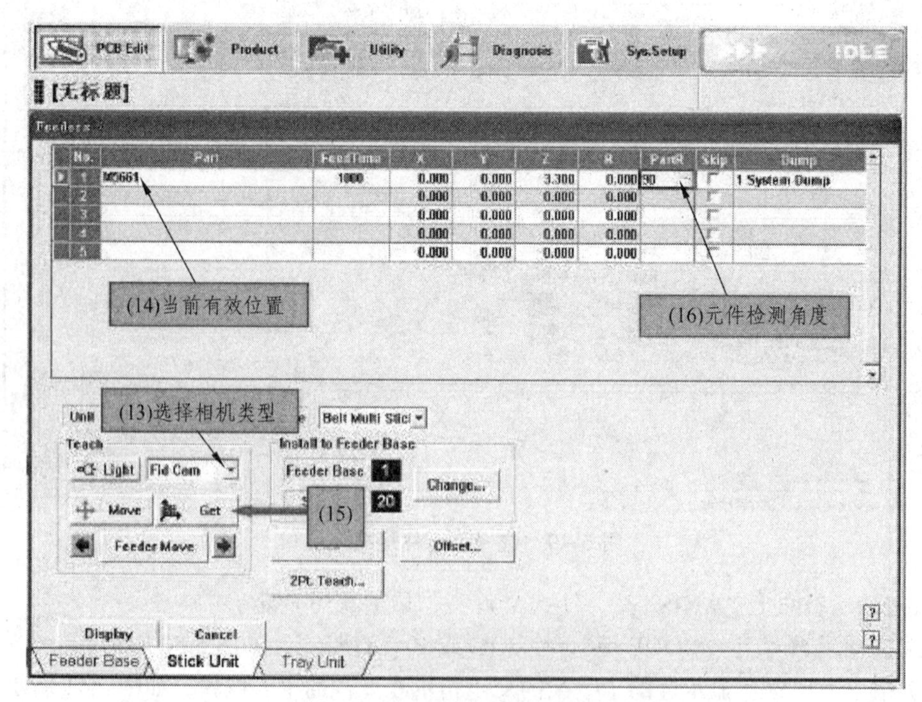

图 5.52 获取检测角度

9. Tray Feeder 的设置

（1）点击“Tray Unit”，如图 5.53 所示。

（2）在 Part 里选择元件规格，如图 5.53 所示。

（3）输入盘子的元件数量，如图 5.53 所示。

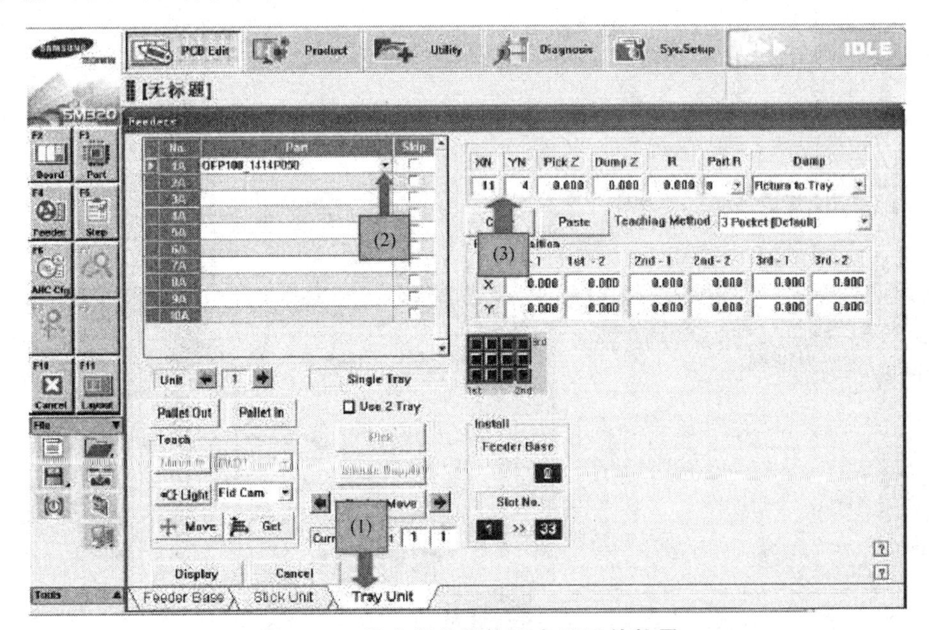

图 5.53　设定元件规格及盘子元件数量

（4）按动示教盒上“AXIS 键”，使 X Y 灯亮，如图 5.54 所示。

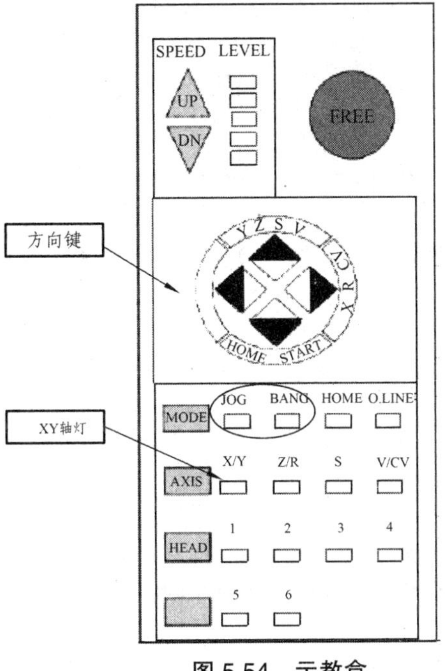

图 5.54　示教盒

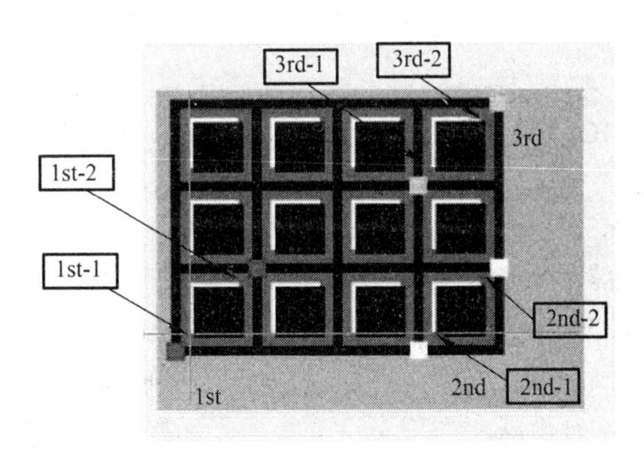

图 5.55　十字架交点位置

（5）按动示教盒上“MODE 键”，使 JOG 或 BANG 灯亮，如图 5.54 所示。

（6）按下方向键使显示屏的十字架的交点指示在 1st-1 的位置，如图 5.55 所示。

（7）Device 选择 FIDCAM，如图 5.56 所示。

（8）光标点到 1st-1 的 X 或 Y，如图 5.56 所示。

（9）点击“Get”得到坐标，如图 5.56 所示。

（10）输入 PART R 检测角度，如图 5.56 所示。

（11）重复（6）~（10）步骤得出 1st-2，2nd-1，2nd-23rd-1，3rd-2 的坐标及 PART R。

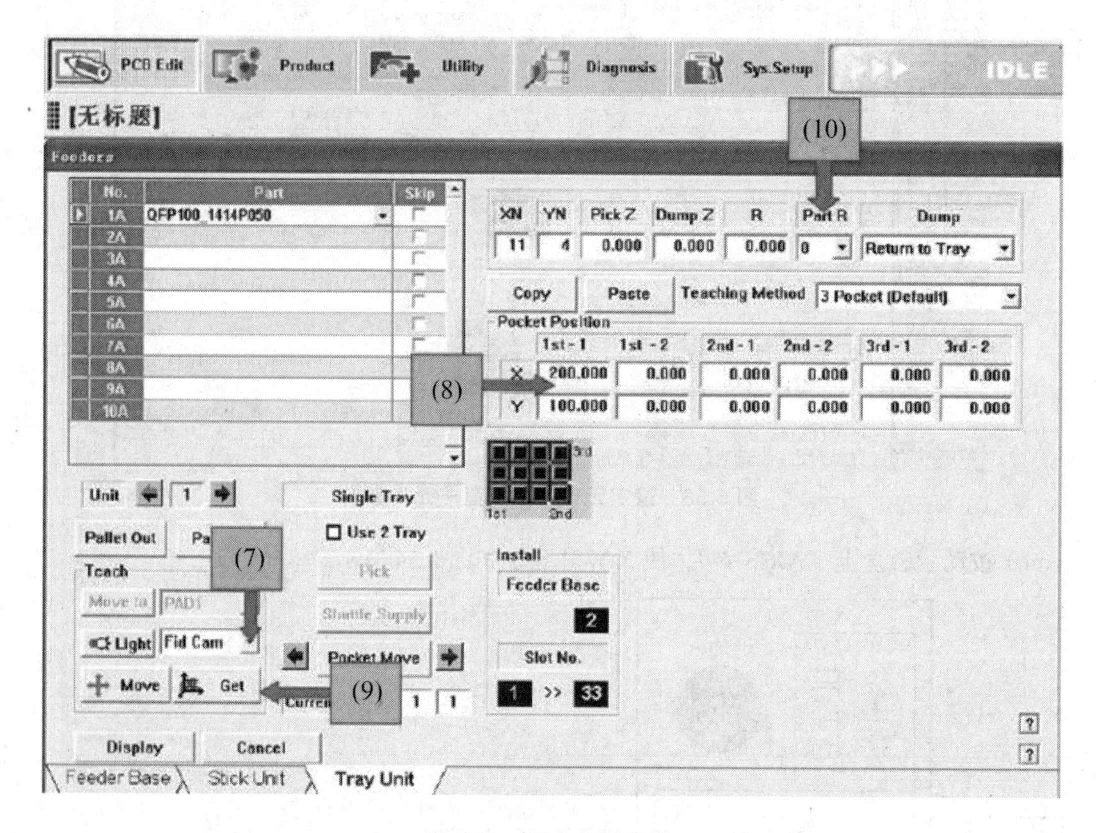

图 5.56　设定相关参数

10. Step 的编辑

（1）点击“F5 Step”，如图 5.57 所示。

（2）在 Reference 里输入元件代号，如图 5.57 所示。

（3）在 Part 里选择对应的元件规格，如图 5.57 所示。

（4）重复（2）~（3）的步骤，把所有需要贴片的元件代号输入 Reference 里，并选择对应的元件规格。

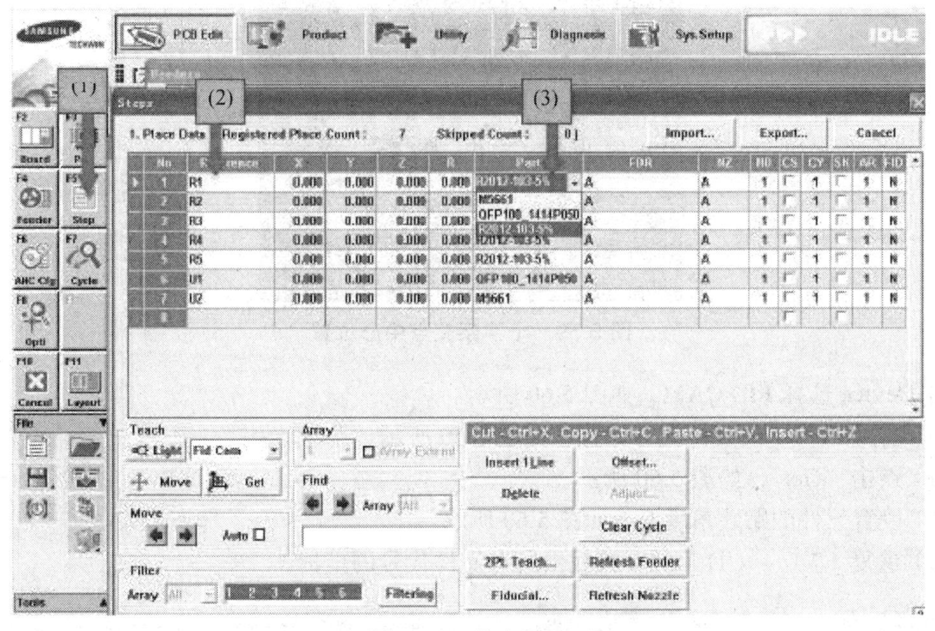

图 5.57　设定元件

（5）按动示教盒上“AXIS 键”，使 X Y 灯亮，如图 5.58 所示。

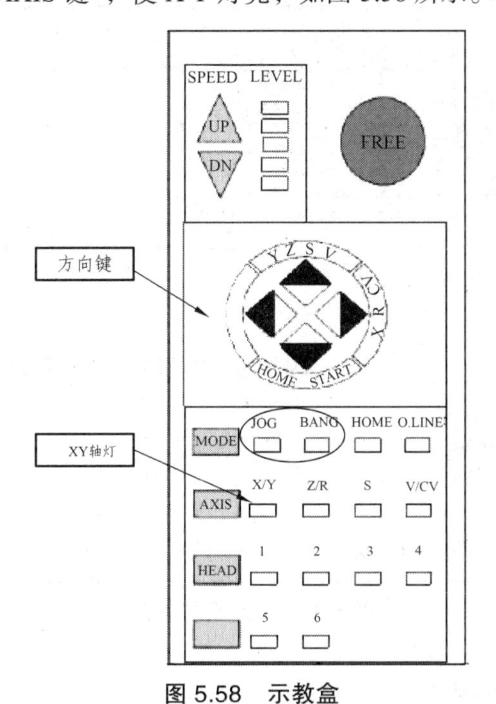

图 5.58　示教盒

（6）按动示教盒“MODE 键”，使 JOG 或 BANG 灯亮，如图 5.58 所示。

（7）按下方向键使显示屏的十字架的交点指示在第一块电路板的 R12 焊盘的中心位置，如图 5.59 所示。

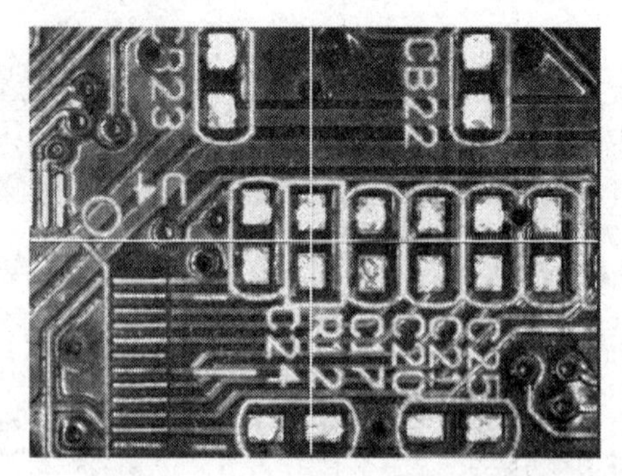

图 5.59　十字架交点中心位置

（8）Device 选择 FID CAM，如图 5.60 所示。

（9）光标点到 R1 的元件代号位置，如图 5.60 所示。

（10）点击“Get”，如图 5.60 所示。

（11）设置元件的贴装角度 R，如图 5.60 所示。

（12）重复（7）~（11）的步骤找出所有元件代号的坐标。

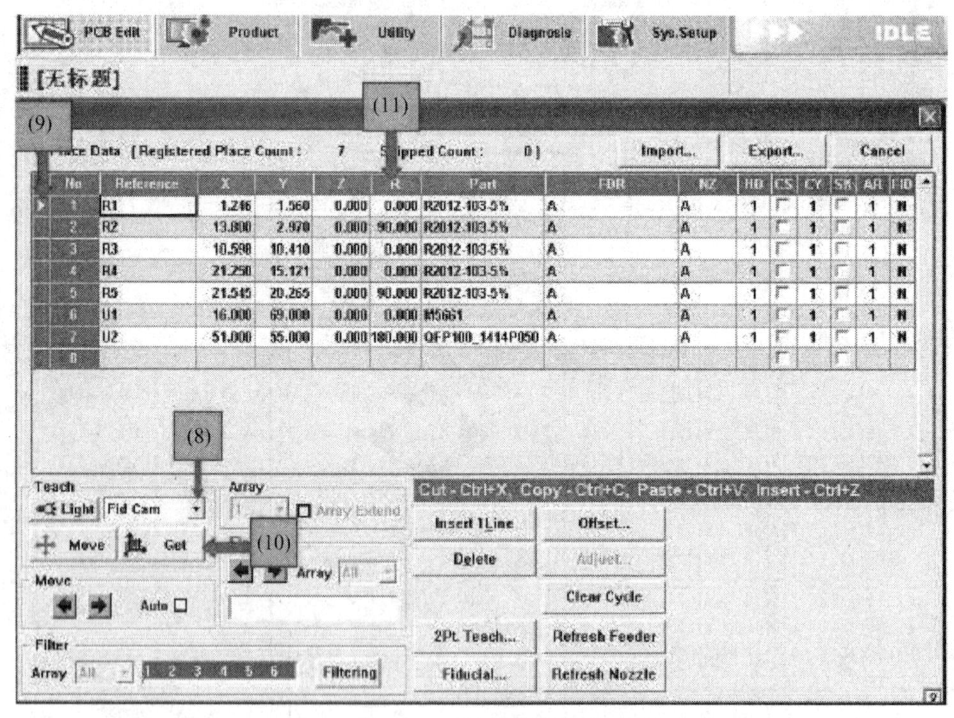

图 5.60　设定相关参数

11. Optimize 的使用

（1）点击“F8 Opti”，如图 5.61 所示。

（2）在随后出现的“保存为”对话框中输入文件名，如图 5.61 所示。

（3）点击“保存”，如图 5.61 所示。

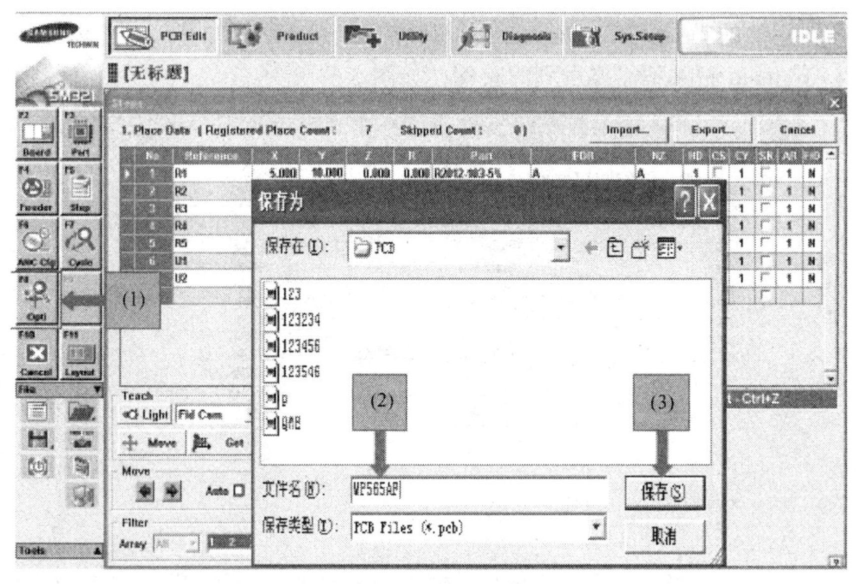

图 5.61　建立文件

（4）点击“RemoveTape”，如图 5.62 所示。

（5）输入安装的喂料器数量，如图 5.62 所示。

（6）选择目标元件，如图 5.62 所示。

（7）点击“Set”，如图 5.62 所示。

（8）点击“Nozzle”，如图 5.62 所示。

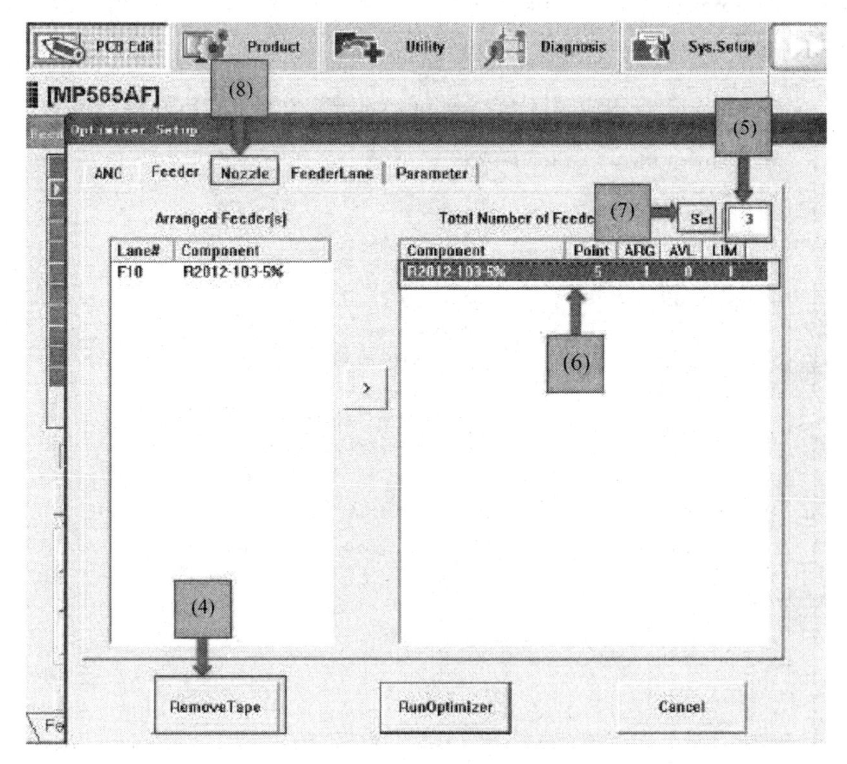

图 5.62　设定喂料器数量

（9）将需要用到的吸嘴型号从 Prohibited 移动到 Available，如图 5.63 所示。

（10）从 Arranged 删除不需要用到的吸嘴，如图 5.63 所示。

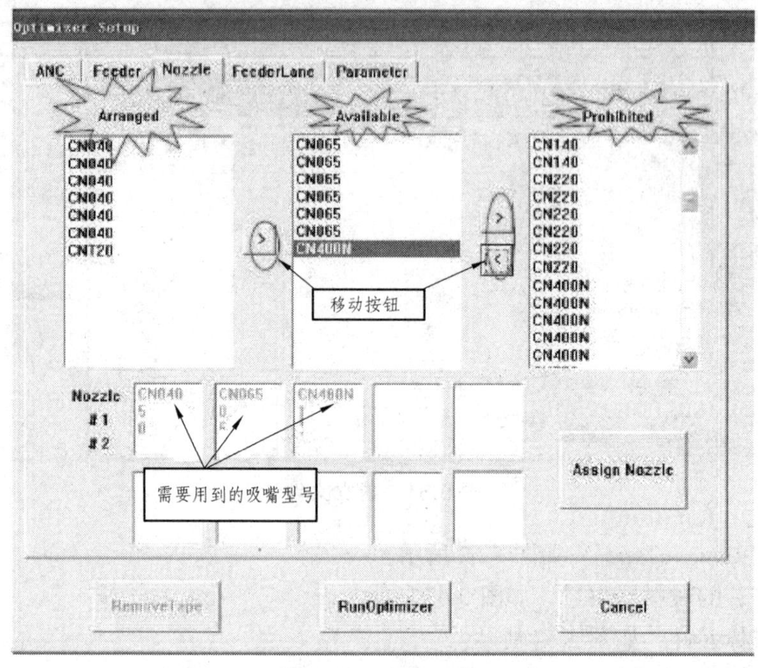

图 5.63　设定吸嘴

（11）点击“Parameter”，如图 5.64 所示。

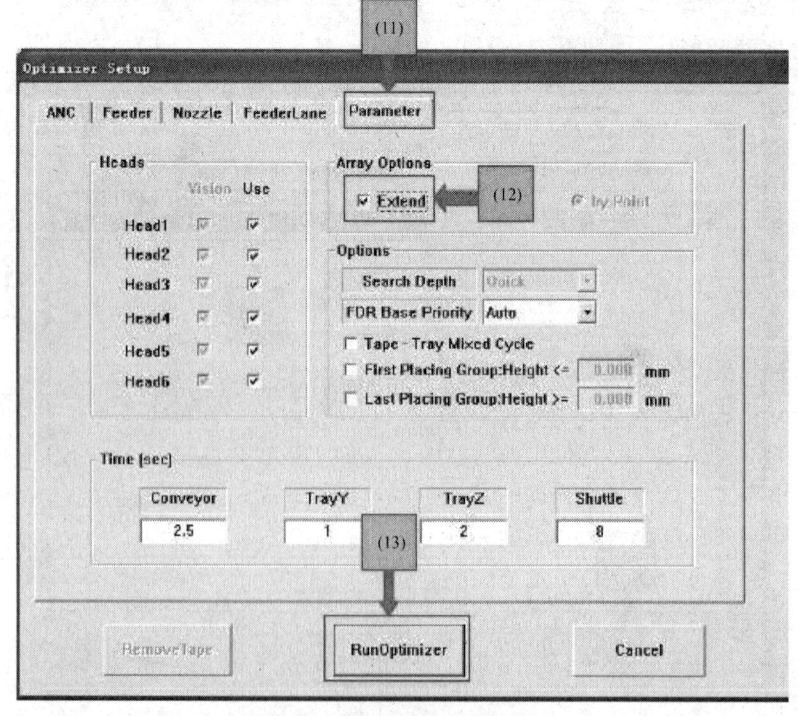

图 5.64　确定是否拼版及执行

（12）拼板类型把 Extend 前的小框打钩，非拼板类型不需要，如图 5.64 所示。

（13）点击“RunOptimizer”，如图 5.64 所示。

（14）点击“Accept”，如图 5.65 所示。

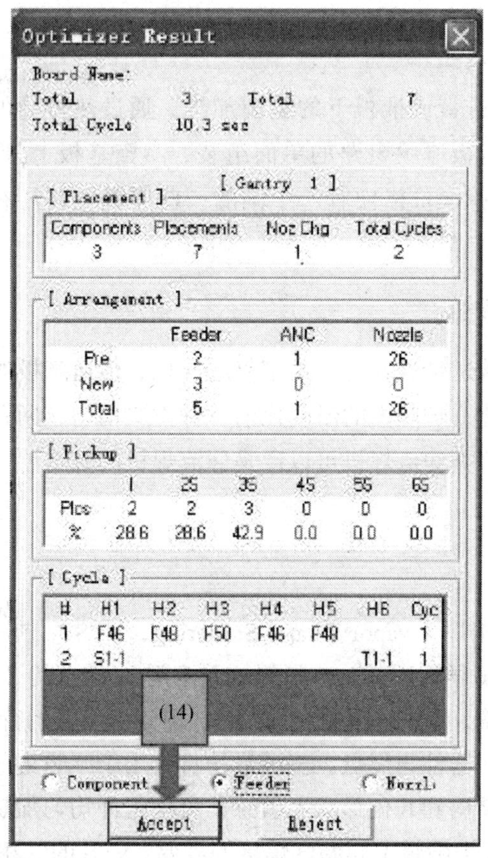

图 5.65 确定应用

5.4 回流焊机

回流焊机也叫再流焊机或“回流炉”（Reflow Oven），回流焊它是通过提供一种加热环境，使焊锡膏受热融化从而让表面贴装元器件和 PCB 焊盘通过焊锡膏合金可靠地结合在一起的设备。根据技术的发展分为：气相回流焊、红外回流焊、远红外回流焊、红外加热风回流焊和全热风回流焊、水冷式回流焊。是伴随微型化电子产品的出现而发展起来的焊接技术，主要应用于各类表面组装元器件的焊接。这种焊接技术的焊料是焊锡膏。预先在电路板的焊盘上涂上适量和适当形式的焊锡膏，再把 SMT 元器件贴放到相应的位置；焊锡膏具有一定黏性，使元器件固定；然后让贴装好元器件的电路板进入再流焊设备。传送系统带动电路板通过设备里各个设定的温度区域，焊锡膏经过干燥、预热、熔化、润湿、冷却，将元器件焊接到印制板上。回流焊的核心环节是利用外部热源加热，使焊料熔化而再次流动浸润，完成电路板的焊接过程。

5.4.1 回流焊机的分类

1. 根据技术分类

1）热板传导回流焊机

这类回流焊机依靠传送带或推板下的热源加热，通过热传导的方式加热基板上的元件，用于采用陶瓷（A1203）基板厚膜电路的单面组装，陶瓷基板上只有贴放在传送带上才能得到足够的热量，其结构简单，价格便宜。中国的一些厚膜电路厂在 80 年代初曾引进过此类设备。

2）红外（IR）回流焊机

此类回流焊机也多为传送带式，但传送带仅起支托、传送基板的作用，其加热方式主要依红外线热源以辐射方式加热，炉膛内的温度比前一种方式均匀，网孔较大，适于对双面组装的基板进行回流焊接加热。这类回流焊机可以说是回流焊机的基本型。在中国使用的很多，价格也比较便宜。

3）气相回流焊机

气相回流焊接又称气相焊（Vapor Phase Soldering，VPS），亦名凝热焊接（Condensation Soldering）。加热碳氟化物（早期用 FC-70 氟氯烷系溶剂），熔点约 215 °C，沸腾产生饱和蒸汽，炉子上方与左右都有冷凝管，将蒸气限制在炉膛内，遇到温度低的待焊 PCB 组件时放出汽化潜热，使焊锡膏融化后焊接元器件与焊盘。美国最初将其用于厚膜集成电路（IC）的焊接，气柏潜热释放对 SMA 的物理结构和几何形状不敏感，可使组件均匀加热到焊接温度，焊接温度保持一定，无需采用温控手段来满足不同温度焊接的需要，VPS 的气相中是饱和蒸汽，含氧量低，热转化率高，但溶剂成本高，且是典型臭氧层损耗物质，因此应用上受到极大的限制，国际社会现今基本不再使用这种有损环境的方法。

4）热风回流焊机

热风式回流焊机通过热风的层流运动传递热能，利用加热器与风扇，使炉内空气不断升温并循环，待焊件在炉内受到炽热气体的加热，从而实现焊接。热风式回流焊炉具有加热均匀、温度稳定的特点，PCB 的上、下温差及沿炉长方向的温度梯度不容易控制，一般不单独使用。自 20 世纪 90 年代起，随着 SMT 应用的不断扩大与元器件的进一步小型化，设备开发制造商纷纷改进加热器的分布、空气的循环流向，并增加温区至 8 个、10 个，使之能进一步精确控制炉膛各部位的温度分布，更便于温度曲线的理想调节。全热风强制对流的回流焊机经过不断改进与完善，成为了 SMT 焊接的主流设备。

5）红外线 + 热风回流焊机

20 世纪 90 年代中期，在日本回流焊有向红外线 + 热风加热方式转移的趋势。它足按 30%

红外线，70%热风做热载体进行加热。红外热风回流焊炉有效地结合了红外回流焊和强制对流热风回流焊的长处，是 21 世纪较为理想的加热方式。它充分利用了红外线辐射穿透力强的特点，热效率高、节电，同时又有效地克服了红外回流焊的温差和遮蔽效应，弥补了热风回流焊对气体流速要求过快而造成的影响。

这类回流焊机是在 IR 炉的基础上加上热风使炉内温度更加均匀，不同材料及颜色吸收的热量是不同的，即 Q 值是不同的，因而引起的温升 AT 也不同。例如，IC 等 SMD 的封装是黑色的酚醛或环氧，而引线是白色的金属，单纯加热时，引线的温度低于其黑色的 SMD 本体。加上热风后可使温度更加均匀，而克服吸热差异及阴影不良情况，红外线 + 热风回流焊炉在国际上曾使用得很普遍。

由于红外线在高低不同的零件中会产生遮光及色差的不良效应，故还可吹入热风以调和色差及辅助其死角处的不足，所吹热风中又以热氮气最为理想。对流传热的快慢取决于风速，但过大的风速会造成元器件移位并助长焊点的氧化，风速控制在 1.0 m/s ~ 1.8 m/s 为宜。热风的产生有两种形式：轴向风扇产生（易形成层流，其运动造成各温区分界不清）和切向风扇产生（风扇安装在加热器外侧，产生面板涡流而使各个温区可精确控制）。

6）热丝回流焊机

热丝回流焊是利用加热金属或陶瓷直接接触焊件的焊接技术，通常用在柔性基板与刚性基板的电缆连接等技术中，这种加热方法一般不采用锡膏，主要采用镀锡或各向异性导电胶，并需要特制的焊嘴，因此焊接速度很慢，生产效率相对较低。

7）热气回流焊机

热气回流焊指在特制的加热头中通过空气或氮气，利用热气流进行焊接的方法，这种方法需要针对不同尺寸焊点加工不同尺寸的喷嘴，速度比较慢，用于返修或研制中。

8）激光回流焊机，光束回流焊机

激光加热回流焊是利用激光束良好的方向性及功率密度高的特点，通过光学系统将激光束聚集在很小的区域内，在很短的时间内使被加热处形成一个局部的加热区，常用的激光有 C02 和 YAG 两种，是激光加热回流焊的工作原理示意图。

激光加热回流焊的加热，具有高度局部化的特点，不产生热应力，热冲击小，热敏元器件不易损坏。但是设备投资大，维护成本高。

9）感应回流焊机

感应回流焊设备在加热头中采用变压器，利用电感涡流原理对焊件进行焊接，这种焊接方法没有机械接触，加热速度快；缺点是对位置敏感，温度控制不易，有过热的危险，静电敏感器件不宜使用。

10）聚红外回流焊机

聚焦红外回流焊适用于返修工作站，进行返修或局部焊接。

2. 根据形状分类

1）台式回流焊炉

台式设备适合中小批量的 PCB 组装生产，性能稳定、价格经济（在 4 ~ 8 万人民币之间），国内私营企业及部分国营单位用得较多。

2）立式回流焊炉

立式设备型号较多，适合各种不同需求用户的 PCB 组装生产。设备高中低档都有，性能也相差较多，价格也高低不等（在 8 ~ 80 万人民币之间）。国内研究所、外企、知名企业用得较多。

3. 根据温区分类

回流焊炉的温区长度一般为 45 ~ 50 cm，温区数量可以有 3、4、5、6、7、8、9、10、12、15 甚至更多温区，从焊接的角度，回流焊至少有 3 个温区，即预热区、焊接区和冷却区，很多炉子在计算温区时通常将冷却区排除在外，即只计算升温区、保温区和焊接区。

5.4.2 回流焊机的结构

回流焊机由控制系统[控制系统采用 PC + PLC + HMI（人机界面）方式]，热风系统（增压式强制循环热风加热系统，前后回风，防止温区间气流影响，保证温度均匀性和加热效率；专用高温马达，速度变频可调），冷风系统（强制风冷及水冷结构，冷却区温度显示可调），机体，传动系统组成。

5.4.3 回流焊机工作方式

回流焊机过程中，将糊状焊膏（由铅锡焊料、黏合剂、抗氧化剂组成）涂到印制板上，可用手工、半自动或自动丝网印刷机（同油印一样），将焊膏印到印制板上。同样可用手工或自动机械装置元件粘到印制板上。可在加热炉中，也可以用热风吹，还有使用玻璃纤维“皮带”热传导，将焊膏加热到再流焊。当然，加热的温度必须根据焊膏的熔化温度准确控制（一般铅锡合金焊膏熔点为 223 °C），一般需要经过预热区、再流焊区和冷却区，再流焊区最高温度应使焊膏熔化，黏合剂和抗氧化剂氧化成烟排出。加热炉使用红外线的，也叫红外线再流焊，因这种焊接加热均匀且温度容易控制因而使用较多。回流焊机工作流程，如图 5.66 和图 5.67 所示。

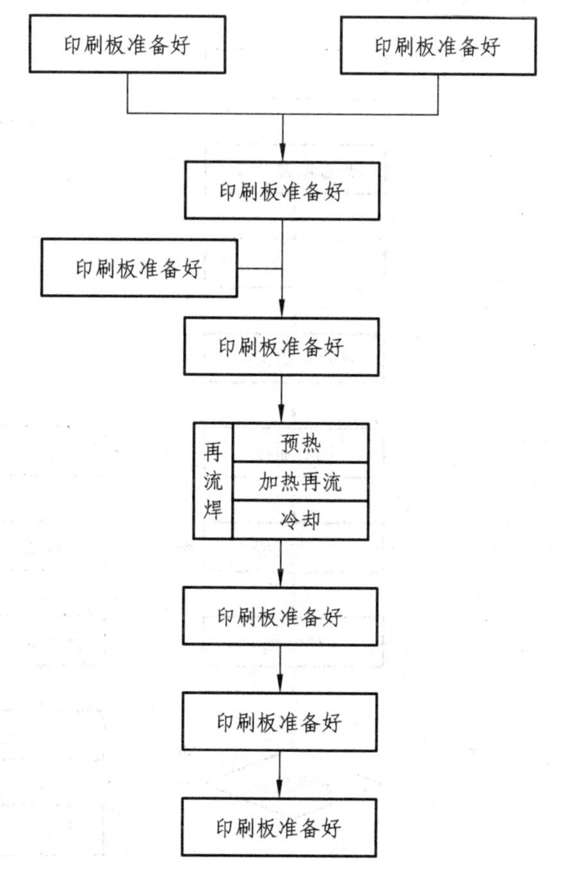

图 5.66 回流焊工艺流程示意图

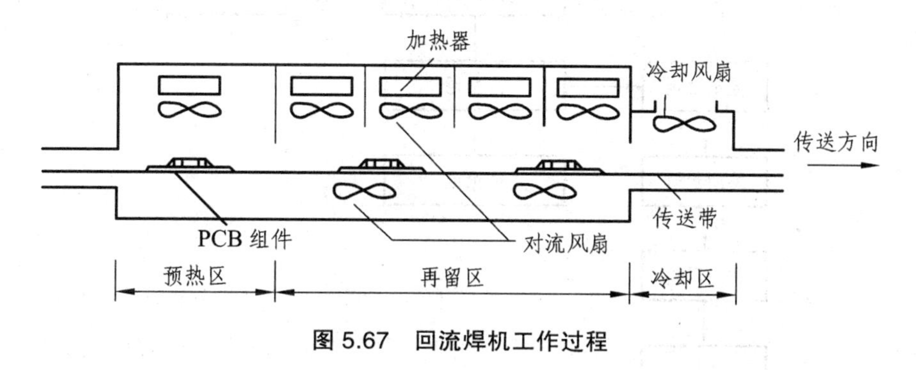

图 5.67 回流焊机工作过程

焊接完毕测试合格后，还要对印制板进行整形、清洗，最后烘干并涂敷防潮剂。

5.4.4 全自动回流焊机作业指导

下面以日东系列回流焊机为例，介绍回流焊机作业流程及规范。

1. 操作流程（见图 5.68）

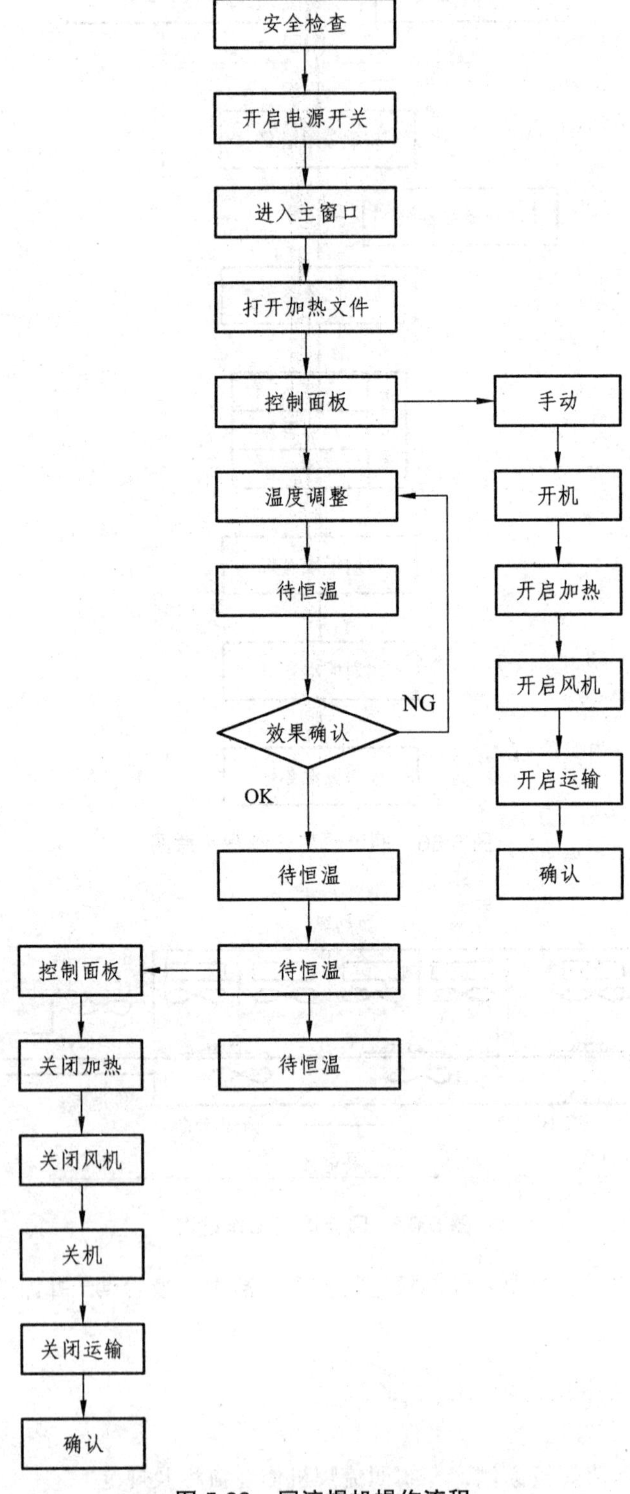

图 5.68 回流焊机操作流程

2. 外观介绍

1）外观控制面板（见图 5.69）

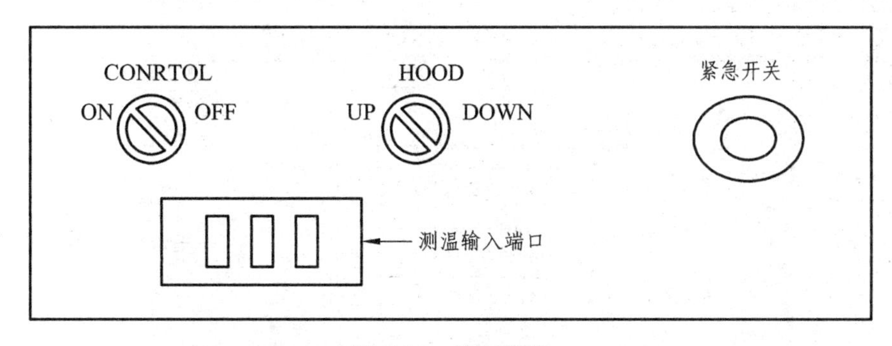

图 5.69　控制面板

（1）CONTROL：旋钮旋向 ON 打开电源开关并启动计算机；旋向 OFF 则关闭电源；

（2）HOOD：控制炉体上盖的开启与停止。旋钮旋至 UP 炉体上盖电动上升打开；旋钮旋至 DOWN 炉体上盖电动下降闭合；

（3）紧急制动开关：按下紧急制动开关按钮，则中断电机供应电源，PC 电源开关仍然接通，此时机器顶部三色灯中的红色灯亮，蜂鸣器鸣叫报警。

注意：只有在紧急情况下才能按下此开关按钮，此键按下即自锁；在机器重新开始工作之前须将此按钮顺时针旋转使之弹起复位。

2）三色灯（见图 5.70）

（1）红灯——表示机器出现异常报警；

（2）黄灯——表示回流焊正在升温或降温；

（3）绿灯——表示回流焊处于恒温状态。

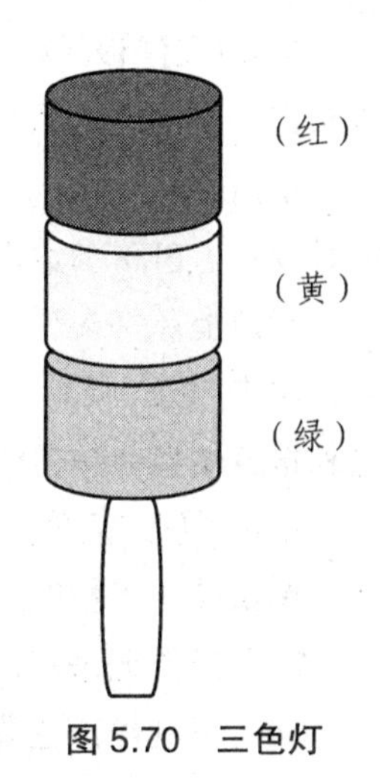

图 5.70　三色灯

3. 应用软件操作说明

1）开机前检查

（1）检查位于出入口端部的紧急开关是否在正常状态；

（2）检查炉膛进出口是否有异物存在。

2）系统启动

将电源 CONTROL 旋至 ON 处，系统将自动引导，进入控制系统主窗口。

3）主窗口组成

如图 5.71 所示，主窗口包括四部分：主菜单栏、主工具栏、主工作画面、操作记录窗口。

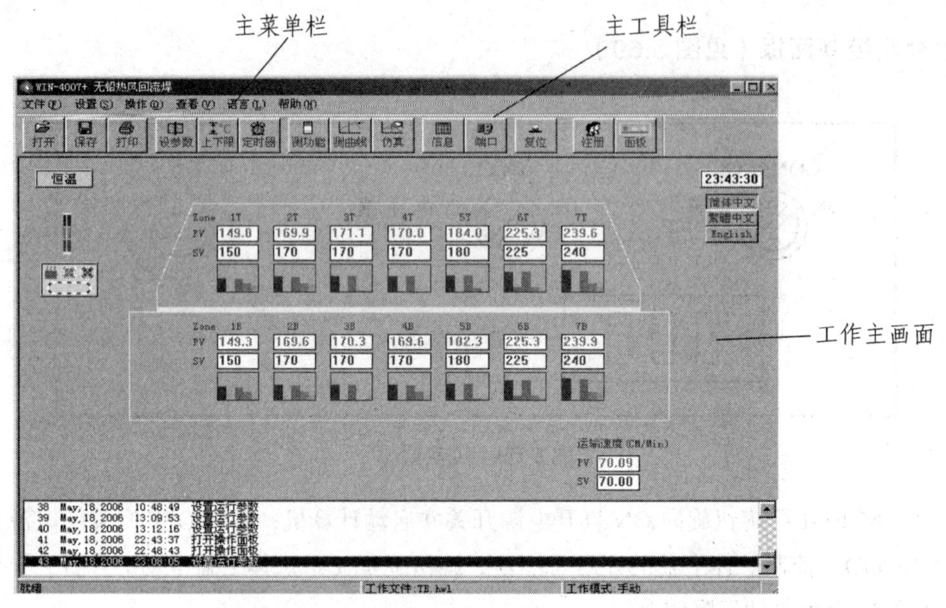

图 5.71　主窗口

（1）工作主画面：工作主画面显示实时显示回流焊炉当前生产状态：等待、加热、恒温、降温、报警；当前工作时间：时 : 分 : 秒；当前文字状态：简体中文、繁体中文、英文；当前炉子实际温度（PV）及设置温度（SV）；当前炉子运输实际速度及设定速度。

（2）主菜单栏：包含所有的控制命令。

单击[文件]菜单，弹出下拉菜单，可对文件进行打开、保存、打印、打印预览、打印设置等操作，并可退出系统。

单击[操作]菜单，弹出下拉菜单，包括温度曲线测试、报警灯测试、参数设定、超温报警、定时设定、PID 参数设定、机器参数、面板操作等项目。其中主要项目专用工具栏的形式显示在主窗口上。

单击[查看]菜单，弹出下拉菜单，包括信息和工具栏两个选项。单击[信息]选项显示生产信息和报警信息；单击[工具栏]选项显示或隐藏工具栏。

单击[复位]菜单，弹出下拉菜单，出现报警复位选项。

单击[帮助]菜单，弹出下拉菜单，包括公司简介、操作说明、故障排除等选项。

（3）操作记录窗口：滚动显示从开机到当前操作的每一个步骤。

（4）工具栏：主菜单中常用项目的快捷按钮。

4）打开文件

单击主工具栏上的[打开]按钮，显示“打开”对话框，如图 5.72 所示。

用鼠标点击所要运行的加热文件，单击对话框中的[打开]按钮，打开文件；单击[取消]按钮，退回到主窗口。

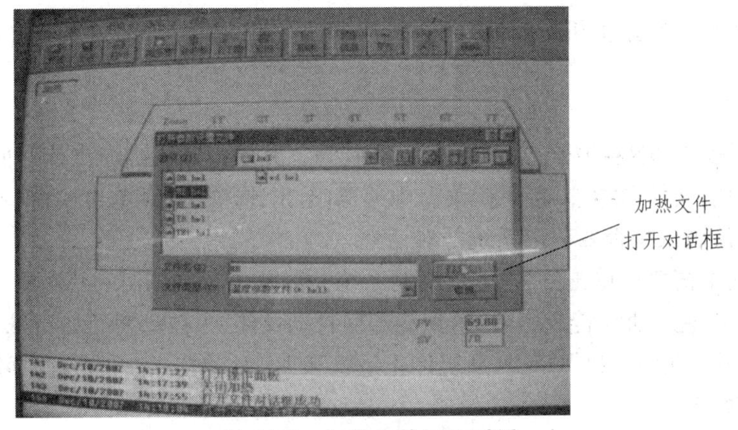

图 5.72　加热文件打开对话

5）面板控制

单击[面板]按钮，显示“控制面板”对话框，如图 5.73 所示。各开关说明如下：

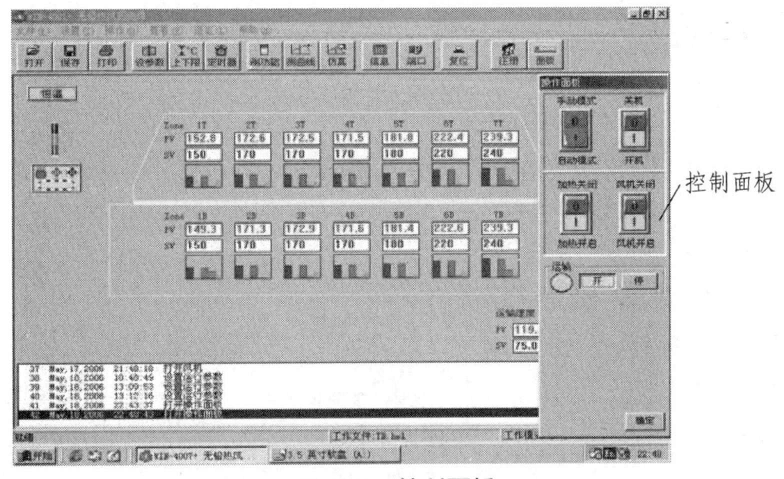

图 5.73　控制面板

[手动/自动]开关：系统控制将在手动与自动方式之间转换。

[关机/开机]开关：启动/停止运行系统。

[加热开启/关闭]开关：在运行状态下，该开关控制加热系统的启动/停止。

[风机开启/关闭]开关：控制风机启动/停止。

[运输开/停]开关：控制运输系统启动/停止即控制传送链/带的运行或停止。

单击[自动]方式，[开机]、[加热]、[风机]和[运输]开关同时自动打开（绿色灯亮）。系统可根据[定时]所设定的工作时间序列，自动进行[关机/开机]操作。

在[自动]方式下，单击[关机]、[加热]开关同时自动关闭（红色灯亮）；[风机]、[运输]开关则须延时三十分钟，至炉子冷却后才能自动关闭，如非特殊需要，不要强行关闭。

单击[手动]方式，各开关均可单独手动控制。

在[手动]方式下，单击[开机]，再单击[加热开启]，系统提示“请确认运行参数是否正确”，单击[是]、[加热]开关打开；[风机]、[运输]开关也同时自动打开。

在[手动]方式下，单击[关机]、[加热]开关同时自动关闭；单击[风机]、[运输]开关，均可关闭。

6）退出系统

单击[控制面板]依次将加热、风机、运输等关闭；并单击确认键退出控制面板。

单击主窗口的[文件]菜单，在下拉菜单中单击[退出]选项，（或单击主窗口右上角关闭[×]按钮）会弹出“请确认是否要退出系统”对话框。

单击[N]退到主窗口；单击[Y]会退出控制系统，屏幕出现倒计时对话框。炉子加热系统关闭，设备的链/网传输运动空转 30 分钟达到冷却后自动关闭。（在此期间如特殊需要，可单击倒计时对话框下边的“立即关机”，此时系统停止运输和加热；单击“中止程序”可取消此次操作，仍回到主窗口画面）

等 30 分钟后传送电机停止。此时单击[OK]按钮，Win95/98 会自动进入“您现在可以安全关机了”，进行关机操作。

依次关闭计算机主机、显示器、机器总电源开关。

第6章 电工技术基本知识

6.1 常用的低压电器

低压电器是指在交流电压 1 000 V 及直流电压 1 200 V 以下的电力线路中起保护、控制或调节等作用的电器元件。低压电器的种类非常多，但就其控制的对象可分为两大类：

低压配电电器：这类电器包括自动开关、熔断器、转换开关、保护开关和断路器等，主要用于低压配电系统中，要求在系统发生故障时动作准确、工作可靠，有足够的热稳定性和动稳定性。

低压控制电器：是用来对生产设备进行自动控制的电器，如行程开关、时间继电器等。这类电器主要用于电力传动系统中，要求寿命长、体积小、重量轻和工作可靠。

6.1.1 常用低压开关

低压开关主要作隔离、转换及接通和分断电路用，多数用作机床电路的电源开关盒，局部照明电路的控制开关，有时也可用来直接控制小容量电动机的启动、停和正、反转、低压开关一般为非自动切换电器。常用的主要类型有刀开关、组合开关盒低压断路器。

1. 刀开关

刀开关又称闸刀开关，是结构最简单，应用最广泛的一种低压电器，其种类很多。

1）开启式负荷开关

如图 6.1 所示的 HK 系列瓷底胶盖开启式负荷开关是由刀开关和熔断体组合而成的一种电器，这种开关没有专门的灭弧设备，用胶木盖来防止电弧灼伤人手，拉闸、合闸时应动作迅速，使电弧较快地熄灭，可以减轻电弧对刀片和底座的灼伤。因易被电弧烧坏，引起接触不良等故障，故不宜用于经常分合的电路。一般用于照明电路和功率小于 5.5 kW 电动机的控制电路中。用于照明电路时可选用额定电压为 250 V、额定电流等于或小于电路最大工作电流的两极开关；用于电动机的直接启动时，可选用额定电压为 380 V 或 500 V、额定电流等于或大于电动机额定电流 3 倍的三极开关。

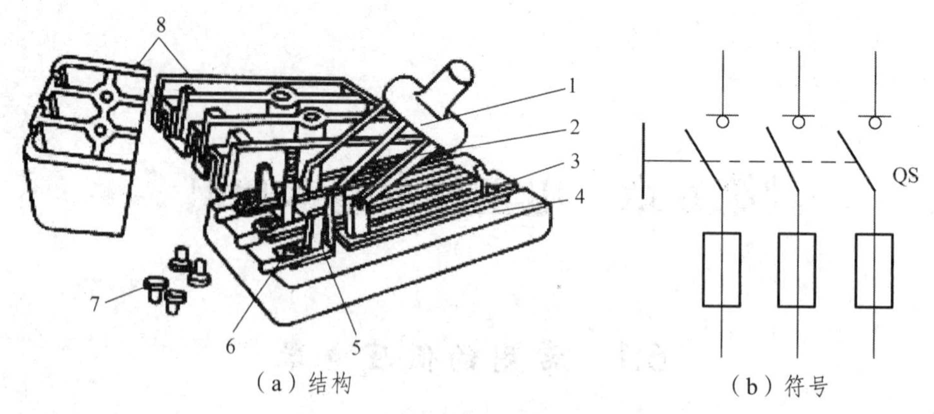

（a）结构　　　　　　　　（b）符号

图 6.1　HK 系列开启式负荷开关

1—瓷质手柄；2—动触头；3—出线座；4—瓷底座；5—静触头；
6—进线座；7—胶盖紧固螺钉；8—胶盖

2）封闭式负荷开关

封闭式负荷开关是在开启式负荷开关的基础上改进设计的一种开关，如图 6.2 所示，其灭弧性能、操作性能、通断能力和安全防护性能都优于开启式负荷开关。因其外壳多为铸铁或用薄钢板冲压而成，故俗称铁壳开关。对于容量较大的铁壳开关，当闸刀断开电路时，闸刀与夹座之间的电压很高，将发生很大的电弧，如不将电弧迅速熄灭，则将烧坏刀刃。因此，在铁壳开关手柄转轴与底座之间装有一个速断弹簧，当扳动手柄分闸或合闸时，使 U 形双刀片快速从夹座拉开或将刀片迅速嵌入夹座，电弧很快熄灭。

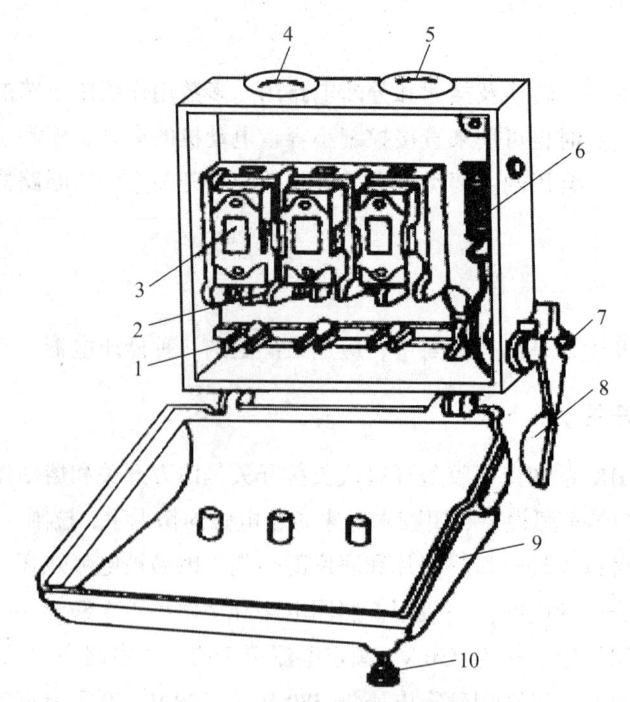

图 6.2　HH 系列封闭式负荷开关

1—动触刀；2—静夹座；3—熔断器；4—进线孔；5—出线孔；6—速断弹簧；
7—转轴；8—手柄；9—开关盖；10—开关盖锁紧螺栓

封闭式负荷开关可用于手动不频繁的接通和断开带负载的电路以及作为线路末端的短路保护，也可用于控制 15 kW 以下的交流电动机不频繁的直接启动和停止。

3）组合开关

组合开关又叫转换开关，其体积小，触头对数多，接线方式灵活，操作方便，如图 6.3 所示。

HZ 系列组合开关有 HZ1、HZ2、HZ3、HZ4、HZ10 等系列产品，其中 HZ10 系列组合开关具有寿命长、使用可靠、结构简单等优点，适用于交流 50 Hz/380 V 以下、直流 220 V 及以下的电源引入，5 kW 以下小容量电动机的直接启动，电动机的正、反转控制及机床照明控制电路中。但每小时的转接次数不宜超过 20 ~ 25 次。

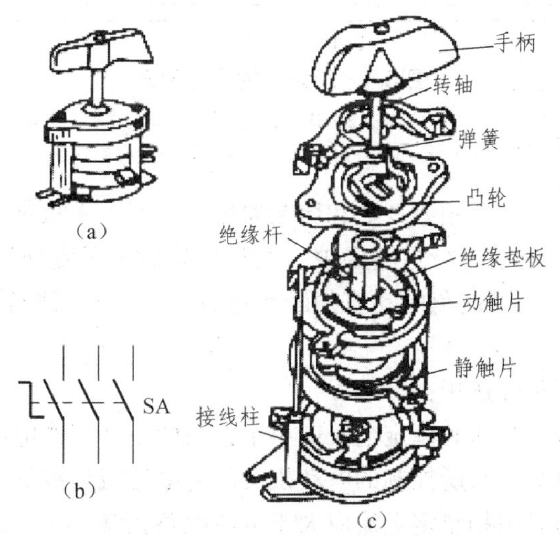

图 6.3　HZ 系列转换开关

在控制电动机正反转时，一定要使电动机必须先经过完全停止的位置后才能接通反向旋转电路。HZ 系列组合开关是根据电源种类、电压等级、所需触头数、电动机的容量进行选用。开关的额定电流一般取电动机额定电流的 1.5 ~ 2.5 倍。

2. 空气断路器

空气断路器是一种可以自动切断线路故障的保护电器。当线路中发生短路、过载、欠电压等不正常的现象时，能自动切断电路，或在正常情况下用来作不太频繁的切换电路。

空气断路器的动作原理如图 6.4 所示。其三对主触头串联在被保护的三相主电路中。当按下绿色按钮时，主电路中三副主触头由锁链钩住搭钩，克服弹簧的拉力，保持在闭合状态。当线路正常工作时，电磁脱扣器线圈产生的吸力不能将它的衔铁吸合，如果线路发生短路和产生很大的过电流时，电磁脱扣器的吸力增加，将衔铁吸合，并撞击杠杆，把搭钩顶上去，切断主触头。如果线路上电压下降或失去电压时，欠电压脱扣器的吸力减小或失去吸力，衔铁被弹簧拉开，撞击杠杆，把搭钩顶开，切断触头。

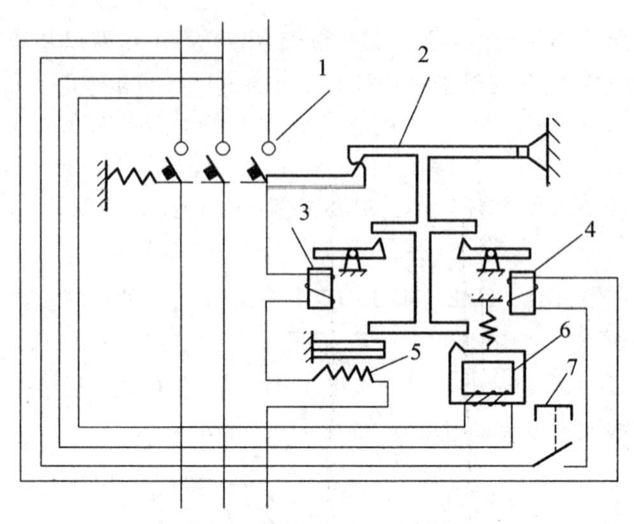

图 6.4　断路器的工作原理

1—主触头；2—锁键；3—锁钩；4—转轴；5—连杆；6、11—弹簧；7—过流脱扣器；8—欠压脱扣器；9、10—衔铁；12—热元件；13—双金属片；14—分励脱扣器；15—按钮

空气断路器的优点是：与使用刀开关和熔断器相比，所占面积小，安装方便，操作安全。电路短路时，电磁脱扣器自动进行短路保护，故障排除后可重复使用。短路时，空气断路器将三相电源同时切断，因而可避免电动机的断相运行。所以空气断路器在机床自动控制中广泛应用。

空气断路器可按以下条件选用：

（1）空气断路器的额定电压和额定电流应小于电路的正常工作电压和工作电流。

（2）热脱器的整定电流应与所控制的电动机的额定电流或负载额定电流相一致。

（3）电磁脱扣器的瞬时脱扣整定电流应大于负载电路正常工作时的尖峰电流。对于电动机来说，DZ 型空气断路器电磁脱扣器的瞬时脱扣整定电流值 I_z 可按以下式计算：

$$I_Z \geqslant KI_{ST}$$

6.1.2　熔断器

熔断器是低压配电网路和电力拖动系统中主要用作短路保护的电器。使用时串联在被保护的电路中，当电路发生短路故障，通过熔断器的电流达到或超过某一规定值时，以其自身产生的热量使熔体熔断，从而自动分断电路，起到保护作用。它具有结构简单、价格便宜、动作可靠、使用维护方便等优点，因此得到广泛应用。熔断器和熔体只有选择正确，才能起到应有的保护作用。

（1）熔断器类型的选择根据使用环境和负载性质选择适当类型的熔断器。例如，用于容量较小的照明线路，可选用 RC1A 系列插入式熔断器；在开关柜或配电屏中可选用 RM10 系列无填料封闭管式熔断器；对于短路电流相当大或有易燃气体的地方，应选用 RT0 系列有填料封闭管式熔断器；在机床控制线路中，可选用 RL1 系列螺旋式熔断器；用于半导体功率元件及晶闸管保护时，则应选用 RLS 或 RS 系列快速熔断器等。

（2）熔体额定电流的选择。对照明、电热等电流较平稳、无冲击电流的负载短路保护，熔体的额定电流应等于或稍大于负载的额定电流；对一台不经常启动且启动时间不长的电动机的短路保护，熔体的额定电流应大于或等于 1.5 ~ 2.5 倍电动机额定电流。

（3）熔断器额定电压和额定电流的选择：熔断器的额定电压必须等于或大于线路的额定电压；熔断器的额定电流必须等于或大于所装熔体的额定电流。

（4）熔断器的分断能力应大于电路中可能出现的最大短路电流。

6.1.3　主令电器

主令电器是用作接通或断开控制电路，通过它来发出指令或信号，以便控制电力拖动系统及其他控制对象的启动、运转、停止或状态的改变。常用的主令电器有控制按钮、行程开关、接近开关、万能转换开关和主令控制器。

1. 控制按钮

控制按钮又称按钮开关，是一种手动的主令电器。在一般情况下，按钮开关用于控制回路中，远距离发出手动指令或信号去控制接触器、继电器等电器，再由它们去控制主电路；按钮开关也可以用于联锁等线路中。

按钮开关由自动复位和非自动复位两种。其结构一般都是由按钮帽、复位弹簧、桥式动触头、静触头、外壳及支柱连杆等组成、按静态时触头分合状况，按钮开关可分为常开按钮开关（启动按钮）、常闭按钮开关（停止按钮）及复合按钮开关（常开、常闭组合一体）。按钮开关的外形、结构及电路符号如图 6.5 所示。

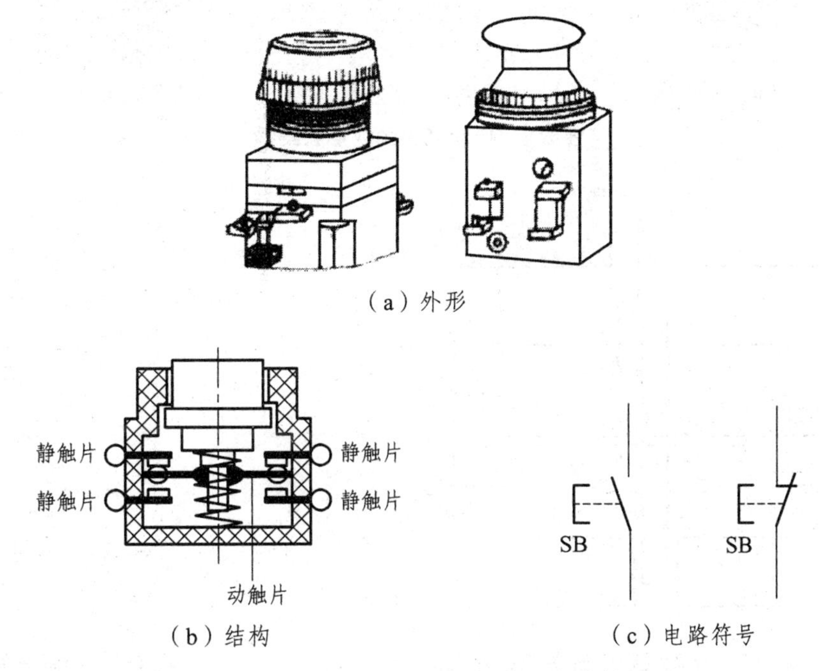

图 6.5　按钮开关的外形、结构和电路符号

按钮开关的主要技术指标有：规格、结构形式、触点对数和按钮颜色。一般的规格为交流额定电压 500 V，允许持续电流为 5 A。按钮开关的颜色有红、绿、黑、黄以及白、蓝等几种，供不同场合选用。常用的有 LA2、LA10、LA18、LA19、LA20 等系列。

2. 行程开关

行程开关又称位置开关或限位开关，是通过机械部分的动作，将机械信号变为电信号。它是常用以作为程序控制、定位控制、限位控制、改变运动方向的主令电器。

行程开关的工作原理与按钮开关基本相同，只是触点的动作不是用手按，而是用机械运动部件碰触实现。从结构上来看，行程开关可以分为传动装置、触头系统和外壳三部分。传动装置的形式有所不同，一般有直动式（按钮式）、滚轮式（旋转式）。滚轮式又分单滚轮式和双滚轮式，单滚轮式行程开关在被机械运动部件碰撞之后，能自动复位，双滚轮式则不能自动复位。行程开关的外形结构如图 6.6 所示。图 6.7 为直动式行程开关的结构示意图。图 6.8 为行程开关符号，其文字表示为 SQ。

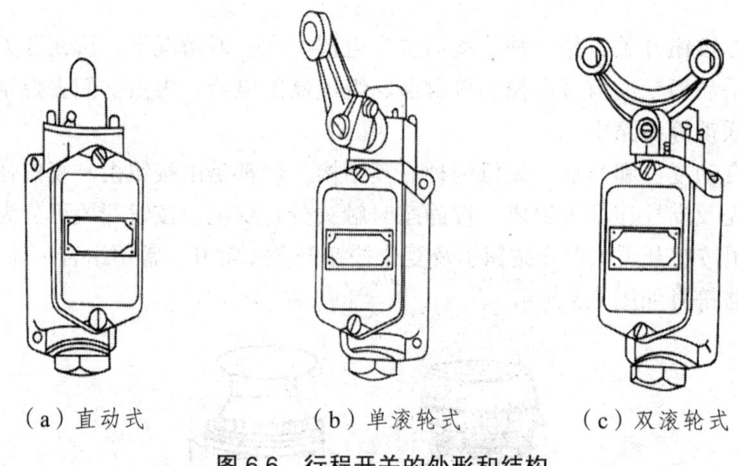

（a）直动式　　（b）单滚轮式　　（c）双滚轮式

图 6.6　行程开关的外形和结构

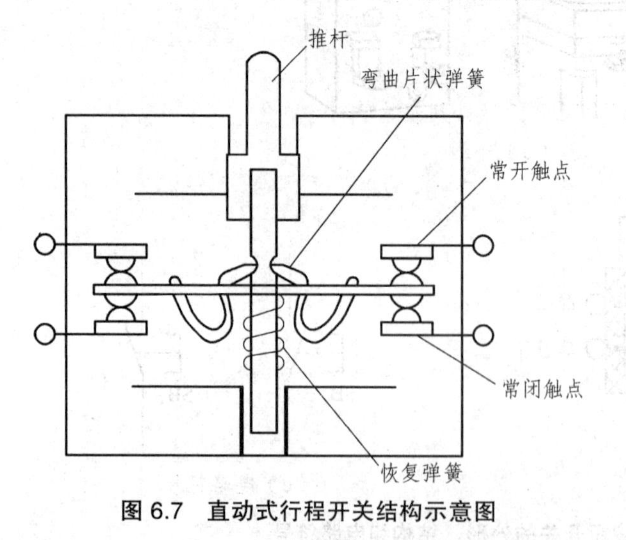

图 6.7　直动式行程开关结构示意图

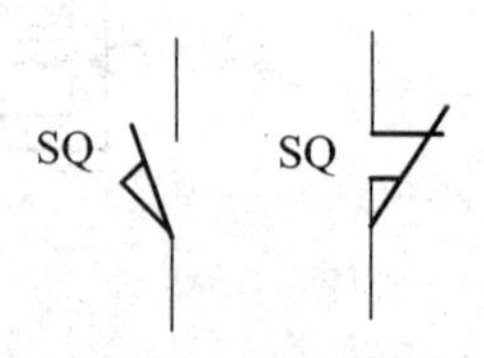

图 6.8　行程开关符号

3．接近开关

接近开关又称无触点行程开关，是当某种物体与之接近到一定距离时就发出“动作”信号，它不须施以机械力。接近开关的用途已经远远超出一般的行程开关的行程和限位保护，它还可以用于高速计数、测速、液面控制、检测金属体的存在、检测零件尺寸、无触点按钮及用作计算机或可编程控制器的传感器等。

接近开关按工作原理分：高频振荡型（检测各种金属）、永磁型及磁敏元件型、电磁感应型、电容型、光电型和超声波型等几种。常用的接近开关是高频振荡型，由振荡、检测、晶闸管等部分组成。

接近开关的技术指标只要有：额定工作电压、额定工作电流、额定工作距离、重复精度、操作频率和位行程。一般还需要考虑输出的匹配电阻，如 LJ1-24 的匹配电阻为 250 ~ 500 Ω。

4．万能转换开关

万能转换开关可同时控制许多条（最多可达 32 条）通断要求不同的电路，而且具有多个档位，广泛应用于交直流控制电路、信号电路和测量电路，亦可用于小容量电动机的启动、反向和调速。由于其换接的电路多，用途广，故有“万能”之称。万能转换开关以手柄旋转的方式进行操作，操作位置有 2 ~ 12 个，分定位式和自动复位式两种。常用的万能转换开关由 LW5 和 LW6 两个系列。图 6.9 为 LW5 的外形图，工作有 3 个挡，可分别接触不同的触点。

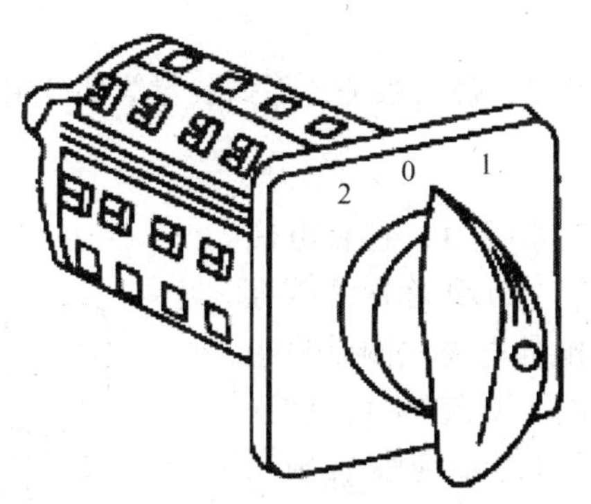

图 6.9　LW5 万能转换开关外形

万能转换开关的主要技术指标有额定电压、额定电流、操作频率、机械寿命和电气寿命等。

5．主令控制器

主令控制器又称主令开关，主要用于电气传动装置中，按一定顺序分合触头，达到发布命令或其他控制线路联锁、转换的目的。适用于频繁对电路进行接通和切断，常配合磁力启动器对绕线式异步电动机的启动、制动、调速及换向实行远距离控制，广泛用于各类起重机械的拖动电动机的控制系统中。

常用主令控制器的技术参数如表 6.1 所示。

表 6.1　常用主令控制器的技术产生

型号	额定电压/V	额定电流/A	控制电路数	结构与用途
LK4	AC 380 DC 440	15	2、4、6、8、16、24	有保护式、防水式，可根据操作机械的进程，产生一定的顺序触点转移
LK5	AC 380 DC 440	10	2、4、8、10	手柄可直接频繁操作，主要用于矿山、冶金系统的电气自动控制
LK14	AC 380 DC 440	15	6、8、10、12	触点采用积木式双排布置，主要与 POR 系列起重机控制屏配套使用
LK18	AC 220、380 DC 110、220	AC 2.5 0.5 DC 0.4，0.8		有开启式、防护式，在店里传动控制中做转换电路用

6.1.4　接触器

接触器是一种遥控电器，在机床电气自动控制中用来频繁地接通或切断交直流电路；具有低电压保护性能、控制容量大、能远距离控制等优点。

1. 交流接触器

交流接触器主要由电磁机构、触头系统、灭弧装置等部分组成。

1）电磁系统

电磁系统主要用于产生电磁吸力，它有电磁线圈（吸力线圈）、动铁芯（衔铁）和静铁芯等组成。如图 6.10 所示，交流接触的电磁线圈是将绝缘铜导线绕制在铁芯上制成的。交流接触器的铁芯一般由硅钢片叠压而成，以减小交变磁场在铁芯中产生的涡流及磁滞损耗，避免铁芯过热。在铁芯上装有一个短路铜环，作用是减少交流接触器吸合的振动的噪声。气隙越小，短路铜环的作用越大，振动和噪声就越小。短路铜环一般用铜、康铜或镍铬合金等材料制成。

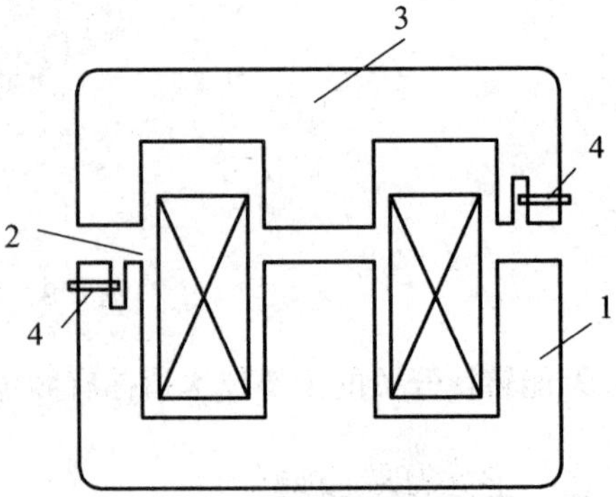

图 6.10　电磁系统

1—铁芯；2—吸引线圈；3—衔铁；4—短路环

2）触点系统

分为主触头和辅助触头。其中主触头是通断大电流的触头；而辅助触头是通断小电流的触头。常在控制电路中期电气自锁或互锁作用。

3）灭弧系统

容量在 10 A 以上的接触器都有灭弧装置，灭弧装置用来熄灭主触点在通断电路时所产生的电弧，保护触点不受电弧灼伤。对于小容量的接触器，采用纵缝灭弧罩、点动力灭弧、相间弧板隔弧及陶土灭弧罩灭弧。大容量的接触器（20 A 以上）采用缝隙灭弧罩及灭弧栅片灭弧。

交流接触器的工作原理：电磁线圈接通电源后，线圈电流产生磁场，使静铁心产生足够的电磁吸力克服弹簧反作用力，将动铁心向下吸合。带动动铁芯上的触头动作，即常闭触头断开，常开触头闭合；当吸引线圈端电压消失后，电磁吸力消失，触头在反弹力作用下恢复常态，交流接触器动作结构图如图 6.11 所示。图 6.12 为交流接触器的电路符号。

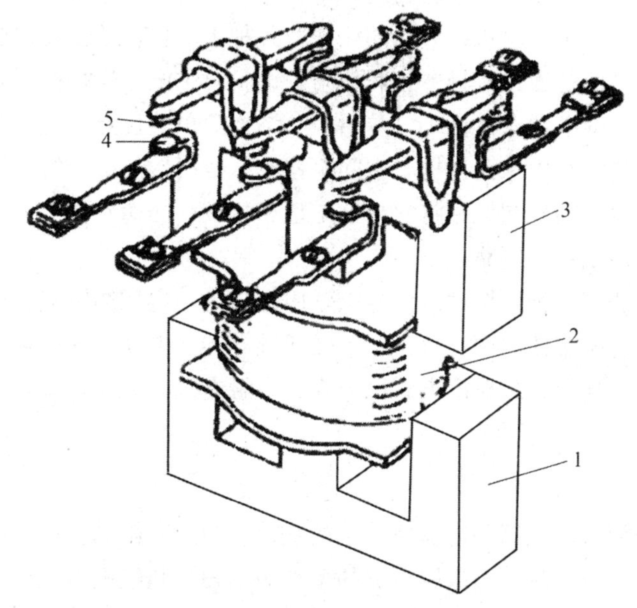

图 6.11　CJ20 系列交流接触器动作结构图

1—静铁芯；2—动铁芯；3—电磁线圈；4—主触点（静）；5—主触点（动）

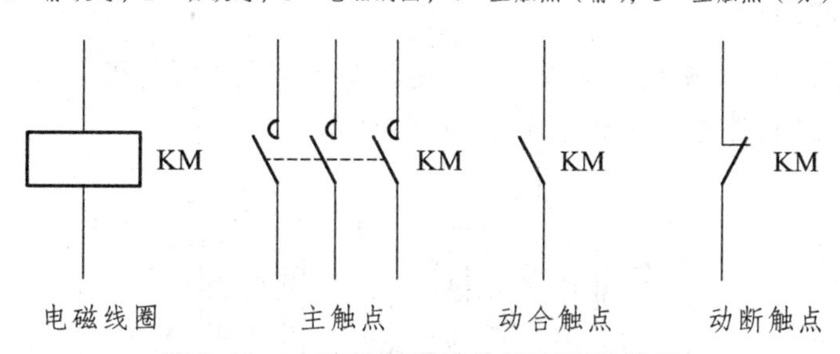

图 6.12　交流接触器动作原理图及符号

2. 直流接触器

直流接触器主要用于远距离接通与分断额定电压至 400 V，额定电流至 600 A 的直流电路，或频繁地操作控制直流电动机的一种控制电器。

直流接触器主触头在分断直流电路时，产生的电弧与交流电弧相比难以熄灭，因此常采用磁吹式灭弧装置。磁吹灭弧一般都带灭弧罩，灭弧罩由耐弧陶土、石棉水泥或耐弧塑料制成，它的主要作用是引导电弧纵向吹出，防止发生短路，另外使电弧与灭弧室的绝缘壁接触，从而迅速冷却。

直流接触器工作时，吸引线圈加直流电。由于线圈开始通电时不产生冲击电流，不造成对铁芯的撞击，因而直流接触器使用寿命长，适用于频繁启动的场合。

6.1.5 继电器

继电器是一种小信号控制电器，它利用电流、电压、时间、速度、温度等信号来接通和分断小电流电路，广泛应用于电动机或线路的保护及各种生产机械的自动控制。由于继电器一般都不用来控制主电路，而是通过接触器和其他开关设备对主电路进行控制，因此继电器载流容量小，不需灭弧装置。继电器有体积小、重量轻、结构简单等优点，但对其动作的灵敏度和准确性要求较高。继电器主要由感测机构、中间机构和执行机构三部分组成。感测机构把感测到的电量或非电量传递给中间机构，并将它与预定值相比较，当达到预定值时，中间机构便是执行机构动作，从而接通或断开电路。

继电器的分类方法有多种，按输入信号的性质可分为：电压继电器、电流继电器、速度继电器和压力继电器等；按工作原理可分为：电磁式继电器、电动式继电器、感应式继电器、晶体管式继电器和热继电器等；按输出方式可分为：有触电式和无触点式。

1. 热继电器

热继电器是利用流过继电器的电流所产生的热效应而反时限动作的继电器。所谓反时限动作是指电器的延时动作时间随通过电路电流的增加而缩短。热继电器主要用于电动机的过载保护、断相保护、电流不平衡运行的保护及其他保护及其他电气设备发热状态的控制。

1）热继电器的结构

它主要由热元件、动作机构、触头系统、电流整定装置、复位机构和温度补偿元件等部分组成。JR16 系列热继电器的外形和结构如图 6.13 所示。

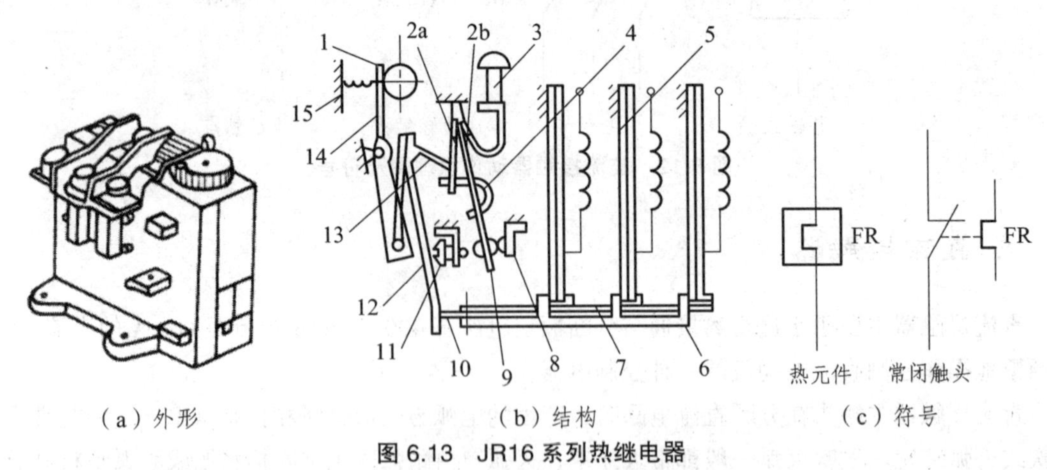

（a）外形　　（b）结构　　（c）符号

图 6.13　JR16 系列热继电器

1—电流调节凸轮；2a，2b—簧片；3—手动复位按钮；4—弓簧；5—主双金属片；6—外导板；7—内导板；8—常闭静触点；9—动触点；10—杠杆；11—复位调节螺钉；12—补偿双金属片；13—推杆；14—连杆；15—压簧

2）热继电器的选用

选择热继电器主要根据所保护电动机的额定电流来确定热继电器的规格和热元件的电流等级。

（1）根据电动机的额定电流选择继电器的规格。一般应使热继电器的额定电流略大于电动机的额定电流。

（2）根据需要的整定电流值选择热元件的编号和电流等级。一般情况下，热元件的整定电流为电动机额定电路的 0.95 ~ 1.05 倍。但如果电动机拖动的是冲击性负载或启动时间较长及拖动的设备部允许停电的场合，热继电器的整定电流值可取电动机额定电流的 1.1 ~ 1.5 倍。如果的电动机的过载能力较差，热继电器的整定电流可取电动机额定电流的 0.6 ~ 0.8 倍。同时，整定电流应留有一定的上下限调整范围。

（3）根据电动机定子绕组的连接方式选择热继电器的结构形式，即定子绕组作 Y 形连接的电动机选用普通三相结构的热继电器，而作△形连接的电动机应选用三相结构带断相保护装置的热继电器。

2. 时间继电器

自得到动作信号起至触头动作或输出电路产生跳跃式改变有一定延时时间，该延时时间又符合其准确要求的继电器称为时间继电器。常用的时间继电器主要有电磁式、电动式、空气阻尼式、晶体管式等。其中，电磁式时间继电器的结构简单，价格低廉，但体积和重量较大，延时较短（如 JT3 型只有 0.3 ~ 5.5 s），且只能用于直流断电延时；电动式时间继电器的延时精度高，延时可调节范围大（由几分钟到几小时），但结构复杂，价格贵。目前在电力拖动线路中应用较多的是空气阻尼式时间继电器，如图 6.14 所示。随着电子技术的发展，近年来晶体管式时间继电器的应用日益广泛。

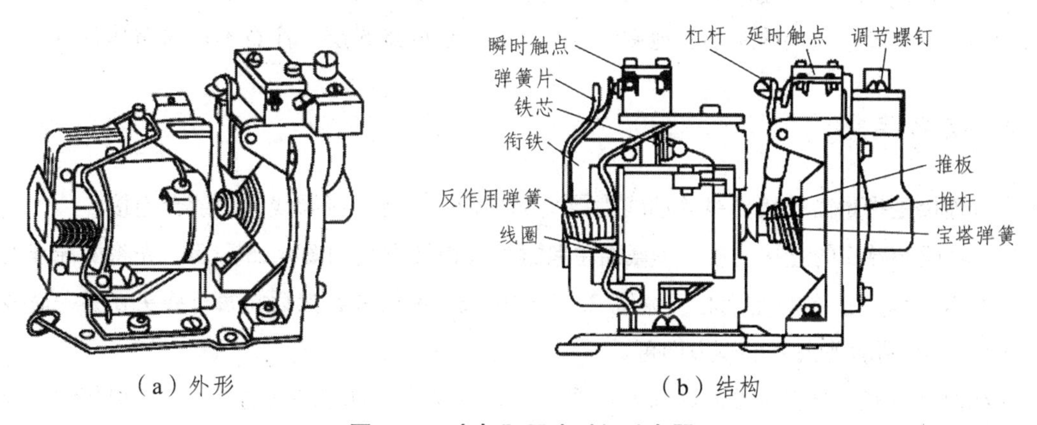

（a）外形　　（b）结构

图 6.14　空气阻尼式时间继电器

时间继电器的选用一般有以下几种方式：

（1）根据系统的延时范围和精度选择时间继电器的类型和系列。在延时精度要求不高的场合，一般可选用价格较低的 Js7-A 系列空气阻尼式时间继电器；反之，对精度要求较高的场合，可选用晶体管式时间继电器。

（2）根据控制线路的要求选择时间继电器的延时方式（即选择通电延时或断电延时）。同时，还必须考虑线路对瞬时动作触头的要求。

（3）根据控制线路电压选择时间继电器吸引线圈的电压。

6.2 导线的连接及绝缘恢复

在电气安装与线路维护工作中，因导线长度不够或线路有分支，通常需要在导线之间进行固定连接，另外，在导线终端要与配电箱或用电设备连接，这些都称为导线连接；在使用过程中，导线的绝缘层也会破损，必须进行导线绝缘的恢复。

6.2.1 导线连接的基本要求

导线连接是电工作业的一项基本工序，也是一项十分重要的工序。导线连接的质量直接关系到整个线路能否安全可靠地长期运行。对导线连接的基本要求是：连接牢固可靠、接头电阻小、机械强度高、耐腐蚀耐氧化、电气绝缘性能好。

6.2.2 导线连接的基本方法

需连接的导线种类和连接形式不同，其连接的方法也不同。常用的连接方法有绞合连接、紧压连接、焊接等。连接前应小心地剥除导线连接部位的绝缘层，注意不可损伤其芯线。

1. 绞合连接

绞合连接是指将需连接导线的芯线直接紧密绞合在一起。铜导线常用绞合连接。

（1）单股铜导线的直接连接。小截面单股铜导线连接方法如图 6.15 所示，先将两导线的芯线线头作 X 形交叉，再将它们相互缠绕 2 ~ 3 圈后扳直两线头，然后将每个线头在另一芯线上紧贴密绕 5 ~ 6 圈后剪去多余线头即可。

大截面单股铜导线连接方法如图 6.16 所示，先在两导线的芯线重叠处填入一根相同直径的芯线，再用一根截面约 1.5 mm^2 的裸铜线在其上紧密缠绕，缠绕长度为导线直径的 10 倍左右，然后将被连接导线的芯线线头分别折回，再将两端的缠绕裸铜线继续缠绕 5 ~ 6 圈后剪去多余线头即可。

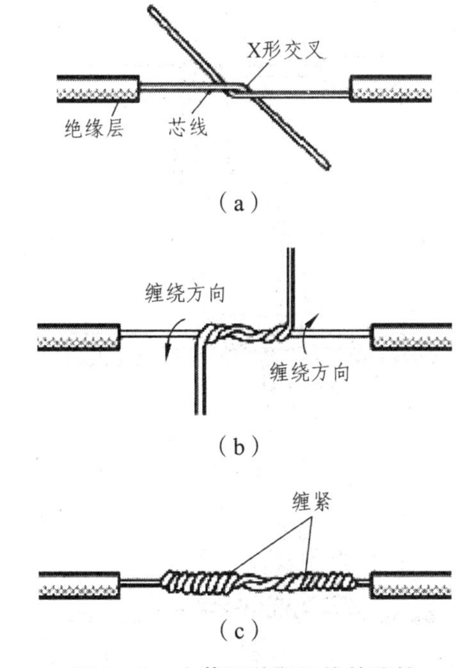

图 6.15　小截面单股导线的连接

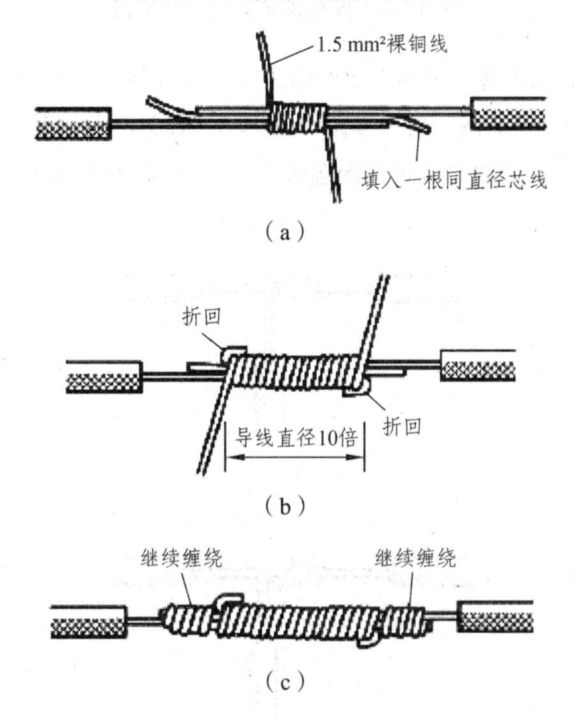

图 6.16　大截面单股导线的连接

不同截面单股铜导线连接方法如图 6.17 所示，先将细导线的芯线在粗导线的芯线上紧密缠绕 5～6 圈，然后将粗导线芯线的线头折回紧压在缠绕层上，再用细导线芯线在其上继续缠绕 3～4 圈后剪去多余线头即可。

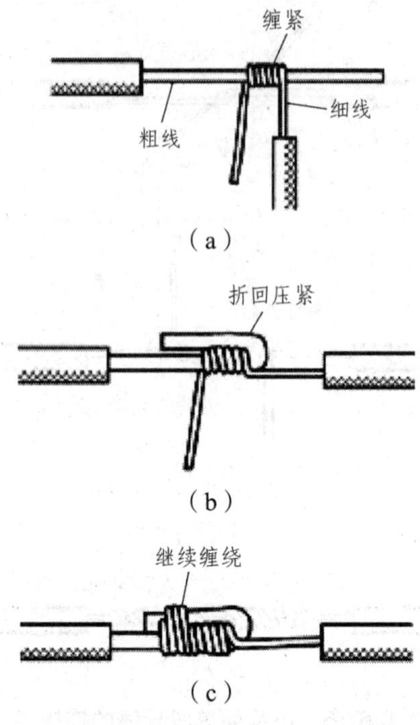

图 6.17　不同截面单股铜导线连接

（2）单股铜导线的分支连接。单股铜导线的 T 字分支连接如图 6.18 所示，将支路芯线的线头紧密缠绕在干路芯线上 5 ~ 8 圈后剪去多余线头即可。对于较小截面的芯线，可先将支路芯线的线头在干路芯线上打一个环绕结，再紧密缠绕 5 ~ 8 圈后剪去多余线头即可。

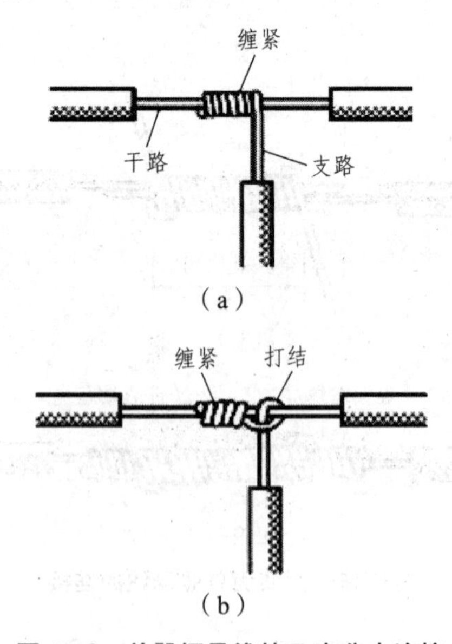

图 6.18　单股铜导线的 T 字分支连接

单股铜导线的十字分支连接如图 6.19 所示，将上下支路芯线的线头紧密缠绕在干路芯线上 5 ~ 8 圈后剪去多余线头即可。可以将上下支路芯线的线头向一个方向缠绕。

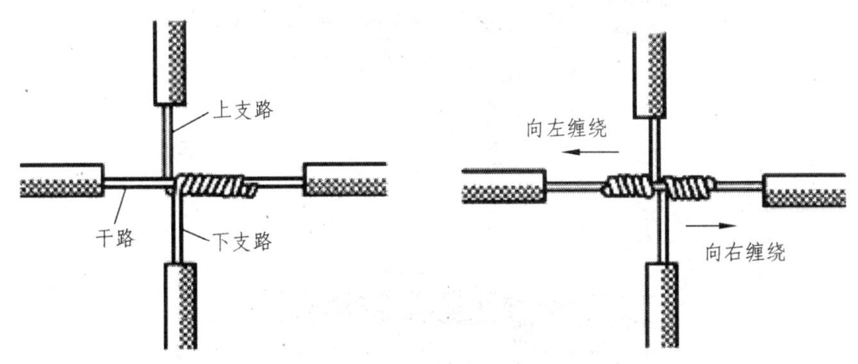

图 6.19　单股铜导线的十字分支连接

（3）多股铜导线的直接连接。多股铜导线的直接连接如图 6.20 所示，首先将剥去绝缘层的多股芯线拉直，将其靠近绝缘层的约 1/3 芯线绞合拧紧，而将其余 2/3 芯线成伞状散开，另一根需连接的导线芯线也如此处理。接着将两伞状芯线相对着互相插入后捏平芯线，然后将每一边的芯线线头分作 3 组，先将某一边的第 1 组线头翘起并紧密缠绕在芯线上，再将第 2 组线头翘起并紧密缠绕在芯线上，最后将第 3 组线头翘起并紧密缠绕在芯线上。以同样方法缠绕另一边的线头。

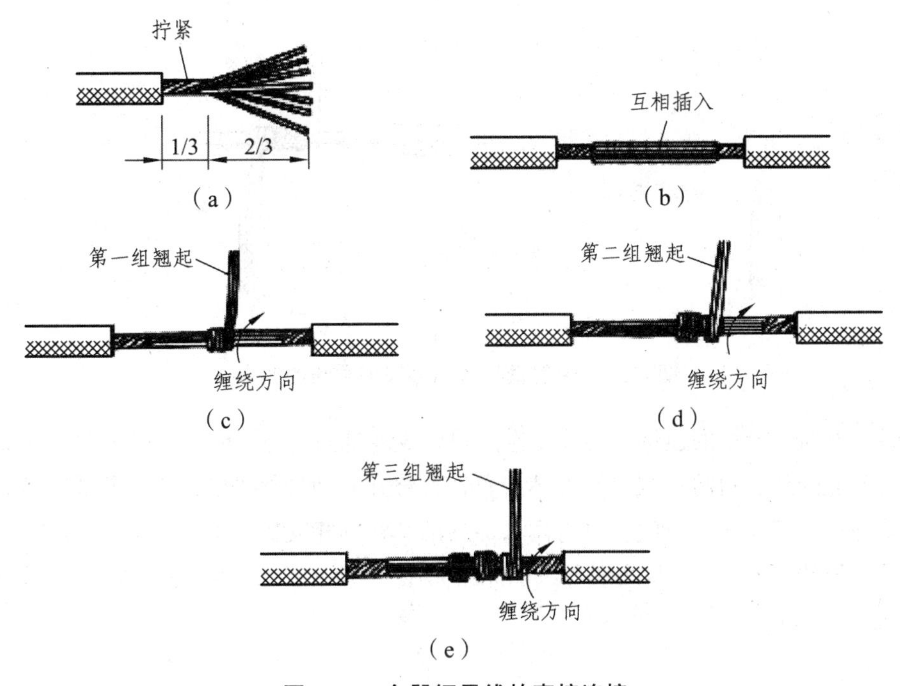

图 6.20　多股铜导线的直接连接

（4）多股铜导线的分支连接。多股铜导线的 T 字分支连接有两种方法，一种方法如图 6.21 所示，将支路芯线 90°折弯后与干路芯线并行[见图 6.21（a）]，然后将线头折回并紧密缠绕在芯线上即可[见图 6.21（b）]。

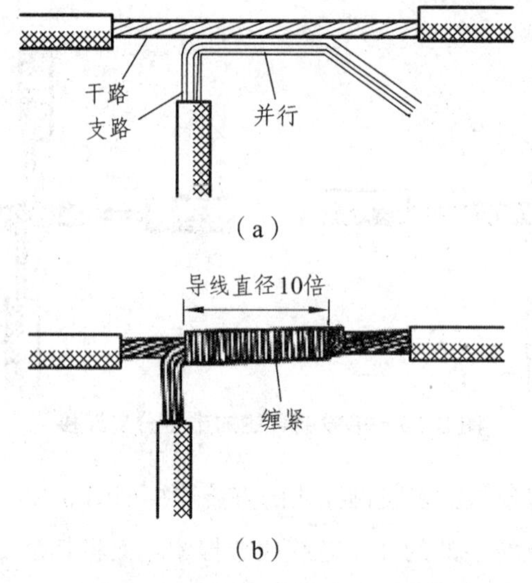

图 6.21　多股铜导线的分支连接

（5）单股铜导线与多股铜导线的连接。单股铜导线与多股铜导线的连接方法如图 6.22 所示，先将多股导线的芯线绞合拧紧成单股状，再将其紧密缠绕在单股导线的芯线上 5 ~ 8 圈，最后将单股芯线线头折回并压紧在缠绕部位即可。

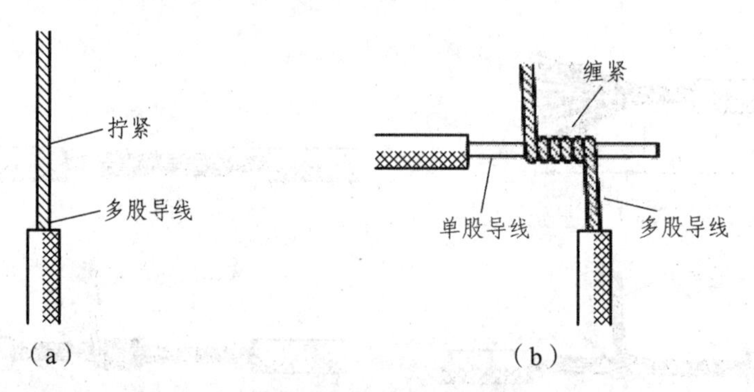

图 6.22　单股铜导线与多股铜导线的连接

（6）同一方向的导线的连接。当需要连接的导线来自同一方向时，可以采用图 6.23 所示的方法。对于单股导线，可将一根导线的芯线紧密缠绕在其他导线的芯线上，再将其他芯线的线头折回压紧即可。对于多股导线，可将两根导线的芯线互相交叉，然后绞合拧紧即可。对于单股导线与多股导线的连接，可将多股导线的芯线紧密 缠绕在单股导线的芯线上，再将单股芯线的线头折回压紧即可。

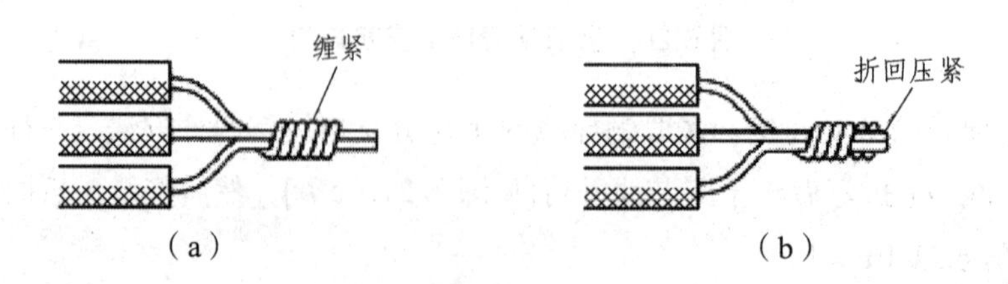

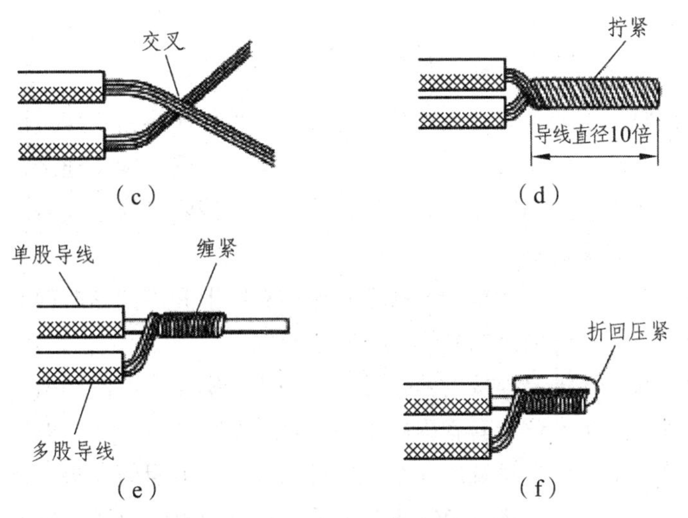

图 6.23　同一方向的导线的连接

（7）双芯或多芯电线电缆的连接。双芯护套线、三芯护套线或电缆、多芯电缆在连接时，应注意尽可能将各芯线的连接点互相错开位置，可以更好地防止线间漏电或短路。图 6.24（a）所示为双芯护套线的连接情况，图 6.24（b）所示为三芯护套线的连接情况，图 6.24（c）所示为四芯电力电缆的连接情况。

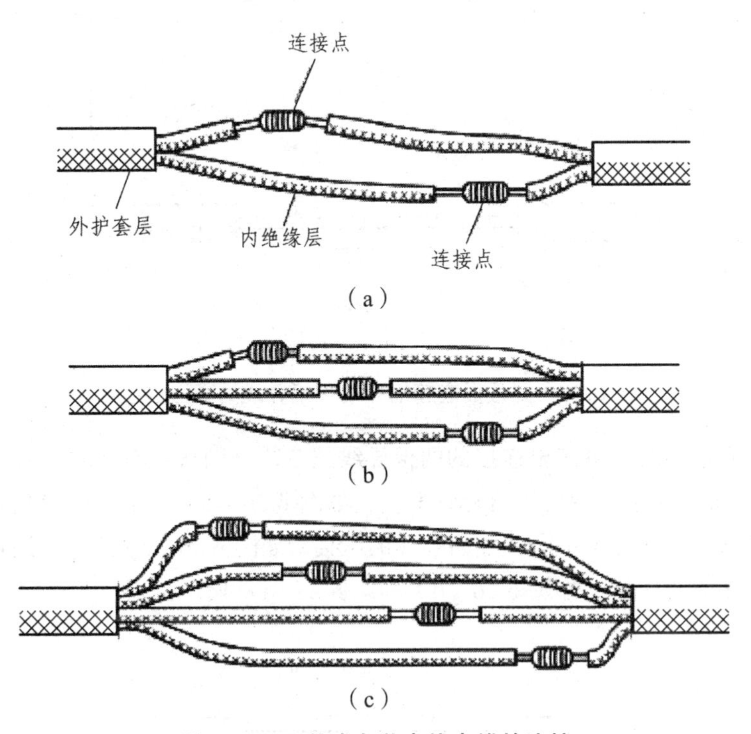

图 6.24　双芯或多芯电线电缆的连接

铝导线虽然也可采用绞合连接，但铝芯线的表面极易氧化，日久将造成线路故障，因此铝导线通常采用紧压连接。

2. 紧压连接

紧压连接是指用铜或铝套管套在被连接的芯线上，再用压接钳或压接模具压紧套管使芯线保持连接。铜导线（一般是较粗的铜导线）和铝导线都可以采用紧压连接，铜导线的连接应采用铜套管，铝导线的连接应采用铝套管。紧压连接前应先清除导线芯线表面和压接套管内壁上的氧化层和粘污物，以确保接触良好。

（1）铜导线或铝导线的紧压连接。压接套管截面有圆形和椭圆形两种。圆截面套管内可以穿入一根导线，椭圆截面套管内可以并排穿入两根导线。

圆截面套管使用时，将需要连接的两根导线的芯线分别从左右两端插入套管相等长度，以保持两根芯线的线头的连接点位于套管内的中间，如图 6.25（a）所示。然后用压接钳或压接模具压紧套管，一般情况下只要在每端压一个坑即可满足接触电阻的要求。在对机械强度有要求的场合，可在每端压两个坑，如图 6.25（b）所示。对于较粗的导线或机械强度要求较高的场合，可适当增加压坑的数目。

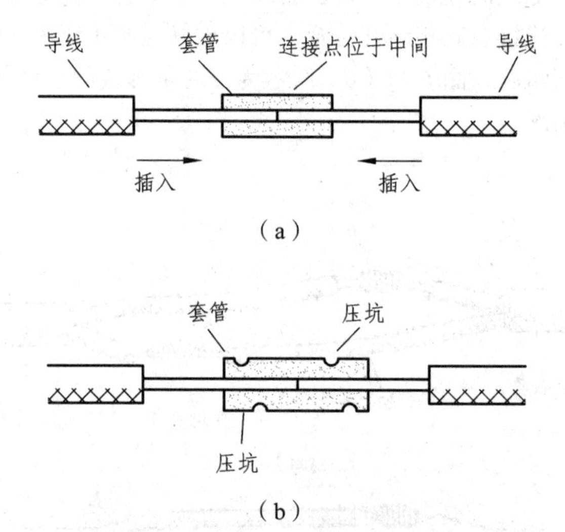

图 6.25 圆截面套管铜导线或铝导线的紧压连接

椭圆截面套管使用时，将需要连接的两根导线的芯线分别从左右两端相对插入并穿出套管少许，如图 6.26（a）所示，然后压紧套管即可，如图 6.26（b）所示。椭圆截面套管不仅可用于导线的直线压接，而且可用于同一方向导线的压接，如图 6.26（c）所示；还可用于导线的 T 字分支压接或十字分支压接，如图 6.26（d）和图 6.26（e）所示。

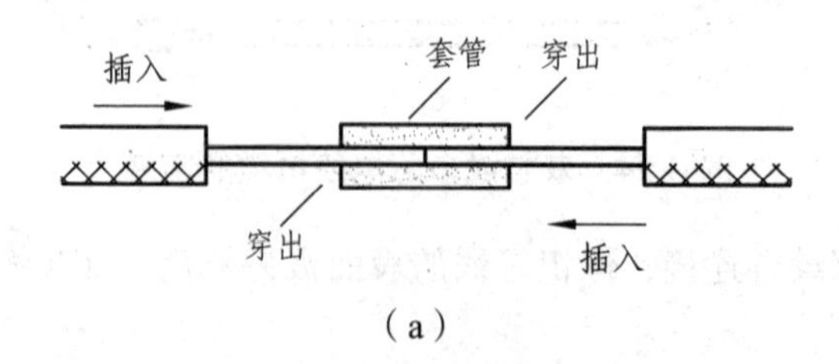

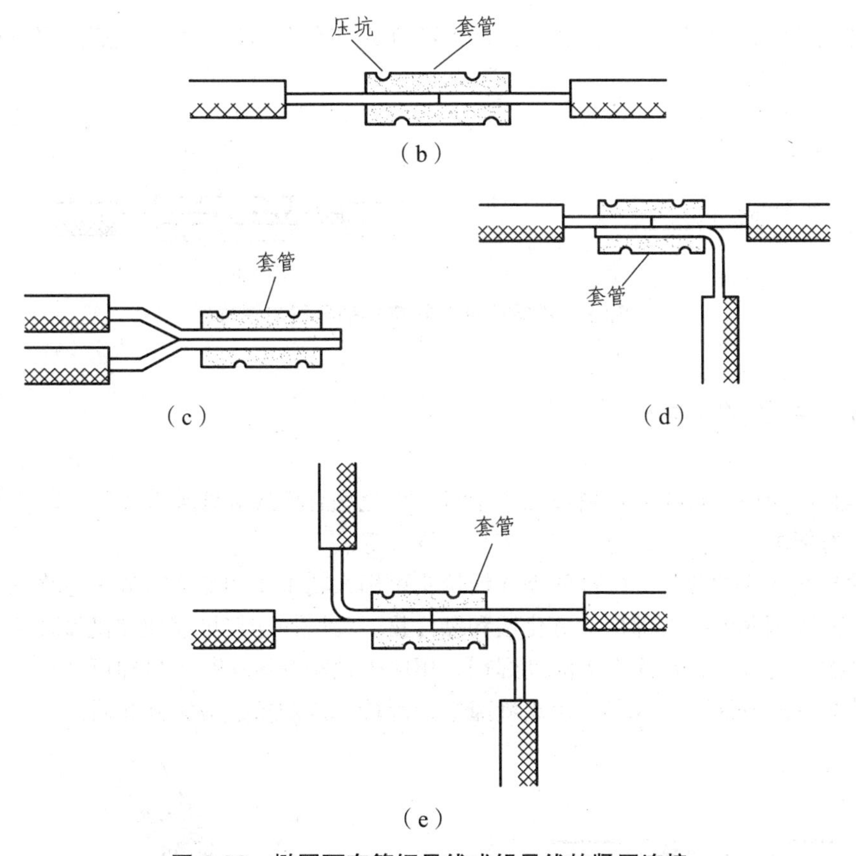

图 6.26　椭圆面套管铜导线或铝导线的紧压连接

（2）铜导线与铝导线之间的紧压连接。当需要将铜导线与铝导线进行连接时，必须采取防止电化腐蚀的措施。因为铜和铝的标准电极电位不一样，如果将铜导线与铝导线直接铰接或压接，在其接触面将发生电化腐蚀，引起接触电阻增大而过热，造成线路故障。常用的防止电化腐蚀的连接方法有两种。

一种方法是采用铜铝连接套管。铜铝连接套管的一端是铜质，另一端是铝质，如图 6.27（a）所示。使用时将铜导线的芯线插入套管的铜端，将铝导线的芯线插入套管的铝端，然后压紧套管即可，如图 6.27（b）所示。

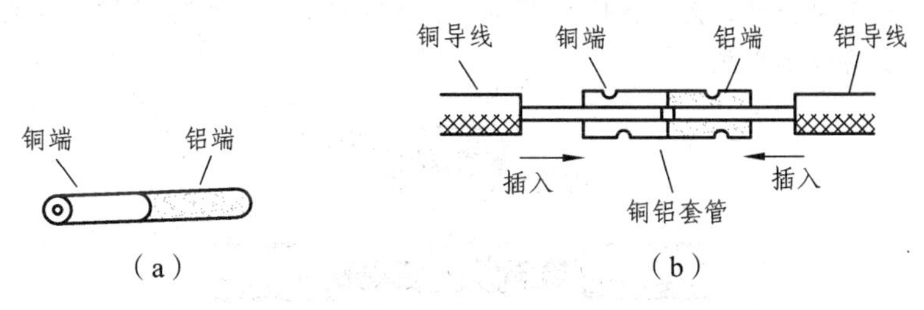

图 6.27　用铜铝连接套管连接铜导线与铝导线

另一种方法是将铜导线镀锡后采用铝套管连接。由于锡与铝的标准电极电位相差较小，在铜与铝之间夹垫一层锡也可以防止电化腐蚀。具体做法是先在铜导线的芯线上镀上一层锡，再将镀锡铜芯线插入铝套管的一端，铝导线的芯线插入该套管的另一端，最后压紧套管即可，如图 6.28 所示。

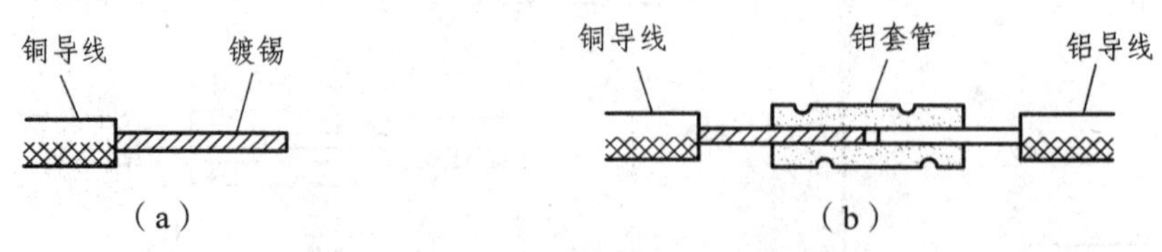

图 6.28 用铝连接套管连接铜导线与铝导线

6.2.3 导线的焊接

焊接是指将金属（焊锡等焊料或导线本身）熔化融合而使导线连接。电工技术中导线连接的焊接种类有锡焊、电阻焊、电弧焊、气焊、钎焊等。

（1）铜导线接头的锡焊。较细的铜导线接头可用大功率（例如 150 W）电烙铁进行焊接。焊接前应先清除铜芯线接头部位的氧化层和黏污物。为增加连接可靠性和机械强度，可将待连接的两根芯线先行绞合，再涂上无酸助焊剂，用电烙铁蘸焊锡进行焊接即可，如图 6.29 所示。焊接中应使焊锡充分熔融渗入导线接头缝隙中，焊接完成的接点应牢固光滑。

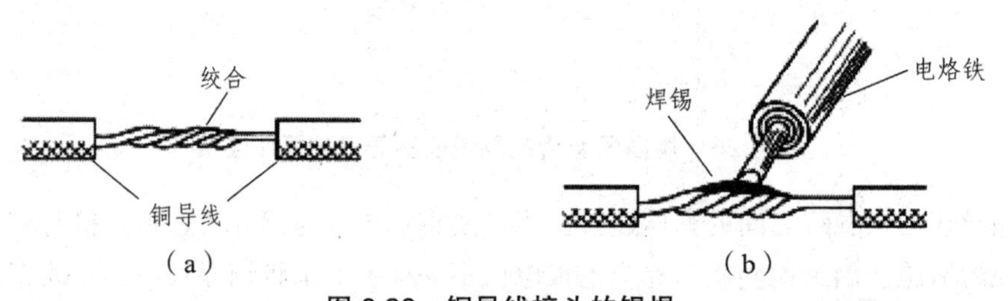

图 6.29 铜导线接头的锡焊

较粗（一般指截面 16 mm^2 以上）的铜导线接头可用浇焊法连接。浇焊前同样应先清除铜芯线接头部位的氧化层和黏污物，涂上无酸助焊剂，并将线头绞合。将焊锡放在化锡锅内加热熔化，当熔化的焊锡表面呈磷黄色说明锡液已达符合要求的高温，即可进行浇焊。浇焊时将导线接头置于化锡锅上方，用耐高温勺子盛上锡液从导线接头上面浇下，如图 6.30 所示。刚开始浇焊时因导线接头温度较低，锡液在接头部位不会很好渗入，应反复浇焊，直至完全焊牢为止。浇焊的接头表面也应光洁平滑。

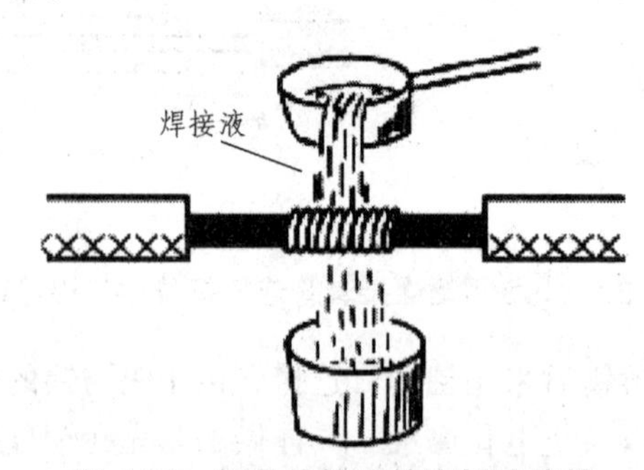

图 6.30 铜导线接头的浇焊法连接

（2）铝导线接头的焊接。铝导线接头的焊接一般采用电阻焊或气焊。电阻焊是指用低电压大电流通过铝导线的连接处，利用其接触电阻产生的高温高热将导线的铝芯线熔接在一起。电阻焊应使用特殊的降压变压器（1 kVA、初级 220 V、次级 6 ~ 12 V），配以专用焊钳和碳棒电极，如图 6.31 所示。

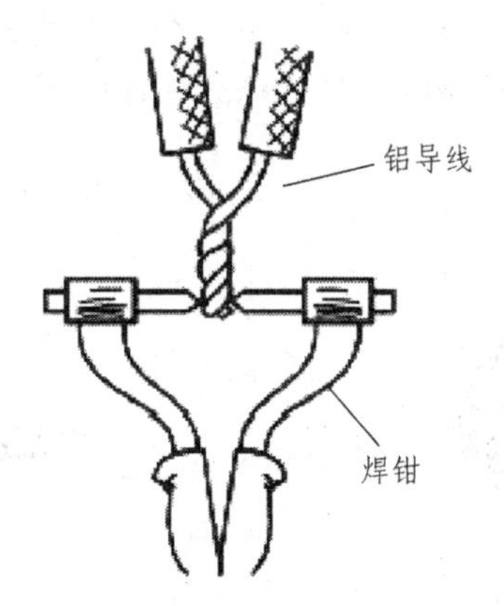

图 6.31　铝导线接头的电阻焊接法

气焊是指利用气焊枪的高温火焰，将铝芯线的连接点加热，使待连接的铝芯线相互熔融连接。气焊前应将待连接的铝芯线绞合，或用铝丝或铁丝绑扎固定，如图 6.32 所示。

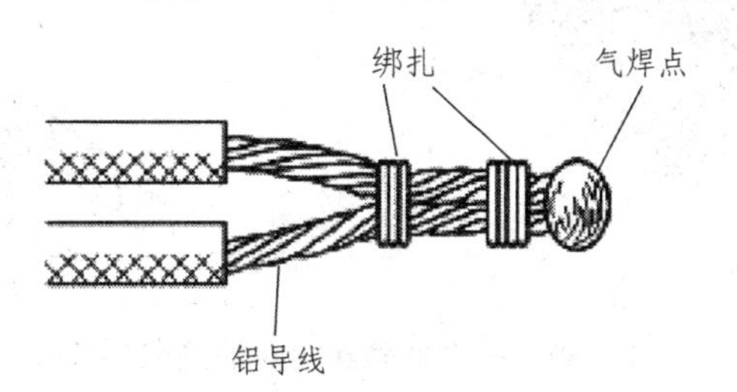

图 6.32　铝导线接头的气焊接法

6.2.4　导线连接处的绝缘处理

为了进行连接，导线连接处的绝缘层已被去除。导线连接完成后，必须对所有绝缘层已被去除的部位进行绝缘处理，以恢复导线的绝缘性能，恢复后的绝缘强度应不低于导线原有的绝缘强度。

导线连接处的绝缘处理通常采用绝缘胶带进行缠裹包扎。一般电工常用的绝缘带有黄蜡带、涤纶薄膜带、黑胶布带、塑料胶带、橡胶胶带等。绝缘胶带的宽度常用 20 mm 的，使用较为方便。

1. 一般导线接头的绝缘处理

一字形连接的导线接头可按图 6.33 所示进行绝缘处理，先包缠一层黄蜡带，再包缠一层黑胶布带。将黄蜡带从接头左边绝缘完好的绝缘层上开始包缠，包缠两圈后进入剥除了绝缘层的芯线部分[见图 6.33（a）]。包缠时黄蜡带应与导线成 55°左右倾斜角，每圈压叠带宽的 1/2[见图 6.33（b）]，直至包缠到接头右边两圈距离的完好绝缘层处。然后将黑胶布带接在黄蜡带的尾端，按另一斜叠方向从右向左包缠[见图 6.33（c）和图 6.33（d）]，仍每圈压叠带宽的 1/2，直至将黄蜡带完全包缠住。包缠处理中应用力拉紧胶带，注意不可稀疏，更不能露出芯线，以确保绝缘质量和用电安全。对于 220 V 线路，也可不用黄蜡带，只用黑胶布带或塑料胶带包缠两层。在潮湿场所应使用聚氯乙烯绝缘胶带或涤纶绝缘胶带。

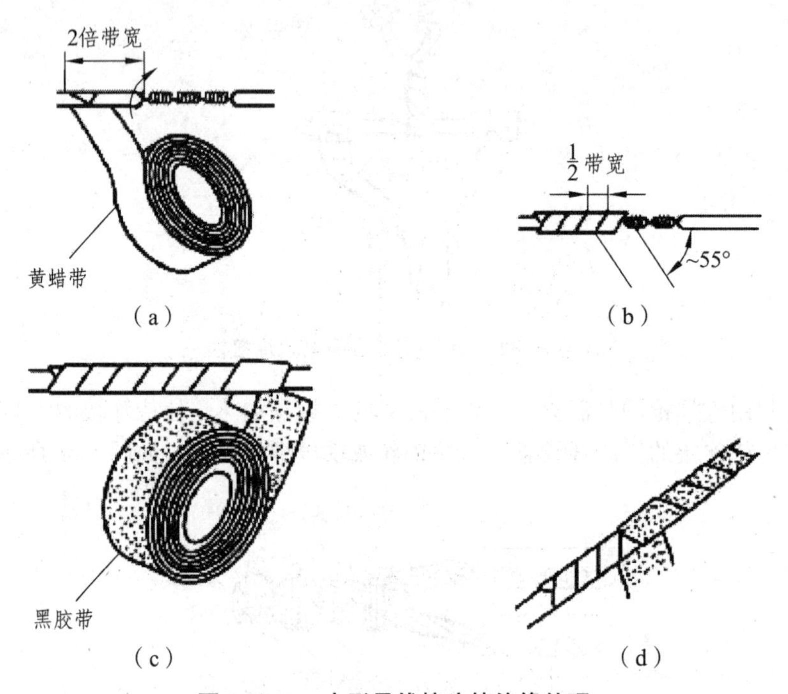

图 6.33　一字形导线接头的绝缘处理

2. T 字分支接头的绝缘处理

导线分支接头的绝缘处理基本方法同上，T 字分支接头的包缠方向如图 6.34 所示，走一个 T 字形的来回，使每根导线上都包缠两层绝缘胶带，每根导线都应包缠到完好绝缘层的两倍胶带宽度处。

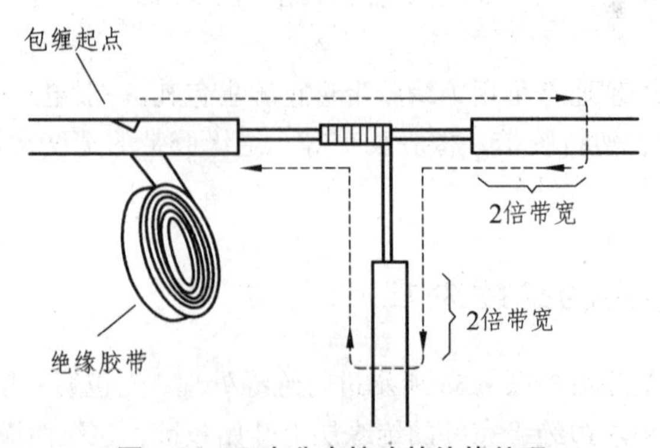

图 6.34　T 字分支接头的绝缘处理

3. 十字分支接头的绝缘处理

对导线的十字分支接头进行绝缘处理时，包缠方向如图 6.35 所示，走一个十字形的来回，使每根导线上都包缠两层绝缘胶带，每根导线也都应包缠到完好绝缘层的两倍胶带宽度处。

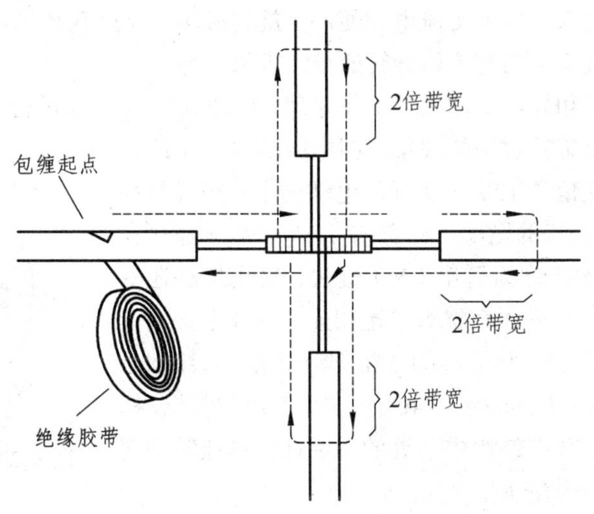

图 6.35 十字分支接头的绝缘处理

6.3 三相异步电动机的工作原理与结构

异步电动机按电源相数分类可分为三相异步电动机与单相异步电动机。三相异步电动机使用三相交流电源，它具有结构简单、使用和维修方便、坚固耐用等优点，在工农业生产中应用极为广泛。

6.3.1 三相异步电动机的工作原理

在图 6.36 中，假设磁场的旋转是逆时针的，这相当于金属框相对于永久磁铁，以顺时针方向切割磁力线，金属框中感生电流的方向，如图中小圆圈里所标的方向。此时的金属框已成为通电导体，于是它又会受到磁场作用的磁场力，力的方向可由左手定则判断，即图中小箭头所指示的方向。金属框的两边受到两个反方向的力 f，它们相对转轴产生电磁转矩 （磁力矩），使图 6.36 中的闭合金属框中受力。

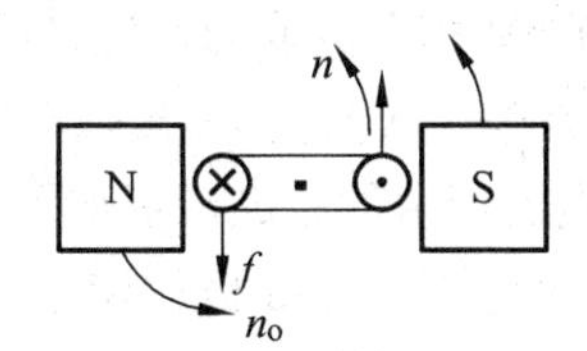

图 6.36 三相异步电动机磁场示意图

示意图中的金属框发生转动，转动方向与磁场旋转方向一致，但永久磁铁旋转的速度 n_1 要比金属框旋转的速度 n 大。在旋转的磁场里，闭合导体会因发生电磁感应而成为通电导体，进而又受到电磁转矩作用而顺着磁场旋转的方向转动；实际的电动机中不可能用手去摇动永久磁铁产生旋转的磁场，而是通过其他方式产生旋转磁场，如在交流电动机的定子绕组（按一定排列规律排列的绕组）通入对称的交流电，便产生旋转磁场；这个磁场虽然看不到，但是人们可以感受到它所产生的效果，与有形体旋转磁场的效果一样。

为了更好的说明三相异步电动机的工作原理，用图 6.37 进一步进行说明，从中可以很清楚地看到三相交流电产生旋转磁场的现象。图中所示的 3 个绕组在空间上相互间隔机械角度 120°（实际的电动机中一般都是相差电角度 120°），3 个绕组的尾端（标有 U_2、V_2、W_2）连接在一起[3 个绕组的这种连接称为星形（Y）接法，常用接法还有三角形（△）接法，就是将 3 个绕组首尾相连，在 3 个接点上分别引出 3 根引线的接法]，将对称的三相交流电 $i_U = I_m \sin\omega t$、$i_V = I_m \sin(\omega t - 120°)$、$i_W = I_m \sin(\omega t - 240°)$从 3 个绕组的首端（标有 U_1、V_1、W_1）通入，放在绕组中心处的小磁针便迅速转动起来，由此可知旋转磁场的存在。

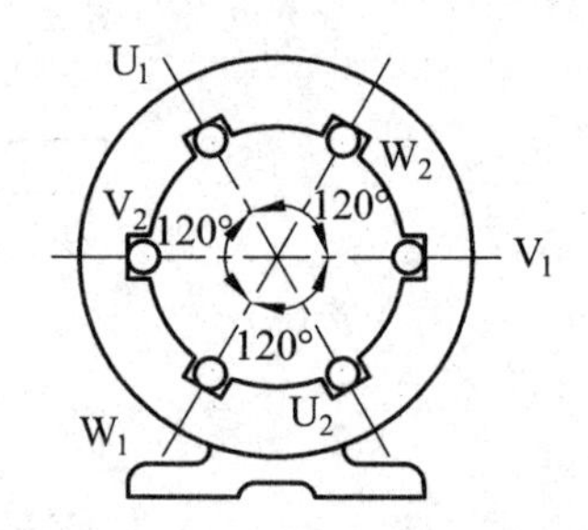

图 6.37　三相交流电动机定子

三相交流电是怎样产生旋转磁场的呢？用图 6.38 进行分析。当 3 个绕组跟三相电源接通后，绕组中便通过三相对称的交流电流 i_U、i_V、i_W，其波形如图 6.38 所示。现在选择几个特殊的运行时刻，看看三相电流所产生的合成磁场是怎样的。这里规定：电流取正值时，是由绕组始端流进（符号 ⊕），由尾端流出（符号⊙）；电流取负值时，绕组中电流方向与此相反。

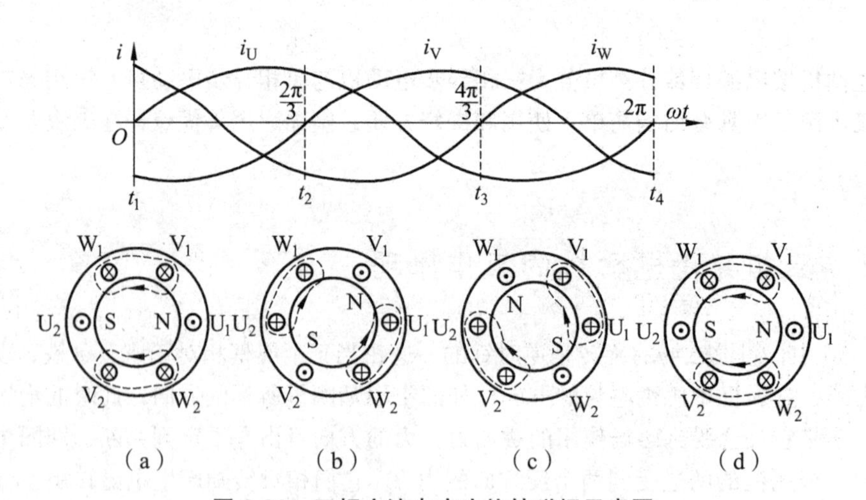

图 6.38　三相交流电产生旋转磁场示意图

当$\omega t = \omega t_1 = 0$，U 相电流 $i_U = 0$，V 相电流取为负值，即电流由 V_2 端流进，由 V_1 端流出；W 相电流 i_W 为正，即电流从 W_1 端流进，从 W_2 端流出。在图 6.38 的定子绕组图中，根据电生磁右手螺旋定则，可以判定出此时电流产生的合成磁场如图 6.38（a）所示，此时好像有一个有形体的永久磁铁的 N 极放在导体 U_1 的位置上，S 极放在导体 U_2 的位置上。

当$\omega t = \omega t_2 = 2$ 时，电流已变化了 1/3 周期。此时刻 i 为正，电流由 U_1 端流入，从 U_2端流

出，i_V为零；i_W为负，电流从 W_2端流入，从 W_1端流出。这一时刻的磁场如图 6.38（b）所示。磁场方向较$\omega t = \omega t_1$时沿顺时针方向在空间转过了 120°。

用同样的方法，继续分析电流在$\omega t = \omega t_3$、$\omega t = \omega t_4$时的瞬时情况，便可得这两个时刻的磁场，如图 6.38（c）、（d）所示。在$\omega t = \omega t_3 = 4\pi/3$时刻，合成磁场方向较$\omega t_2$时刻又顺时针转过 120°。在$\omega t = \omega t_4 = 2\pi$时刻，磁场较$\omega t_3$时再转过 120°，即自 t_1时刻起至 t_4时刻，电流变化了一个周期，磁场在空间也旋转了一周。电流继续变化，磁场也不断地旋转。从上述分析可知，三相对称的交变电流通过对称分布的 3 组绕组产生的合成磁场，是在空间旋转的磁场，而且是一种磁场幅值不变的圆形旋转磁场。

把对称的三相交流电通入彼此间隔 120°的三相定子绕组，可建立起一个旋转磁场。根据电磁感应定律可知，转子导体中必然会产生感生电流，该电流在磁场的作用下产生与旋转磁场同方向的电磁转矩，并随磁场同方向转动。

6.3.2 三相异步电动机的结构

异步电动机的结构也可分为定子、转子两大部分。定子就是电机中固定不动的部分，转子是电机的旋转部分。由于异步电动机的定子产生励磁旋转磁场，同时从电源吸收电能，并产生且通过旋转磁场把电能转换成转子上的机械能，所以与直流电机不同，交流电机定子是电枢。另外，定、转子之间还必须有一定间隙（称为空气隙），以保证转子的自由转动。异步电动机的空气隙较其他类型的电动机气隙要小，一般为 0.2 ~ 2 mm。

三相异步电动机外形有开启式、防护式、封闭式等多种形式，以适应不同的工作需要。在某些特殊场合，还有特殊的外形防护形式，如防爆式、潜水泵式等。不管外形如何电动机结构基本上是相同的。现以封闭式电动机为例介绍三相异步电动机的结构。如图 6.39 所示是一台封闭式三相异步电动机解体后的零部件图。

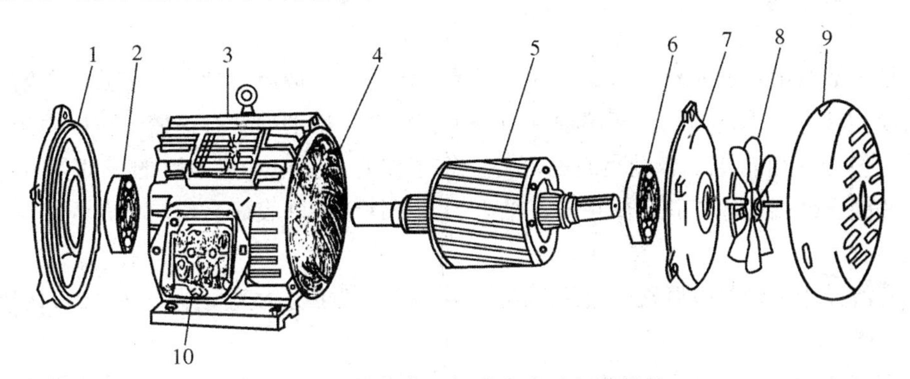

图 6.39　封闭式三相异步电动机的结构

1—端盖；2—轴承；3—机座；4—定子绕组；5—转子；6—轴承；
7—端盖；8—风扇；9—风罩；10—接线盒

1. 定子部分

定子部分由机座、定子铁心、定子绕组及端盖、轴承等部件组成。

1）机　座

机座用来支承定子铁心和固定端盖。中、小型电动机机座一般用铸铁浇成，大型电动机多采用钢板焊接而成。

2）定子铁心

定子铁心是电动机磁路的一部分。为了减小涡流和磁滞损耗，通常用 0.5 mm 厚的硅钢片叠压成圆筒，硅钢片表面的氧化层（大型电动机要求涂绝缘漆）作为片间绝缘，在铁心的内圆上均匀分布有与轴平行的槽，用以嵌放定子绕组。

3）定子绕组

定子绕组是电动机的电路部分，也是最重要的部分，一般是由绝缘铜（或铝）导线绕制的绕组连接而成。它的作用就是利用通入的三相交流电产生旋转磁场。通常，绕组是用高强度绝缘漆包线绕制成各种形式的绕组，按一定的排列方式嵌入定子槽内。槽口用槽楔（一般为竹制）塞紧。槽内绕组匝间、绕组与铁心之间都要有良好的绝缘。如果是双层绕组（就是一个槽内分上下两层嵌放两条绕组边），还要加放层间绝缘。

4）轴　承

轴承是电动机定、转子衔接的部位，轴承有滚动轴承和滑动轴承两类，滚动轴承又有滚珠轴承（也称为球轴承），目前多数电动机都采用滚动轴承。这种轴承的外部有贮存润滑油的油箱，轴承上还装有油环，轴转动时带动油环转动，把油箱中的润滑油带到轴与轴承的接触面上。为使润滑油能分布在整个接触面上，轴承上紧贴轴的一面一般开有油槽。

2. 转子部分

转子是电动机中的旋转部分，如图 6.39 中的部件 5，一般由转轴、转子铁心、转子绕组、风扇等组成。转轴用碳钢制成，两端轴颈与轴承相配合。出轴端铣有键槽，用以固定皮带轮或联轴器。转轴是输出转矩、带动负载的部件。转子铁心也是电动机磁路的一部分。由 0.5 mm 厚的硅钢片叠压成圆柱体，并紧固在转子轴上。转子铁心的外表面有均匀分布的线槽，用以嵌放转子绕组。

三相交流异步电动机按照转子绕组形式的不同，一般可分为笼型异步电动机和绕线型异步电动机。

（1）笼型转子线槽一般都是斜槽（线槽与轴线不平行），目的是改善启动与调速性能。其外形如图 6.39 中的部分 5；笼型绕组（也称为导条）是在转子铁心的槽里嵌放裸铜条或铝条，然后用两个金属环（称为端环）分别在裸金属导条两端把它们全部接通（短接），即构成了转子绕组；小型笼型电动机一般用铸铝转子，这种转子是用熔化的铝液浇在转子铁心上，导条、瑞环一次浇铸出来。如果去掉铁心，整个绕组形似鼠笼，所以得名笼型绕组，如图 6.40 所示。图 6.40（a）为笼型直条形式，图 6.40（b）为笼型斜条形式。

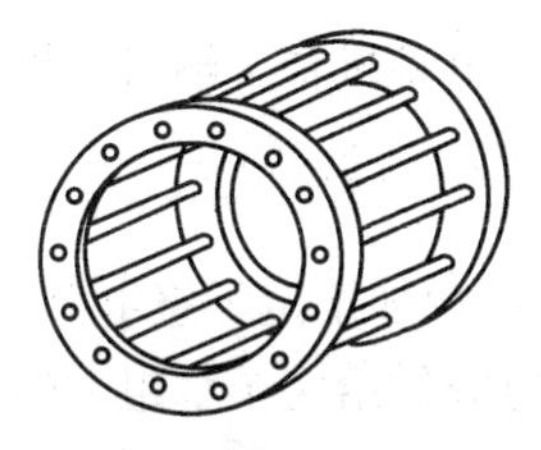

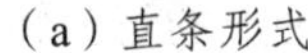

（a）直条形式

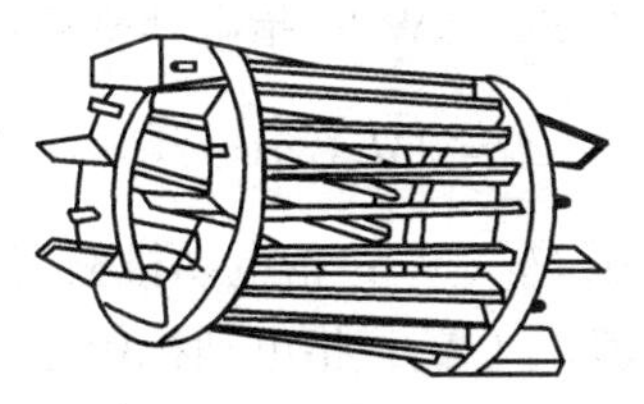

（b）斜条形式

图 6.40　笼型异步电动机的转子绕组形式

（2）绕线型转子绕组与定子绕组类似，由镶嵌在转子铁心槽中的三相绕组组成。绕组一般采用星形连接，三相绕组绕组的尾端接在一起，首瑞分别接到转轴上的 3 个铜滑环上，通过电刷把 3 根旋转的线变成了固定线，与外部的变阻器连接，构成转子的闭合回路，以便于控制，如图 6.41 所示。有的电动机还装有提刷短路装置，当电动机启动后又不需要调速时，可提起电刷，同时使用 3 个滑环短路，以减少电刷磨损。

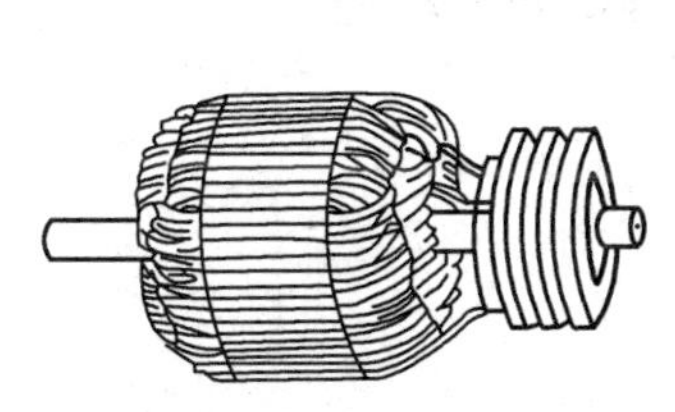

（a）直条形式

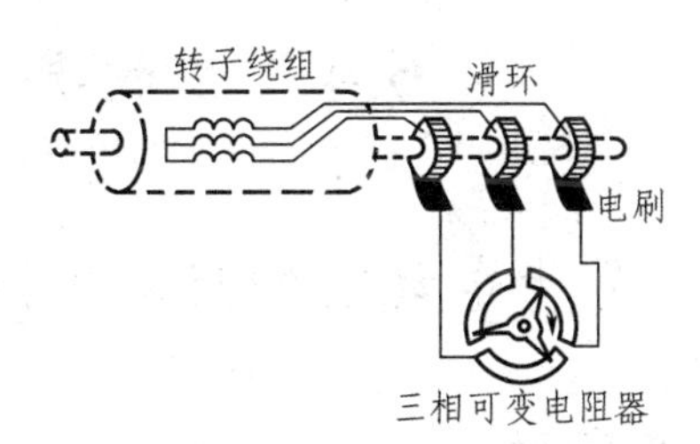

（b）斜条形式

图 6.41　绕线式异步电动机的转子

两种转子相比较，笼型转子结构简单，造价低廉，并且运行可靠，因而应用十分广泛。绕线型转子结构较复杂，造价也高，但是它的启动性能较好，并能利用变阻器阻值的变化，使电动机能在一定范围内调速；在启动频繁、需要较大启动转矩的生产机械（如起重机）中常常被采用。

一般电动机转子上还装有风扇或风翼（见图 6.39 中部件 8），便于电动机运转时通风散热。铸铝转子一般是将风翼和绕组（导条）一起浇铸出来，如图 6.40（b）所示。

3. 气隙δ

所谓气隙就是定子与转子之间的空隙。中小型异步电动机的气隙一般为 0.2 ~ 1.5 mm。气隙的大小对电动机性能影响较大，气隙大。磁阻也大，产生同样大小的磁通，所需的励磁电流 I_m 也越大，电动机的功率因数也就越低。但气隙过小，将给装配造成困难，运行时定、转子容易发生摩擦，使电动机运行不可靠。

6.3.3　三相异步电动机的铭牌数据

三相异步电动机在出厂时，机座上都固定着一块铭牌，铭牌上标注着额定数据。主要的额定数据为：

（1）额定功率 P_N（kW）：指电动机额定工作状态时，电动机轴上输出的机械功率。

$$P_N = \sqrt{3} I_N U_N \cos\varphi_N \eta_N$$

（2）额定电压 U_N（V）：指电动机额定工作状态时，电源加于定子绕组上的线电压。

（3）额定电流 I_N（A）：指电动机额定工作状态时，电源供给定子绕组上的线电流。

（4）额定转速 n_N（r/min）：指电动机额定工作状态时，转轴上的每分转速。

（5）额定频率 f_N（Hz）：指电动机所接交流电源的频率。

（6）额定工作制：指电动机在额定状态下工作，可以持续运转的时间和顺序，可分为额定连续工作的定额 S_1、短时工作的定额 S_2、断续工作的定额 S_3 等 3 种。

此外，铭牌上还标明绕组的相数与接法（接成星形或三角形）、绝缘等级和温升等。对绕线转子异步电动机，还应标明转子的额定电动势和额定电流。

6.4 三相异步电动机的控制

6.4.1 异步电动机的启动方法

1. 直接启动

直接启动又称为全压启动，就是利用闸刀开关或接触器将电动机的定子绕组直接加到额定电压下启动。

这种方法只用于小容量的电动机或电动机容量远小于供电变压器容量的场合。

2. 降压启动

在启动时降低加在定子绕组上的电压，以减小启动电流，待转速上升到接近额定转速时，再恢复到全压运行。

此方法适于大中型鼠笼式异步电动机的轻载或空载启动。

1）星形-三角形（Y-Δ）换接启动

启动时，将三相定子绕组接成星形，待转速上升到接近额定转速时，再换成三角形。这样，在启动时就把定子每相绕组上的电压降到正常工作电压的 $1/\sqrt{3}$。

此方法只能用于正常工作时定子绕组为三角形接法的电动机。

这种换接启动可采用星三角启动器来实现。星三角启动器体积小、成本低、寿命长、动作可靠。

2）自耦降压启动

自耦降压启动是利用三相自耦变压器将电动机在启动过程中的端电压降低。自耦变压器一般有两组抽头，可以得到不同的输出电压（一般为电源电压的 80%和 65%）。启动时，使自耦变压器中的一组抽头（例如 65%）接在电动机的回路中，当电动机的转速接近额定转速时，将自耦变压器切除，使电动机直接接在三相电源上进入运转状态。

采用自耦降压启动，也同时能使启动电流和启动转矩减小。

正常运行作星形连接或容量较大的鼠笼式异步电动机，常用自耦降压启动。

6.4.2　三相异步电动机的调速

调速就是在同一负载下能得到不同的转速，以满足生产过程的要求。

调速的方法：

$$\because \quad S=\frac{n_0-n}{n_0}$$

$$\therefore \quad n=(1-S)n_0=(1-S)\frac{60f}{p}$$

由上式可知，可以通过三个途径进行调速：改变电源频率 f，改变磁极对数 p，改变转差率 S。前两种是鼠笼式电动机的调速方法，最后一种是绕线式电动机的调速方法。

1. 变频调速

此方法可获得平滑且范围较大的调速效果，且具有硬的机械特性；但须有专门的变频装置——由可控硅整流器和可控硅逆变器组成，设备复杂，成本较高，应用范围不广。

2. 变极调速

此方法不能实现无极调速，但它简单方便，常用于金属切割机床或其他生产机械上。

3. 转子电路串电阻调速

在绕线式异步电动机的转子电路中，串入一个三相调速变阻器进行调速。

此方法能平滑地调节绕线式电动机的转速，且设备简单、投资少；但变阻器增加了损耗，故常用于短时调速或调速范围不太大的场合。

综上可知，异步电动机的各种调速方法都不太理想，所以异步电动机常用于要求转速比较稳定或调速性能要求不高的场合。

6.4.3　三相异步电动机的制动

制动是给电动机一个与转动方向相反的转矩，促使它在断开电源后很快地减速或停转。

对电动机制动，也就是要求它的转矩与转子的转动方向相反，这时的转矩称为制动转矩。

常见的电气制动方法有：

1. 反接制动

当电动机快速转动而需停转时，改变电源相序，使转子受一个与原转动方向相反的转矩而迅速停转。

注意：当转子转速接近零时，应及时切断电源，以免电机反转。

为了限制电流，对功率较大的电动机进行制动时必须在定子电路（鼠笼式）或转子电路（绕线式）中接入电阻。

这种方法比较简单，制动力强，效果较好，但制动过程中的冲击也强烈，易损坏传动器件，且能量消耗较大，频繁反接制动会使电机过热。对有些中型车床和铣床的主轴的制动采用这种方法。

2. 能耗制动

电动机脱离三相电源的同时，给定子绕组接入一直流电源，使直流电流通入定子绕组。于是在电动机中便产生一方向恒定的磁场，使转子受一与转子转动方向相反的 F 力的作用，于是产生制动转矩，实现制动。

直流电流的大小一般为电动机额定电流的 0.5～1 倍。

由于这种方法是用消耗转子的动能（转换为电能）来进行制动的，所以称为能耗制动。

这种制动能量消耗小，制动准确而平稳，无冲击，但需要直流电流。在有些机床中采用这种制动方法。

3. 发电反馈制动

当转子的转速 n 超过旋转磁场的转速 n_0 时，这时的转矩也是制动的。

如：当起重机快速下放重物时，重物拖动转子，使其转速 $n>n_0$，重物受到制动而等速下降。

6.4.4 三相异步电动机的控制

1. 直接启动控制

直接启动即启动时把电动机直接接入电网，加上额定电压，一般来说，电动机的容量不大于直接供电变压器容量的 20%～30%时，都可以直接启动。

1）点动控制

如图 6.42 所示，合上开关 S，三相电源被引入控制电路，但电动机还不能启动。按下按钮 SB，接触器 KM 线圈通电，衔铁吸合，常开主触点接通，电动机定子接入三相电源启动运转。松开按钮 SB，接触器 KM 线圈断电，衔铁松开，常开主触点断开，电动机因断电而停转。

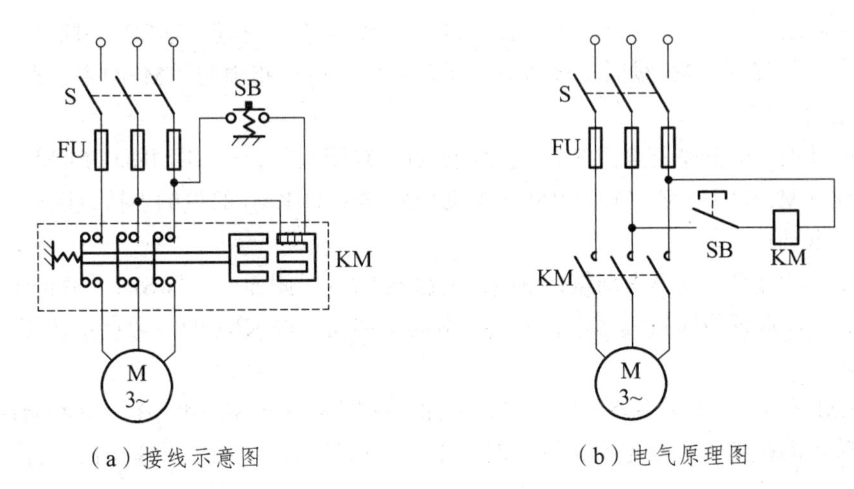

（a）接线示意图　　（b）电气原理图

图 6.42　点动控制

2）直接启动控制

（1）启动过程。按下启动按钮 SB_1，接触器 KM 线圈通电，与 SB_1 并联的 KM 的辅助常开触点闭合，以保证松开按钮 SB_1 后 KM 线圈持续通电，串联在电动机回路中的 KM 的主触点持续闭合，电动机连续运转，从而实现连续运转控制。

（2）停止过程。按下停止按钮 SB_2，接触器 KM 线圈断电，与 SB_1 并联的 KM 的辅助常开触点断开，以保证松开按钮 SB_2 后 KM 线圈持续失电，串联在电动机回路中的 KM 的主触点持续断开，电动机停转。与 SB_1 并联的 KM 的辅助常开触点的这种作用称为自锁。

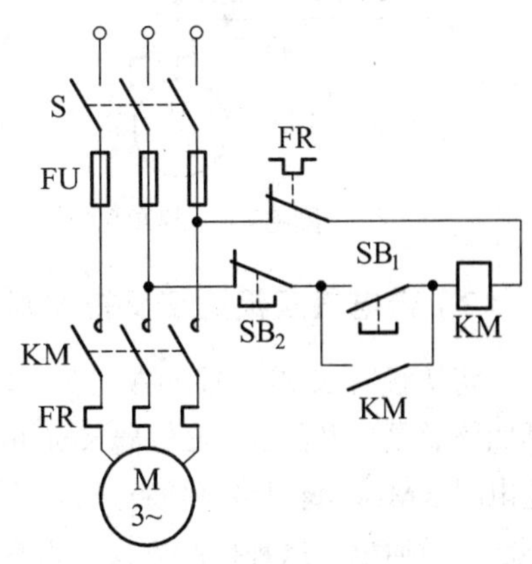

图 6.43　直接启动控制

图 6.43 所示控制电路还可实现短路保护、过载保护和零压保护。

① 起短路保护的是串接在主电路中的熔断器 FU。一旦电路发生短路故障，熔体立即熔断，电动机立即停转。

② 起过载保护的是热继电器 FR。当过载时，热继电器的发热元件发热，将其常闭触点断开，使接触器 KM 线圈断电，串联在电动机回路中的 KM 的主触点断开，电动机停转。同时 KM 辅助触点也断开，解除自锁。故障排除后若要重新启动，需按下 FR 的复位按钮，使 FR 的常闭触点复位（闭合）即可。

③ 起零压（或欠压）保护的是接触器 KM 本身。当电源暂时断电或电压严重下降时，接触器 KM 线圈的电磁吸力不足，衔铁自行释放，使主、辅触点自行复位，切断电源，电动机停转，同时解除自锁。

2. 正反转控制

1）简单的正反转控制（见图 6.44）

（1）正向启动过程。按下启动按钮 SB_1，接触器 KM_1 线圈通电，与 SB_1 并联的 KM_1 的辅助常开触点闭合，以保证 KM_1 线圈持续通电，串联在电动机回路中的 KM_1 的主触点持续闭合，电动机连续正向运转。

（2）停止过程。按下停止按钮 SB_3，接触器 KM_1 线圈断电，与 SB_1 并联的 KM_1 的辅助触点断开，以保证 KM_1 线圈持续失电，串联在电动机回路中的 KM_1 的主触点持续断开，切断电动机定子电源，电动机停转。

（3）反向启动过程。按下启动按钮 SB_2，接触器 KM_2 线圈通电，与 SB_2 并联的 KM_2 的辅助常开触点闭合，以保证线圈持续通电，串联在电动机回路中的 KM_2 的主触点持续闭合，电动机连续反向运转。

缺点：KM_1 和 KM_2 线圈不能同时通电，因此不能同时按下 SB_1 和 SB_2，也不能在电动机正转时按下反转启动按钮，或在电动机反转时按下正转启动按钮。如果操作错误，将引起主回路电源短路。

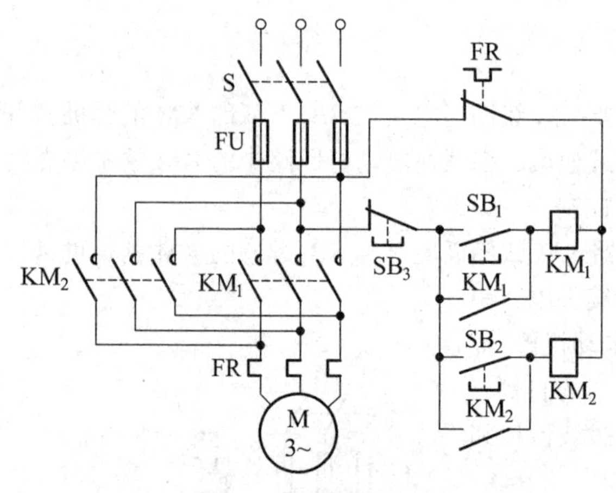

图 6.44　简单的正反转控制

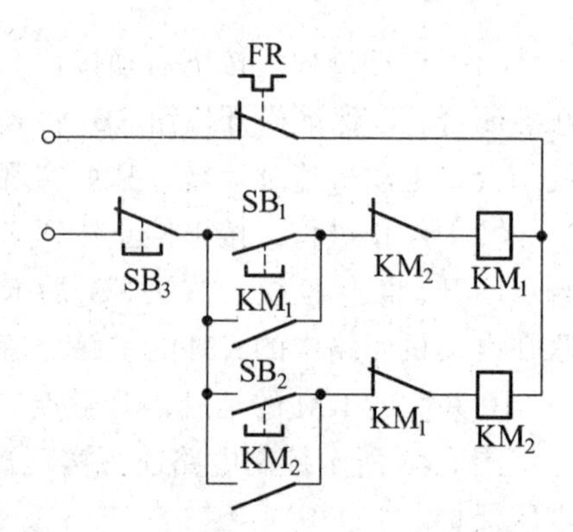

图 6.45　带电气互锁的正反转控制

2）带电气互锁的正反转控制（见图 6.45）

将接触器 KM_1 的辅助常闭触点串入 KM_2 的线圈回路中，从而保证在 KM_1 线圈通电时 KM_2 线圈回路总是断开的；将接触器 KM_2 的辅助常闭触点串入 KM_1 的线圈回路中，从而保证在 KM_2 线圈通电时 KM_1 线圈回路总是断开的。这样接触器的辅助常闭触点 KM_1 和 KM_2 保证了两个接触器线圈不能同时通电，这种控制方式称为互锁或者联锁，这两个辅助常开触点称为互锁或者联锁触点。

缺点：电路在具体操作时，若电动机处于正转状态要反转时必须先按停止按钮 SB_3，使互锁触点 KM_1 闭合后按下反转启动按钮 SB_2 才能使电动机反转；若电动机处于反转状态要正转时必须先按停止按钮 SB_3，使互锁触点 KM_2 闭合后按下正转启动按钮 SB_1 才能使电动机正转。

3）同时具有电气互锁和机械互锁的正反转控制（见图 6.46）

采用复式按钮，将 SB_1 按钮的常闭触点串接在 KM_2 的线圈电路中；将 SB_2 的常闭触点串接

在 KM_1 的线圈电路中；这样，无论何时，只要按下反转启动按钮，在 KM_2 线圈通电之前就首先使 KM_1 断电，从而保证 KM_1 和 KM_2 不同时通电；从反转到正转的情况也是一样。这种由机械按钮实现的互锁也叫机械或按钮互锁。

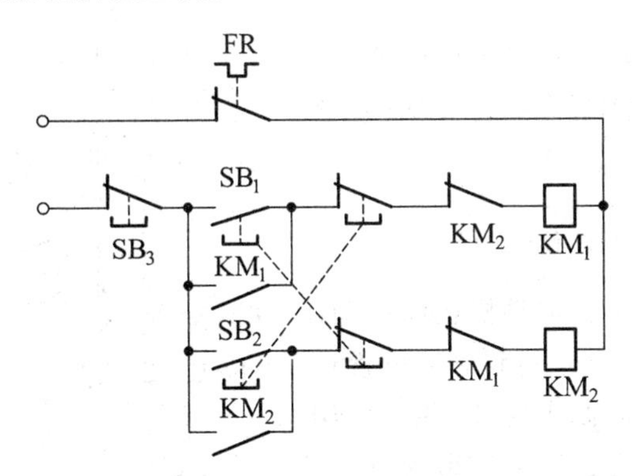

图 6.46　具有电气互锁和机械互锁的正反转控制

3. Y-△降压启动控制

按下启动按钮 SB_1，时间继电器 KT 和接触器 KM_2 同时通电吸合，KM_2 的常开主触点闭合，把定子绕组连接成星形，其常开辅助触点闭合，接通接触器 KM_1。KM_1 的常开主触点闭合，将定子接入电源，电动机在星形连接下启动。KM_1 的一对常开辅助触点闭合，进行自锁。经一定延时，KT 的常闭触点断开，KM_2 断电复位，接触器 KM_3 通电吸合。KM_3 的常开主触点将定子绕组接成三角形，使电动机在额定电压下正常运行。与按钮 SB_1 串联的 KM_3 的常闭辅助触点的作用是：当电动机正常运行时，该常闭触点断开，切断了 KT、KM_2 的通路，即使误按 SB_1，KT 和 KM_2 也不会通电，以免影响电路正常运行。若要停车，则按下停止按钮 SB_3，接触器 KM_1、KM_2 同时断电释放，电动机脱离电源停止转动。

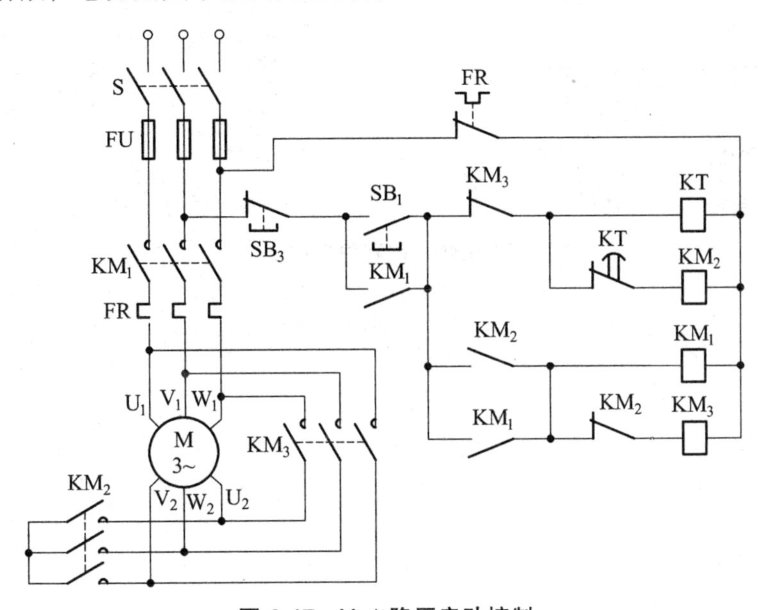

图 6.47　Y-△降压启动控制

4. 行程控制

1）限位控制（见图 6.48）

当生产机械的运动部件到达预定的位置时压下行程开关的触杆，将常闭触点断开，接触器线圈断电，使电动机断电而停止运行。

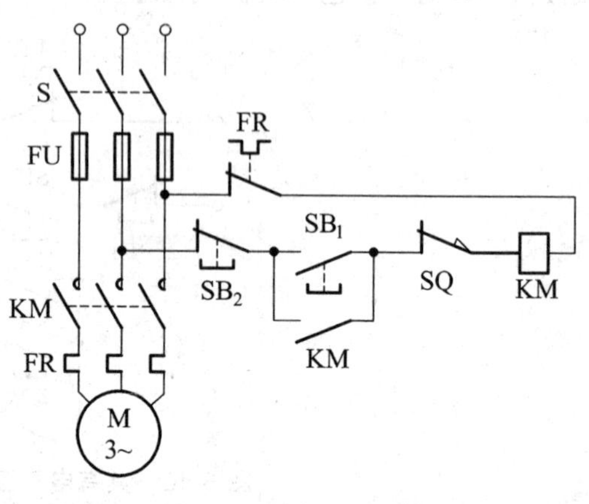

图 6.48 限位控制

2）行程往返控制（见图 6.49）

按下正向启动按钮 SB_1，电动机正向启动运行，带动工作台向前运动。当运行到 SQ_2 位置时，挡块压下 SQ_2，接触器 KM_1 断电释放，KM_2 通电吸合，电动机反向启动运行，使工作台后退。工作台退到 SQ_1 位置时，挡块压下 SQ_1，KM_2 断电释放，KM_1 通电吸合，电动机又正向启动运行，工作台又向前进，如此一直循环下去，直到需要停止时按下 SB_3，KM_1 和 KM_2 线圈同时断电释放，电动机脱离电源停止转动。

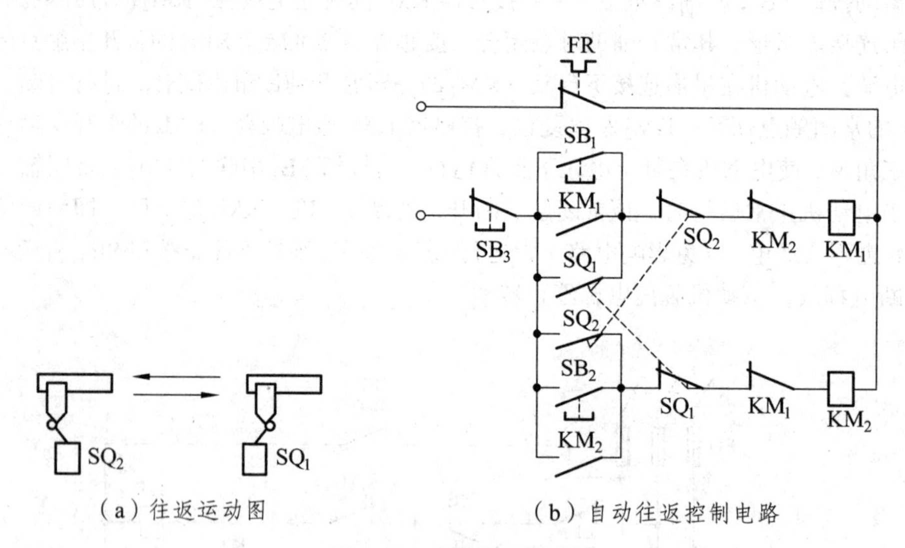

（a）往返运动图　　（b）自动往返控制电路

图 6.49 行程往返控制

第 7 章　可编程序控制器

可编程控制器（Programmable Controller，PC），为与个人计算机的 PC 相区别，用 PLC 表示。

PLC 是在传统的顺序控制器的基础上引入了微电子技术、计算机技术、自动控制技术和通讯技术而形成的一代新型工业控制装置，目的是用来取代继电器、执行逻辑、计时、计数等顺序控制功能，建立柔性的程控系统。国际电工委员会（IEC）颁布了对 PLC 的规定：可编程控制器是一种数字运算操作的电子系统，专为在工业环境下应用而设计。它采用可编程序的存储器，用来在其内部存贮执行逻辑运算、顺序控制、定时、计数和算术运算等操作的指令，并通过数字的、模拟的输入和输出，控制各种类型的机械或生产过程。可编程序控制器及其有关设备，都应按易于与工业控制系统形成一个整体，易于扩充其功能的原则设计。

PLC 具有通用性强、使用方便、适应面广、可靠性高、抗干扰能力强、编程简单等特点。可以预料：在工业控制领域中，PLC 控制技术的应用必将形成世界潮流。

PLC 程序既有生产厂家的系统程序，又有用户自己开发的应用程序，系统程序提供运行平台，同时，还为 PLC 程序可靠运行及信息与信息转换进行必要的公共处理。用户程序由用户按控制要求设计。

7.1　PLC 的结构及基本配置

一般讲，PLC 分为箱体式和模块式两种。但它们的组成是相同的，对箱体式 PLC，有一块 CPU 板、I/O 板、显示面板、内存块、电源等，当然按 CPU 性能分成若干型号，并按 I/O 点数又有若干规格。对模块式 PLC，有 CPU 模块、I/O 模块、内存、电源模块、底板或机架。无任哪种结构类型的 PLC，都属于总线式开放型结构，其 I/O 能力可按用户需要进行扩展与组合。PLC 的基本结构如图 7.1 所示。

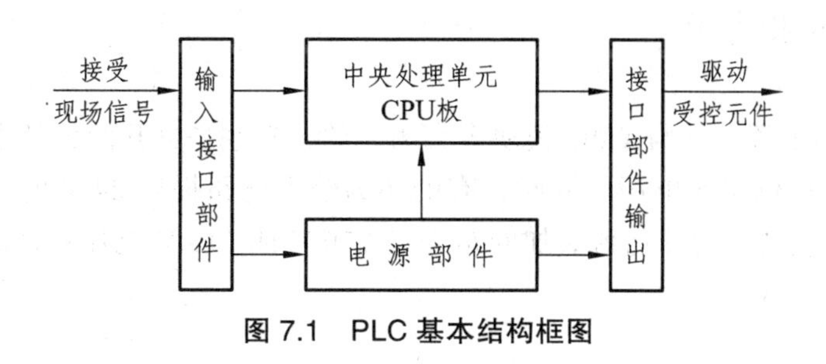

图 7.1　PLC 基本结构框图

7.1.1 CPU 的构成

PLC 中的 CPU 是 PLC 的核心，起神经中枢的作用，每台 PLC 至少有一个 CPU，它按 PLC 的系统程序赋予的功能接收并存贮用户程序和数据，用扫描的方式采集由现场输入装置送来的状态或数据，并存入规定的寄存器中，同时，诊断电源和 PLC 内部电路的工作状态和编程过程中的语法错误等。进入运行后，从用户程序存储器中逐条读取指令，经分析后再按指令规定的任务产生相应的控制信号，去指挥有关的控制电路，与通用计算机一样，主要由运算器、控制器、寄存器及实现它们之间联系的数据、控制及状态总线构成，还有外围芯片、总线接口及有关电路。它确定了进行控制的规模、工作速度、内存容量等。内存主要用于存储程序及数据，是 PLC 不可缺少的组成单元。

CPU 的控制器控制 CPU 工作，由它读取指令、解释指令及执行指令。但工作节奏由震荡信号控制。

CPU 的运算器用于进行数字或逻辑运算，在控制器指挥下工作。

CPU 的寄存器参与运算，并存储运算的中间结果，它也是在控制器指挥下工作。

CPU 虽然划分为以上几个部分，但 PLC 中的 CPU 芯片实际上就是微处理器，由于电路的高度集成，对 CPU 内部的详细分析已无必要，我们只要弄清它在 PLC 中的功能与性能，能正确地使用它就够了。

CPU 模块的外部表现就是它的工作状态的种种显示、种种接口及设定或控制开关。一般讲，CPU 模块总要有相应的状态指示灯，如电源显示、运行显示、故障显示等。箱体式 PLC 的主箱体也有这些显示。它的总线接口，用于接 I/O 模板或底板，有内存接口，用于安装内存，有外设口，用于接外部设备，有的还有通讯口，用于进行通讯。CPU 模块上还有许多设定开关，用以对 PLC 作设定，如设定起始工作方式、内存区等。

7.1.2 I/O 模块

PLC 的对外功能，主要是通过各种 I/O 接口模块与外界联系的，按 I/O 点数确定模块规格及数量，I/O 模块可多可少，但其最大数受 CPU 所能管理的基本配置的能力，即受最大的底板或机架槽数限制。I/O 模块集成了 PLC 的 I/O 电路，其输入暂存器反映输入信号状态，输出点反映输出锁存器状态。

7.1.3 电源模块

有些 PLC 中的电源，是与 CPU 模块合二为一的，有些是分开的，其主要用途是为 PLC 各模块的集成电路提供工作电源。同时，有的还为输入电路提供 24 V 的工作电源。电源以其输入类型可分为两种：交流电源，加的是交流 220 V 或 110 V 电压；直流电源，加的是直流 24 V 电压。

7.1.4 底板或机架

大多数模块式 PLC 使用底板或机架，其作用是：电气上，实现各模块间的联系，使 CPU 能访问底板上的所有模块，机械上，实现各模块间的连接，使各模块构成一个整体。

7.1.5 PLC 的外部设备

外部设备是 PLC 系统不可分割的一部分，有四大类：

（1）编程设备：有简易编程器和智能图形编程器，用于编程、对系统作一些设定、监控 PLC 及 PLC 所控制的系统的工作状况。编程器是 PLC 开发应用、监测运行、检查维护不可缺少的器件，但它不直接参与现场控制运行。

（2）监控设备：有数据监视器和图形监视器。直接监视数据或通过画面监视数据。

（3）存储设备：有存储卡、存储磁带、软磁盘或只读存储器，用于永久性地存储用户数据，使用户程序不丢失，如 EPROM、EEPROM 写入器等。

（4）输入输出设备：用于接收信号或输出信号，一般有条码读入器，输入模拟量的电位器，打印机等。

7.1.6 PLC 的通信联网

PLC 具有通信联网的功能，它使 PLC 与 PLC 之间、PLC 与上位计算机以及其他智能设备之间能够交换信息，形成一个统一的整体，实现分散集中控制。现在几乎所有的 PLC 新产品都有通信联网功能，它和计算机一样具有 RS-232 接口，通过双绞线、同轴电缆或光缆，可以在几公里甚至几十公里的范围内交换信息。

当然，PLC 之间的通信网络是各厂家专用的，PLC 与计算机之间的通信，一些生产厂家采用工业标准总线，并向标准通信协议靠拢，这将使不同机型的 PLC 之间、PLC 与计算机之间可以方便地进行通信与联网。

了解了 PLC 的基本结构，我们在购买程控器时就有了一个基本配置的概念，做到既经济又合理，尽可能发挥 PLC 所提供的最佳功能。

7.2 基本指令系统和编程方法

7.2.1 基本指令系统特点

PLC 的编程语言与一般计算机语言相比，具有明显的特点，它既不同于高级语言，也不同与一般的汇编语言，它既要满足易于编写，又要满足易于调试的要求。目前，还没有一种对各厂家产品都能兼容的编程语言。如三菱公司的产品有它自己的编程语言，OMRON 公司的产品也有它自己的语言。但不管什么型号的 PLC，其编程语言都具有以下特点：

（1）图形式指令结构：程序由图形方式表达，指令由不同的图形符号组成，易于理解和记忆。系统的软件开发者已把工业控制中所需的独立运算功能编制成象征性图形，用户根据自己的需要把这些图形进行组合，并填入适当的参数。在逻辑运算部分，几乎所有的厂家都采用类似于继电器控制电路的梯形图，很容易接受。如西门子公司还采用控制系统流程图来表示，它沿用二进制逻辑元件图形符号来表达控制关系，很直观易懂。较复杂的算术运算、定时计数等，一般也参照梯形图或逻辑元件图给予表示，虽然象征性不如逻辑运算部分，也受用户欢迎。

（2）明确的变量常数：图形符相当于操作码，规定了运算功能，操作数由用户填入，如：K400、T120 等。PLC 中的变量和常数以及其取值范围有明确规定，由产品型号决定，可查阅产品目录手册。

（3）简化的程序结构：PLC 的程序结构通常很简单，典型的为块式结构，不同块完成不同的功能，使程序的调试者对整个程序的控制功能和控制顺序有清晰的概念。

（4）简化应用软件生成过程：使用汇编语言和高级语言编写程序，要完成编辑、编译和连接三个过程，而使用编程语言，只需要编辑一个过程，其余由系统软件自动完成，整个编辑过程都在人机对话下进行的，不要求用户有高深的软件设计能力。

（5）强化调试手段：无论是汇编程序，还是高级语言程序调试，都是令编辑人员头疼的事，而 PLC 的程序调试提供了完备的条件，使用编程器，利用 PLC 和编程器上的按键、显示和内部编辑、调试、监控等，并在软件支持下，诊断和调试操作都很简单。

总之，PLC 的编程语言是面向用户的，对使用者不要求具备高深的知识、不需要长时间的专门训练。

7.2.2 编程语言的形式

本教材采用最常用的两种编程语言，一是梯形图，二是助记符语言表。采用梯形图编程，因为它直观易懂，但需要一台个人计算机及相应的编程软件；采用助记符形式便于实验，因为它只需要一台简易编程器，而不必用昂贵的图形编程器或计算机来编程。

虽然一些高档的 PLC 还具有与计算机兼容的 C 语言、BASIC 语言、专用的高级语言（如西门子公司的 GRAPH5、三菱公司的 MELSAP），还有用布尔逻辑语言、通用计算机兼容的汇编语言等。不管怎么样，各厂家的编程语言都只能适用于本厂的产品。

（1）编程指令：指令是 PLC 被告知要做什么，以及怎样去做的代码或符号。从本质上讲，指令只是一些二进制代码，这点 PLC 与普通的计算机是完全相同的。同时 PLC 也有编译系统，它可以把一些文字符号或图形符号编译成机器码，所以用户看到的 PLC 指令一般不是机器码而是文字代码，或图形符号。常用的助记符语句用英文文字（可用多国文字）的缩写及数字代表各相应指令。常用的图形符号即梯形图，它类似于电气原理图是符号，易为电气工作人员所接受。

（2）指令系统：一个 PLC 所具有的指令的全体称为该 PLC 的指令系统。它包含着指令的多少，各指令都能干什么事，代表着 PLC 的功能和性能。一般讲，功能强、性能好的 PLC，其指令系统必然丰富，所能干的事也就多。我们在编程之前必须弄清 PLC 的指令系统。

（3）程序：PLC 指令的有序集合，PLC 运行它，可进行相应的工作，当然，这里的程序是指 PLC 的用户程序。用户程序一般由用户设计，PLC 的厂家或代销商不提供。用语句表达的程序不大直观，可读性差，特别是较复杂的程序，更难读，所以多数程序用梯形图表达。

（4）梯形图：梯形图是通过连线把 PLC 指令的梯形图符号连接在一起的连通图，用以表达所使用的 PLC 指令及其前后顺序，它与电气原理图很相似。它的连线有两种：一为母线，另一为内部横竖线。内部横竖线把一个个梯形图符号指令连成一个指令组，这个指令组一般总是从装载（LD）指令开始，必要时再继以若干个输入指令（含 LD 指令），以建立逻辑条件。最后为输出类指令，实现输出控制，或为数据控制、流程控制、通讯处理、监控工作等指令，以进行相应的工作。母线是用来连接指令组的。如图 7.2 所示为三菱公司的 FX2N 系列产品的最简单的梯形图例。

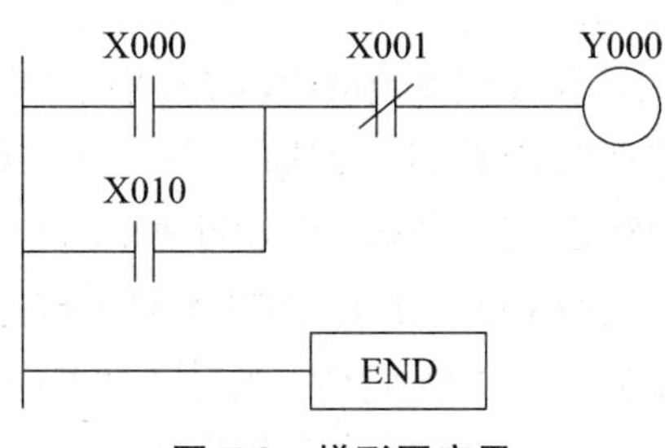

图 7.2　梯形图应用

它有两组，第一组用以实现启动、停止控制；第二组仅一个 END 指令，用以结束程序。

（5）梯形图与助记符的对应关系：助记符指令与梯形图指令有严格的对应关系，而梯形图的连线又可把指令的顺序予以体现。一般讲，其顺序为：先输入，后输出（含其他处理）；先上，后下；先左，后右。有了梯形图就可将其翻译成助记符程序。上图的助记符程序为：

地址	指令	变量
0000	LD	X000
0001	OR	X010
0002	ANDI	X001
0003	OUT	Y000
0004	END	

反之根据助记符，也可画出与其对应的梯形图。

（6）梯形图与电气原理图的关系：如果仅考虑逻辑控制，梯形图与电气原理图也可建立起一定的对应关系。如梯形图的输出（OUT）指令，对应于继电器的线圈，而输入指令（如 LD、AND、OR）对应于接点，互锁指令（IL、ILC）可看成总开关，等等。这样，原有的继电控制逻辑，经转换即可变成梯形图，再进一步转换，即可变成语句表程序。

有了这个对应关系，用 PLC 程序代表继电逻辑是很容易的。这也是 PLC 技术对传统继电控制技术的继承。

7.2.3 编程器件

下面我们着重介绍三菱公司的 FX2N 系列产品的一些编程元件及其功能。

FX 系列产品，它内部的编程元件，也就是支持该机型编程语言的软元件，按通俗叫法分别称为继电器、定时器、计数器等，但它们与真实元件有很大的差别，一般称它们为“软继电器”。这些编程用的继电器，它的工作线圈没有工作电压等级、功耗大小和电磁惯性等问题；触点没有数量限制、没有机械磨损和电蚀等问题。它在不同的指令操作下，其工作状态可以无记忆，也可以有记忆，还可以作脉冲数字元件使用。一般情况下，X 代表输入继电器，Y 代表输出继电器，M 代表辅助继电器，SPM 代表专用辅助继电器，T 代表定时器，C 代表计数器，S 代表状态继电器，D 代表数据寄存器，MOV 代表传输等。

1. 输入继电器（X）

PLC 的输入端子是从外部开关接受信号的窗口，PLC 内部与输入端子连接的输入继电器 X 是用光电隔离的电子继电器，它们的编号与接线端子编号一致（按八进制输入），线圈的吸合或释放只取决于 PLC 外部触点的状态。内部有常开/常闭两种触点供编程时随时使用，且使用次数不限。输入电路的时间常数一般小于 10 ms。各基本单元都是八进制输入的地址，输入为 X000 ~ X007，X010 ~ X017，X020 ~ X027。它们一般位于机器的上端。

2. 输出继电器（Y）

PLC 的输出端子是向外部负载输出信号的窗口。输出继电器的线圈由程序控制，输出继电器的外部输出主触点接到 PLC 的输出端子上供外部负载使用，其余常开/常闭触点供内部程序使用。输出继电器的电子常开/常闭触点使用次数不限。输出电路的时间常数是固定的。各基本单元都是八进制输出，输出为 Y000 ~ Y007，Y010 ~ Y017，Y020 ~ Y027。它们一般位于机器的下端。

3. 辅助继电器（M）

PLC 内有很多的辅助继电器，其线圈与输出继电器一样，由 PLC 内各软元件的触点驱动。辅助继电器也称中间继电器，它没有向外的任何联系，只供内部编程使用。它的电子常开/常闭触点使用次数不受限制。但是，这些触点不能直接驱动外部负载，外部负载的驱动必须通过输出继电器来实现。如图 7.3 中的 M300，它只起到一个自锁的功能。在 FX2N 中普遍采用 M0 ~ M499，共 500 点辅助继电器，其地址号按十进制编号。辅助继电器中还有一些特殊的辅助继电器，如掉电继电器、保持继电器等，在这里就不一一介绍了。

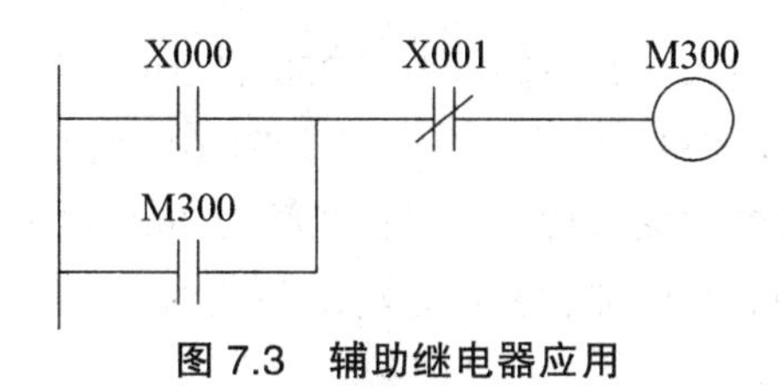

图 7.3　辅助继电器应用

4. 定时器（T）

在 PLC 内的定时器是根据时钟脉冲的累积形式，当所计时间达到设定值时，其输出触点动作，时钟脉冲有 1 ms、10 ms、100 ms。定时器可以用用户程序存储器内的常数 K 作为设定值，也可以用数据寄存器（D）的内容作为设定值。在后一种情况下，一般使用有掉电保护功能的数据寄存器。即使如此，若备用电池电压降低时，定时器或计数器往往会发生误动作。

定时器通道范围如下：

100 ms 定时器 T0 ~ T199，共 200 点，设定值：0.1 ~ 3276.7 s；

10 ms 定时器 T200 ~ TT245，共 46 点，设定值：0.01 ~ 327.67 s；

1 ms 积算定时器 T245 ~ T249，共 4 点，设定值：0.001 ~ 32.767 s；

100 ms 积算定时器 T250 ~ T255，共 6 点，设定值：0.1 ~ 3276.7 s。

定时器指令符号及应用如图 7.4 所示。

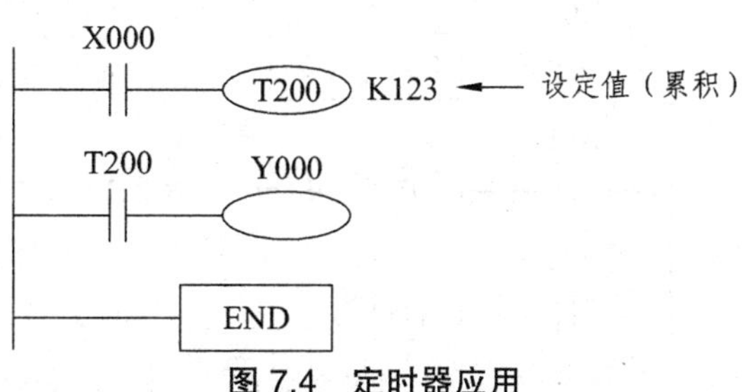

图 7.4　定时器应用

当定时器线圈 T200 的驱动输入 X000 接通时，T200 的当前值计数器对 10 ms 的时钟脉冲进行累积计数，当前值与设定值 K123 相等时，定时器的输出接点动作，即输出触点是在驱动线圈后的 1.23 s（10 × 123 ms = 1.23 s）时才动作，当 T200 触点吸合后，Y000 就有输出。当驱动输入 X000 断开或发生停电时，定时器就复位，输出触点也复位。

每个定时器只有一个输入，它与常规定时器一样，线圈通电时，开始计时；断电时，自动复位，不保存中间数值。定时器有两个数据寄存器，一个为设定值寄存器，另一个是现时值寄存器，编程时，由用户设定累积值。

如果是计算定时器，它的符号接线如图 7.5 所示。

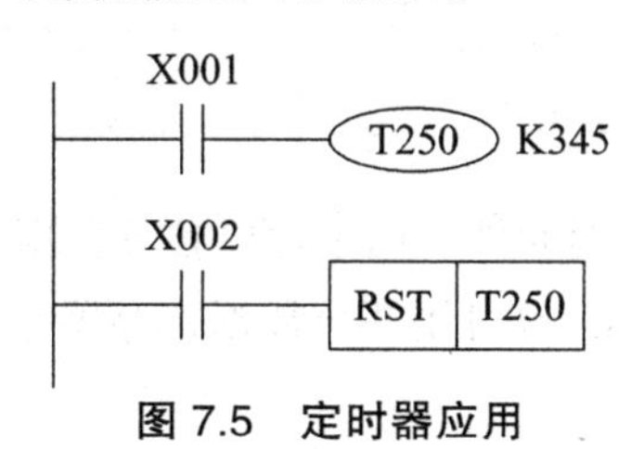

图 7.5　定时器应用

定时器线圈 T250 的驱动输入 X001 接通时，T250 的当前值计数器对 100 ms 的时钟脉冲进行累积计数，当该值与设定值 K345 相等时，定时器的输出触点动作。在计数过程中，即使输入 X001 在接通或复电时，计数继续进行，其累积时间为 34.5 s（100 ms × 345 = 34.5 s）时触点动作。当复位输入 X002 接通，定时器就复位，输出触点也复位。

5. 计数器（C）

FX2N 中的 16 位增计数器，是 16 位二进制加法计数器，它是在计数信号的上升沿进行计数，它有两个输入，一个用于复位，一个用于计数。每一个计数脉冲上升沿使原来的数值减 1，当现时值减到零时停止计数，同时触点闭合。直到复位控制信号的上升沿输入时，触点才断开，设定值又写入，再又进入计数状态。

其设定值在 K1 ~ K32767 范围内有效。

设定值 K0 与 K1 含义相同，即在第一次计数时，其输出触点就动作。

通用计数器的通道号：C0 ~ C99，共 100 点。

保持用计数器的通道号：C100 ~ C199，共 100 点。

通用与掉电保持用的计数器点数分配，可由参数设置而随意更改。

下面举一示例如图 7.6 所示。

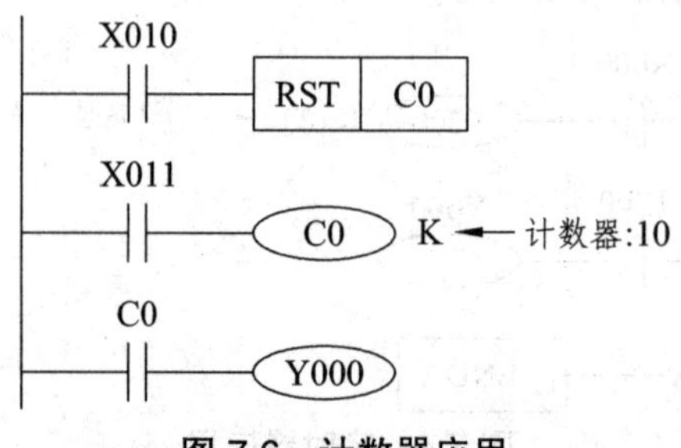

图 7.6　计数器应用

在图 7.6 所示的计数器中，由计数输入 X011 每次驱动 C0 线圈时，计数器的当前值加 1。当第 10 次执行线圈指令时，计数器 C0 的输出触点即动作。之后即使计数器输入 X011 再动作，计数器的当前值保持不变。

注意：（1）当复位输入 X010 接通（ON）时，执行 RST 指令，计数器的当前值为 0，输出接点也复位。

（2）计数器 C100 ~ C199，即使发生停电，当前值与输出触点的动作状态或复位状态也能保持。

6. 数据寄存器

数据寄存器是计算机必不可少的元件，用于存放各种数据。FX2N 中每一个数据寄存器都是 16 bit（最高位为正、负符号位），也可用两个数据寄存器合并起来存储 32 bit 数据（最高位为正、负符号位）。

1）通用数据寄存器 D

通道分配 D0 ~ D199，共 200 点。

只要不写入其他数据，已写入的数据不会变化。但是，由 RUN→STOP 时，全部数据均清零（若特殊辅助继电器 M8033 已被驱动，则数据不被清零）。

2）停电保持用寄存器

通道分配 D200 ~ D511，共 312 点，或 D200 ~ D999，共 800 点（由机器的具体型号定）。

基本上同通用数据寄存器。除非改写，否则原有数据不会丢失，不论电源接通与否，PLC 运行与否，其内容也不变化。然而在二台 PLC 作点对的通信时，D490 ~ D509 被用作通信操作。

3）文件寄存器

通道分配 D1000 ~ D2999，共 2 000 点。

文件寄存器是在用户程序存储器（RAM、EEPROM、EPROM）内的一个存储区，以 500 点为一个单位，最多可在参数设置时到 2000 点。用外部设备口进行写入操作。在 PLC 运行时，可用 BMOV 指令读到通用数据寄存器中，但是不能用指令将数据写入文件寄存器。用 BMOV 将数据写入 RAM 后，再从 RAM 中读出。将数据写入 EEPROM 盒时，需要花费一定的时间，务必请注意。

4）RAM 文件寄存器

通道分配 D6000 ~ D7999，共 2 000 点。

驱动特殊辅助继电器 M8074，由于采用扫描被禁止，上述的数据寄存器可作为文件寄存器处理，用 BMOV 指令传送数据（写入或读出）。

5）特殊用寄存器

通道分配 D8000 ~ D8255，共 256 点。

是写入特定目的的数据或已经写入数据寄存器，其内容在电源接通时，写入初始化值（一般先清零，然后由系统 ROM 来写入）。

7.2.4 FX2N 系列的基本逻辑指令

基本逻辑指令是 PLC 中最基本的编程语言，掌握了它也就初步掌握了 PLC 的使用方法，各种型号的 PLC 的基本逻辑指令都大同小异，现在我们针对 FX2N 系列，逐条学习其指令的功能和使用方法，每条指令及其应用实例都以梯形图和语句表两种编程语言对照说明。

1. 输入输出指令（LD/LDI/OUT）

LD/LDI/OUT 的功能、梯形图表示形式和操作元件如表 7.1 所示。

表 7.1　输入输出指令

符号（名称）	功　能	梯形图表示	操作元件
LD（取）	常开触点与母线相连		X，Y，M，T，C，S
LDI（取反）	常闭触点与母线相连		X，Y，M，T，C，S
OUT（输出）	线圈驱动		Y，M，T，C，S，F

LD 与 LDI 指令用于与母线相连的接点，此外还可用于分支电路的起点，如图 7.7 所示。

OUT 指令是线圈的驱动指令，可用于输出继电器、辅助继电器、定时器、计数器、状态寄存器等，但不能用于输入继电器。输出指令用于并行输出，能连续使用多次。

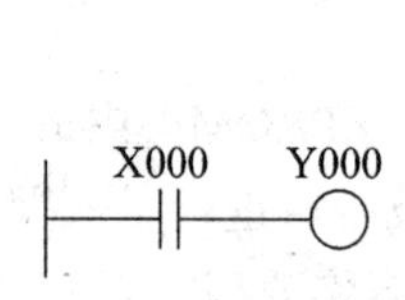

地址	指令	数据
0000	LD	X000
0001	OUT	Y000

图 7.7　LD、LDI 指令

2. 触点串联指令（AND/ANDI）和并联指令（OR/ORI）

AND/ANDI/OR/ORI 的功能、梯形图表示形式和操作元件如表 7.2 所示。

表 7.2　触点串联指令和并联指令

符号（名称）	功　能	梯形图表示	操作元件
AND（与）	常开触点串联连接		X，Y，M，T，C，S
ANDI（与非）	常闭触点串联连接		X，Y，M，T，C，S
OR（或）	常开触点并联连接		X，Y，M，T，C，S
ORI（或非）	常闭触点并联连接		X，Y，M，T，C，S

AND、ANDI 指令用于一个触点的串联，但串联触点的数量不限，这两个指令可连续使用。OR、ORI 是用于一个触点的并联连接指令，如图 7.8 所示。

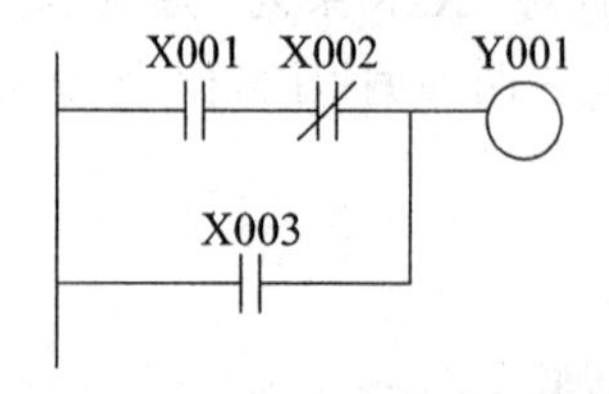

地址	指令	数据
0002	LD	X001
0003	ANDI	X002
0004	OR	X003
0005	OUT	Y001

图 7.8　OR/ORI 指令

3. 电路块的并联和串联指令（ORB、ANB）

OR/ANB 的功能、梯形图表示形式和操作元件如表 7.3 所示。

表 7.3　电路块的并联和串联指令

符号（名称）	功　能	梯形图表示	操作元件
ORB（块或）	电路块并联连接		无
ANB（块与）	电路块串联连接		无

含有两个以上触点串联连接的电路称为“串联连接块”，串联电路块并联连接时，支路的起点以 LD 或 LDNOT 指令开始，而支路的终点要用 ORB 指令。ORB 指令是一种独立指令，其后不带操作元件号，因此，ORB 指令不表示触点，可以看成电路块之间的一段连接线。如需要将多个电路块并联连接，应在每个并联电路块之后使用一个 ORB 指令，用这种方法编程时并联电路块的个数没有限制；也可将所有要并联的电路块依次写出，然后在这些电路块的末尾集中写出 ORB 的指令，但这时 ORB 指令最多使用 7 次。

将分支电路（并联电路块）与前面的电路串联连接时使用 ANB 指令，各并联电路块的起点，使用 LD 或 LDNOT 指令；与 ORB 指令一样，ANB 指令也不带操作元件，如需要将多个电路块串联连接，应在每个串联电路块之后使用一个 ANB 指令，用这种方法编程时串联电路块的个数没有限制，若集中使用 ANB 指令，最多使用 7 次，如图 7.9 所示。

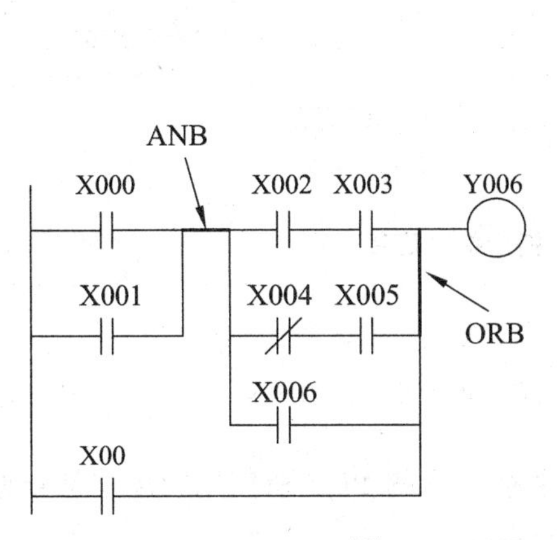

地址	指令	数据
0000	LD	X000
0001	OR	X001
0002	LD	X002
0003	AND	X003
0004	LDI	X004
0005	AND	X005
0006	OR	X006
0007	ORB	
0008	ANB	
0009	OR	X003
0010	OUT	Y006

图 7.9　ANB、ORB 指令

4. 程序结束指令（END）

END 的功能、梯形图表示和操作元件如表 7.4 所示。

表 7.4　程序结束指令

符号（名称）	功能	梯形图表示	操作元件
END（结束）	程序结束	—[结束]	无

在程序结束处写上 END 指令，PLC 只执行第一步至 END 之间的程序，并立即输出处理，如图 7.10 所示。若不写 END 指令，PLC 将以用户存储器的第一步执行到最后一步，因此，使用 END 指令可缩短扫描周期。另外，在调试程序时，可以将 END 指令插在各程序段之后，分段检查各程序段的动作，确认无误后，再依次删去插入的 END 指令。

其他的一些指令，如置位复位、脉冲输出、清除、移位、主控触点、空操作、跳转指令等，在这里便不详细介绍了。

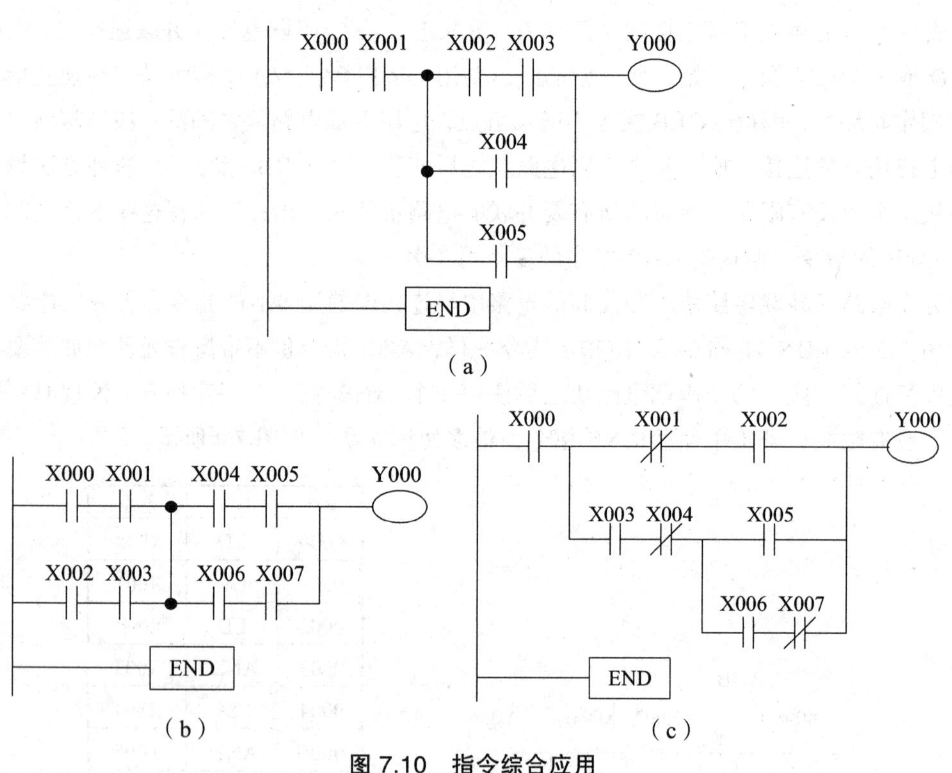

图 7.10　指令综合应用

7.2.5　梯形图的设计与编程方法

梯形图是各种 PLC 通用的编程语言，尽管各厂家的 PLC 所使用的指令符号等不太一致，但梯形图的设计与编程方法基本上大同小异。

1. 确定各元件的编号，分配 I/O 地址

利用梯形图编程，首先必须确定所使用的编程元件编号，PLC 是按编号来区别操作元件的。

本书选用 FX2N 型号的 PLC，使用时一定要明确，每个元件在同一时刻决不能担任几个角色。一般来说，配置好的 PLC，其输入点数与控制对象的输入信号数总是相应的，输出点数与输出的控制回路数也是相应的（如果有模拟量，则模拟量的路数与实际的也要相当），故 I/O 的分配实际上是把 PLC 的入、出点号分给实际的 I/O 电路，编程时按点号建立逻辑或控制关系，接线时按点号“对号入座”进行接线。FX2N 系列的 I/O 地址分配及一些其他的内存分配前面都已介绍过了，也可以参考 FX 系列的编程手册。

2. 梯形图的编程规则

（1）每个继电器的线圈和它的触点均用同一编号，每个元件的触点使用时没有数量限制。

（2）梯形图每一行都是从左边开始，线圈接在最右边（线圈右边不允许再有接触点），如图 7.11（a）错、图 7.11（b）正确。

（a）　　　　（b）

图 7.11

（3）线圈不能直接接在左边母线上。

（4）在一个程序中，同一编号的线圈如果使用两次，称为双线圈输出，它很容易引起误操作，应尽量避免。

（5）在梯形图中没有真实的电流流动，为了便于分析 PLC 的周期扫描原理和逻辑上的因果关系，假定在梯形图中有“电流”流动，这个“电流”只能在梯形图中单方向流动——即从左向右流动，层次的改变只能从上向下。

如图 7.12 所示，是一个错误的桥式电路梯形图。

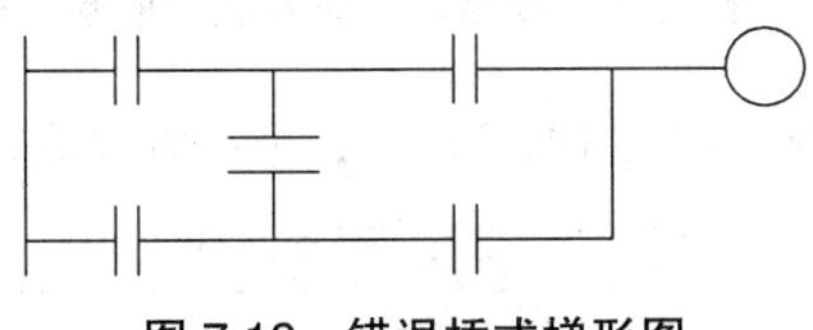

图 7.12　错误桥式梯形图

3. 编程实例

首先介绍一个常用的点动计时器，其功能为每次输入 X000 时，接通时，Y000 输出一个脉宽为定长的脉冲，脉宽由定时器 T000 设定值设定。它的时序图如图 7.13 所示。

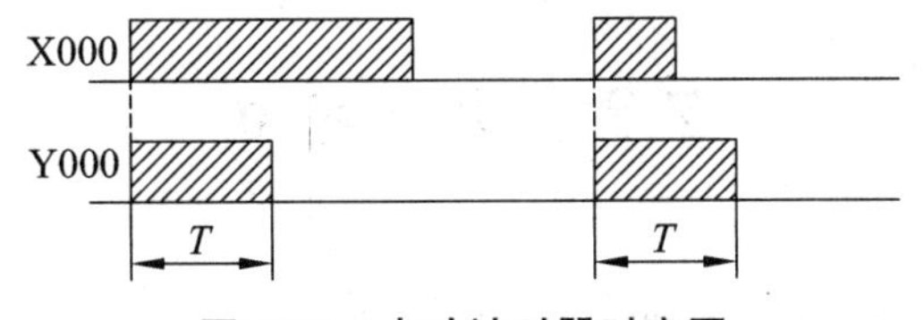

图 7.13　点动计时器时序图

根据时序图可画出相应的梯形图如图 7.14 所示。

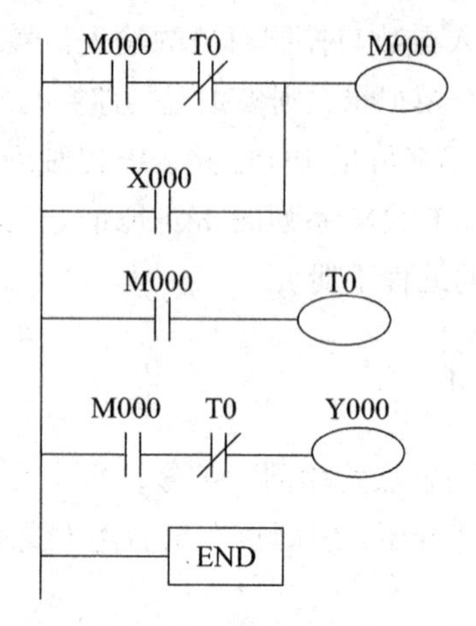

图 7.14　点动计数器梯形图

运用定时器还可构成振荡电路，如根据图 7.15（a）所示的时序图，可用两个定时器 T001、T002 构成振荡电路，其梯形图如图 7.15（b）所示。

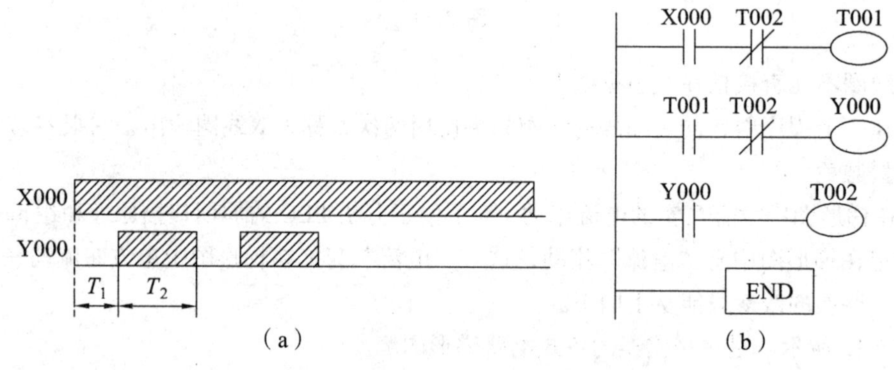

图 7.15　振荡电路时序及梯形图

如图 7.16 所示为一个延时接通/延时断开电路，根据时序图，画出其梯形图。

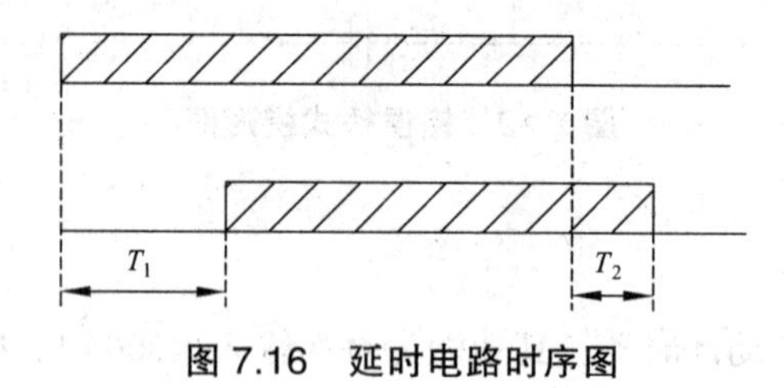

图 7.16　延时电路时序图

7.3　实训项目

下面提供四个实训项目，请自己设计梯形图，并输入到计算机中，带动负载运行。

7.3.1 用可编程控制器控制交流异步电动机

1. 预习要求

（1）复习已学过的磁力启动器、正反转控制线路及异步电动机顺序控制的有关内容。
（2）阅读材料中有关可编程控制器和交流异步电动机控制的有关内容。
（3）阅读实验指导书，预先设计线路和梯形图。
（4）熟悉 GPP 软件及其应用。

2. 实验目的

（1）学习自己设计梯形图。
（2）熟练应用 GPP 软件进行编程，并在 ON LINE 状态下运行负载。
（3）学习用可编程控制器控制交流异步电动机正反转，对电动机正反转进行接线。

3. 实验器材

（1）个人电脑 PC。
（2）PLC 程控器实验装置。
（3）RS-232 数据通信线。
（4）继电控制装置实验板。
（5）异步电动机一台。
（6）导线若干。

4. 实验内容说明

吊车或某些生产机械的提升机构需要作左右上下两个方向的运动，拖动它们的电动机必须能作正、反两个方向的旋转。由异步电动机的工作原理可知，要使电动机反向旋转，需对调三根电源线中的两根以改变定子电流的相序。因此实现电动机的正、反转需要两个接触器。电机正反转的继电器控制线路实验图如图 7.17 所示。

虚线框部分，称为主电路，其余部分称为控制电路。从主电路可见，若正转接触器 KMF 主触点闭合，电动机正转，若 KMF 主触点断开而反转接触器 KMR 主触点闭合，电动机接通电源的三根线中有两根对调，因而反向旋转。不难看出，若正、反转接触器主触点同时闭合，将造成电源二相短路。

用可编程控制器控制电机的正反转时控制电路中的接触器触点逻辑关系可用编程实现从而使线路接线大为简化。用可编程控制器实现电机正反转的接线图，主电路不变，控制电路如图 7.18 所示。

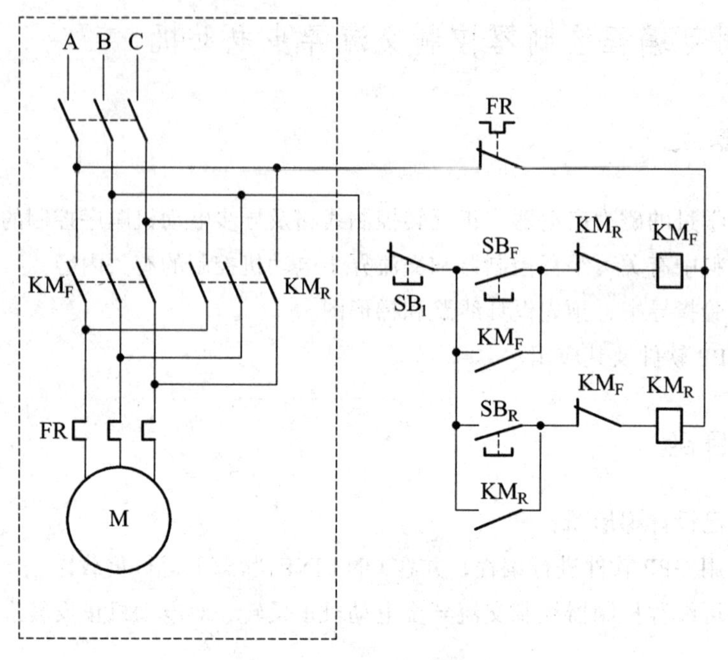

图 7.17 正反转控制电路

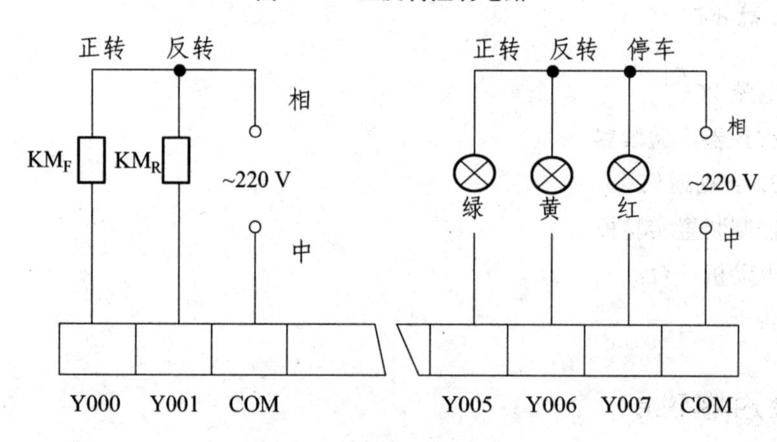

（a）程控器输出端接线

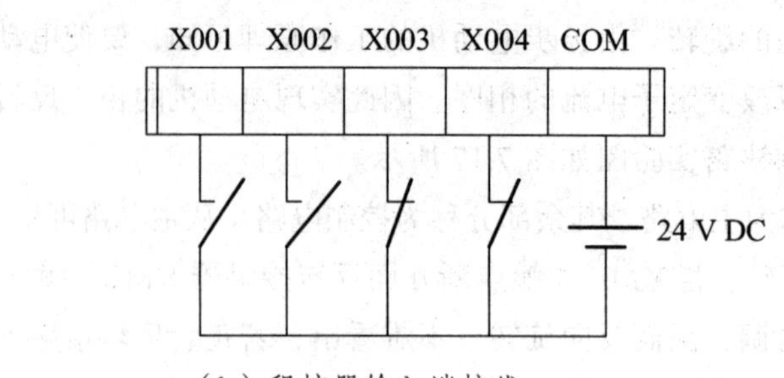

（b）程控器输入端接线

图 7.18 可编程控制器实现电机正反转的接线图

异步电动机正、反转控制输入/输出地址定义如表 7.5 所示。

表 7.5　异步电动机正、反转控制输入/输出地址定义表

输入口地址	定　义	输出口地址	定　义
X001	正转启动按钮（常开）	Y000	正转接触器线圈
X002	反转启动按钮（常开）	Y001	反转接触器线圈
X003	停止按钮（常闭）	Y005	正转运行指示灯（绿色）
X004	热继电器（常闭）	Y006	反转运行指示灯（黄色）
		Y007	停止运行指示灯（红色）

5. 实验步骤

（1）根据定义表，在 GPP 下编写正确梯形图。

（2）将程序传送至程控器，先进行离线调试。

（3）程序正确后，在断电状态下，按照图 7.17 和图 7.18 进行正确接线。

7.3.2　十字路口交通信号灯自动控制

1. 实验目的

（1）通过实验，了解上位机与 PLC 之间是通过 RS-232 口相连的，它们之间的数据通信是网络通信中最基本的一对一的通信。

（2）进一步熟悉 PLC 的一些指令、时序图，如定时、计数指令。

（3）进一步了解软件 GPP，并熟练应用。

2. 实验器件

（1）个人电脑 PC。

（2）PLC 程控器实验装置。

（3）RS-232 数据通信线。

（4）十字路口交通信号灯自动控制实验板。

（5）导线若干。

3. 实验内容

模拟十字路口交通灯的信号，控制车辆有次序地在东西向、南北向正常通行，本实验的要求是，红灯亮 20 s，绿灯亮 15 s，黄灯亮 5 s，完成一个循环周期为 40 s，它的时序图如图 7.19 所示。

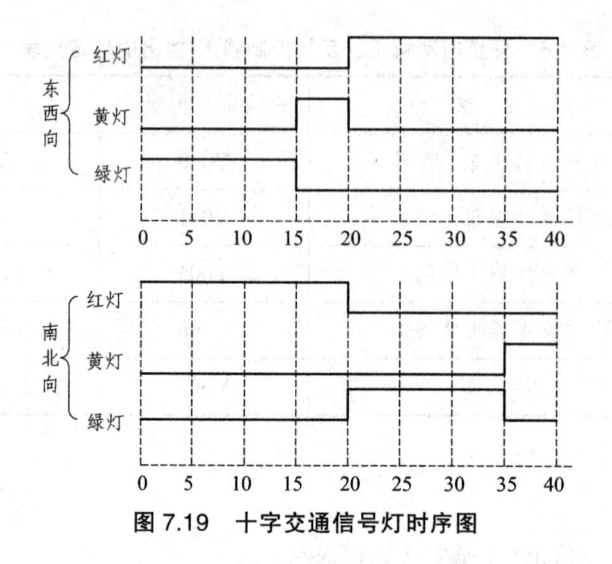

图 7.19　十字交通信号灯时序图

输入地址：　启动　　　X000

　　　　　　复位　　　X001

输出地址：　东　红灯　Y000

　　　　　　西　黄灯　Y002

　　　　　　向　绿灯　Y003

　　　　　　南　红灯　Y004

　　　　　　北　黄灯　Y005

　　　　　　向　绿灯　Y006

交通灯的面板示意图如图 7.20 所示。

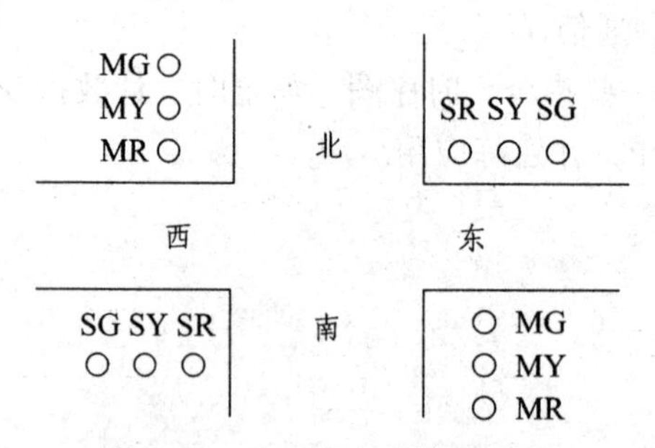

图 7.20　交通灯的面板示意图

该模拟交通信号灯分为南北和东西两个方向，分别由绿、黄、红三种颜色，其标号分别为 MG、MY、MR 和 SG、SY、SR，其中，交通灯选用 5 V 直流电，COM 端为交通灯的公共端。而灯与程控器之间的接线图如图 7.21 所示。

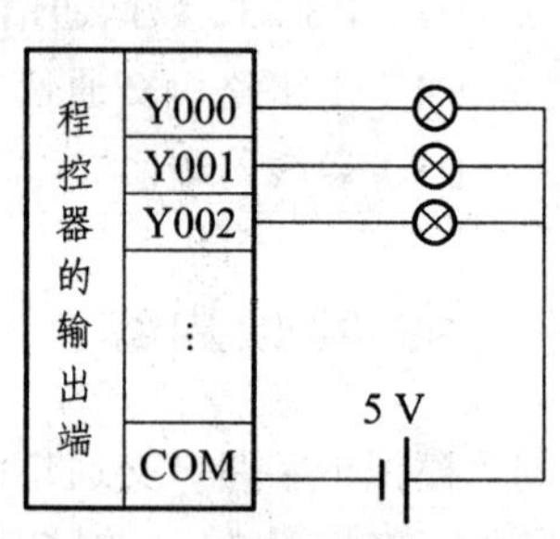

图 7.21　信号灯与程控器之间的接线图

从图 7.21 中可看出，程控器的公共端接 5 V 电源的负极，而灯的公共端接电源的正端，灯的另一端接到程控器的输出端，如 Y000、Y001……

4. 实验步骤

（1）根据时序图及输入输出地址，应用 GPP 软件在计算机上编制梯形图。
（2）根据面板图 7.21 正确接线。
（3）将梯形图传输至 PLC，并运行，观察交通灯是否正常工作。

7.3.3 舞台艺术灯饰的 PLC 控制

1. 实验目的

（1）掌握 PLC 与上位机的接线。
（2）进一步熟悉 PLC 的一些指令，如移位寄存器指令。
（3）熟练应用 GPP 软件。

2. 实验器件

（1）个人电脑 PC。
（2）PLC 程控器实验装置，型号 FX2N。
（3）RS-232 数据通讯线。
（4）舞台艺术灯饰控制板。
（5）稳压电源一台。
（6）导线若干。

3. 实验内容

平时看到五光十色的舞台灯光，可以用 PLC 来控制，如下图 7.22 所示的舞台灯饰，共有 7 道灯，上方 4 道呈拱形，下方 3 道呈阶梯形，现要求 1 ~ 7 号灯闪亮的时序如图 7.22 所示。

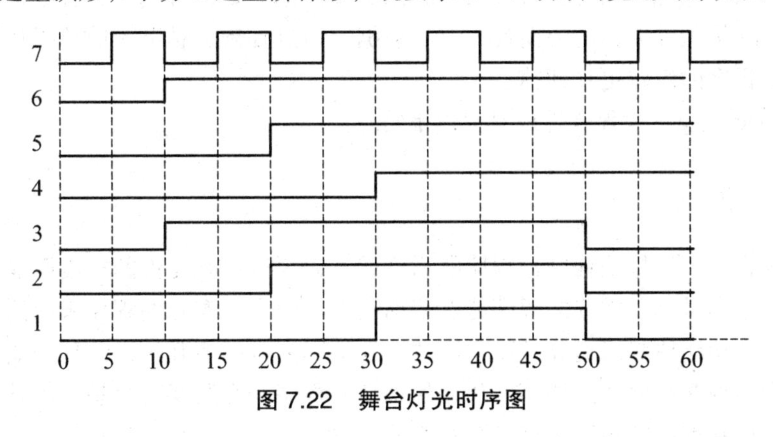

图 7.22 舞台灯光时序图

7 号灯一亮一灭交替进行，6、5、4 号 3 道灯由内到外依次点亮，3、2、1 号阶梯灯由上至下依次点亮，再全灭，整个过程需要 60 s，循环往复。

程控器与舞台灯饰面板电路接线图如图 7.23 所示。

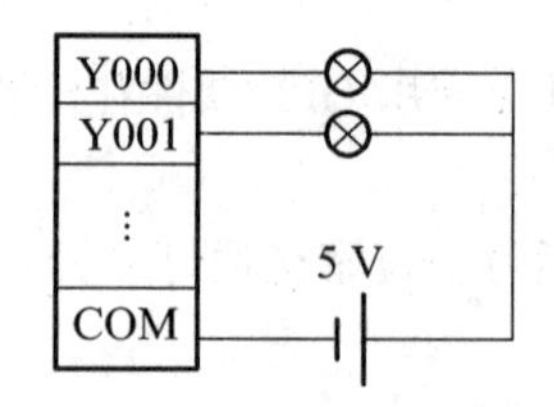

图 7.23　程控器与舞台灯饰面板电路接线图

如图 7.23 所示，程控器的 COM 端接 24 V 电源的负端，所有灯的公共端接 5 V 电源的正端，灯的另一端接到程控器的输出端，如 Y000、Y001、Y002……

4. 实验步骤

（1）根据时序图，在计算机上编制梯形图。（也可自己设计灯光闪烁时序）

（2）由面板图，按图 7.23 正确接线。

（3）运行自己编制的梯形图，观察灯光闪烁的情况，是否与时序图相吻合。

7.4　GX Developer 的使用

7.4.1　软件概述

GX Developer 是三菱通用性较强的 PLC 编程软件，它能够完成 Q 系列、QnA 系列、A 系列（包括运动控制 CPU）、FX 系列 PLC 梯形图、指令表、SFC 等的编辑。该编程软件能够将编辑的程序转换成 GPPQ、GPPA 格式的文档，当选择 FX 系列时，还能将程序存储为 FXGP（DOS）、FXGP（WIN）格式的文档，以实现与 FX-GP/WIN-C 软件的文件互换。该编程软件能够将 Excel、Word 等软件编辑的说明性文字、数据，通过复制、粘贴等简单操作导入程序中，使软件的使用、程序的编辑更加便捷。

此外，GX Developer 编程软件还具有以下特点：

1. 操作简便

（1）标号编程。用标号编程制作程序的话，就不需要认识软元件的号码而能够根据标示制作成标准程序。用标号编程做成的程序能够依据汇编从而作为实际的程序来使用。

（2）功能块。功能块是以提高顺序程序的开发效率为目的而开发的一种功能。把开发顺序程序时反复使用的顺序程序回路块零件化，使得顺序程序的开发变得容易，此外，零件化后，能够防止将其运用到别的顺序程序使得顺序输入错误。

（3）宏。只要在任意的回路模式上加上名字（宏定义名）登录（宏登录）到文档，然后输入简单的命令，就能够读出登录过的回路模式，变更软元件就能够灵活利用了。

2. 能够用各种方法与可编程控制器 CPU 连接

（1）经由串行通信口与可编程控制器 CPU 连接；
（2）经由 USB 接口与可编程控制器 CPU 连接；
（3）经由 MELSEC NET/10（H）与可编程控制器 CPU 连接；
（4）经由 MELSEC NET（II）与可编程控制器 CPU 连接；
（5）经由 CC-Link 与可编程控制器 CPU 连接；
（6）经由 Ethernet 与可编程控制器 CPU 连接；
（7）经由计算机接口与可编程控制器 CPU 连接。

3. 丰富的调试功能

（1）由于运用了梯形图逻辑测试功能，能够更加简单地进行调试作业。通过该软件可进行模拟在线调试，不需要与可编程控制器连接。

（2）在帮助菜单中有 CPU 出错信息、特殊继电器/特殊寄存器的说明等内容，所以对于在线调试过程中发生错误，或者是程序编辑中想知道特殊继电器/特殊寄存器的内容的情况下，通过帮助菜单可非常简便的查询到相关信息。

（3）程序编辑过程中发生错误时，软件会提示错误信息或错误原因，所以能大幅度缩短程序编辑的时间。

7.4.2　GX Developer 与 FX 的区别

这里主要就 GX Developer 编程软件和 FX 专用编程软件操作使用的不同进行简单说明。

1. 软件适用范围不同

FX-GP/WIN-C 编程软件为 FX 系列可编程控制器的专用编程软件，而 GX Developer 编程软件适用于 Q 系列、QnA 系列、A 系列（包括运动控制 SCPU）、FX 系列所有类型的可编程控制器。需要注意的是使用 FX-GP/WIN-C 编程软件编辑的程序是能够在 GX Developer 中运行，但是使用 GX Developer 编程软件编辑的程序并不一定能在 FX-GP/WIN-C 编程软件中打开。

2. 操作运行不同

（1）步进梯形图命令（STL、RET）的表示方法不同。

（2）GX Developer 编程软件编辑中新增加了监视功能。监视功能包括回路监视，软元件同时监视，软元件登录监视机能。

（3）GX Developer 编程软件编辑中新增加了诊断功能，如可编程控制器 CPU 诊断、网络诊断、CC-Link 诊断等。

（4）FX-GP/WIN-C 编程软件中没有 END 命令，程序依然可以正常运行，而 GX Developer 在程序中强制插入 END 命令，否则不能运行。

7.4.3 操作界面

如图 7.28 所示为 GX Developer 编程软件的操作界面，该操作界面大致由下拉菜单、工具条、编程区、工程数据列表、状态条等部分组成。这里需要特别注意的是在 FX-GP/WIN-C 编程软件里称编辑的程序为文件，而在 GX Developer 编程软件中称之为工程。与 FX-GP/WIN-C 编程软件的操作界面相比，该软件取消了功能图、功能键，并将这两部分内容合并，作为梯形图标记工具条；新增加了工程参数列表、数据切换工具条、注释工具条等。这样友好的直观的操作界面使操作更加简便。

图 7.24 中引出线所示的名称、内容说明如表 7.6 所示。

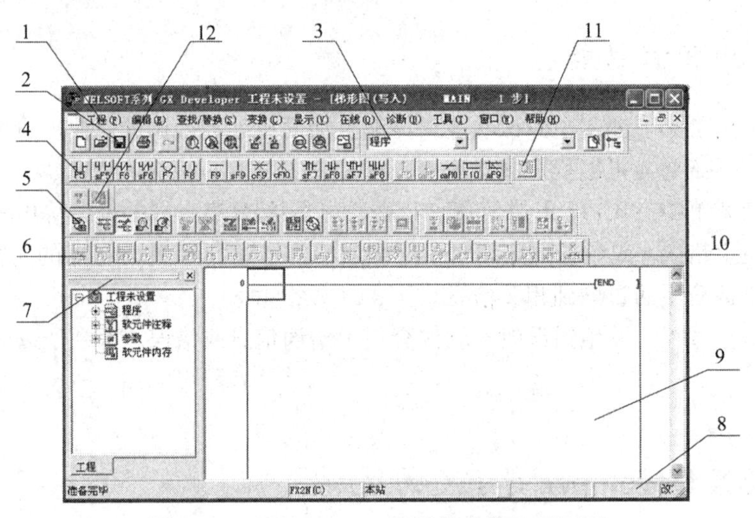

图 7.24 GX Develop 编程软件操作界面图

表 7.6

序号	名 称	内 容
1	下拉菜单	包含工程、编辑、查找/替换、交换、显示、在线、诊断、工具、窗口、帮助，共 10 个菜单
2	标准工具条	由工程菜单、编辑菜单、查找/替换菜单、在线菜单、工具菜单中常用的功能组成
3	数据切换工具条	可在程序菜单、参数、注释、编程元件内存这四个项目中切换
4	梯形图标记工具条	包含梯形图编辑所需要使用的常开触点、常闭触点、应用指令等内容
5	程序工具条	可进行梯形图模式与指令表模式的转换；进行读出模式、写入模式、监视模式与监视写入模式的转换
6	SFC 工具条	可对 SFC 程序进行块变换、块信息设置、排序、块监视操作
7	工程参数列表	显示程序、编程元件注释、参数、编程元件内存等内容，可实现这些项目的数据的设定
8	状态栏	提示当前的操作：显示 PLC 类型以及当前操作状态等
9	操作编辑区	完成程序的编辑、修改、监控等的区域
10	SFC 符号工具条	包含 SFC 程序编辑所需要使用的步、块启动步、选择合并、平行等功能键
11	编程元件内存工具条	对编程元件的内存进行设置
12	注释工具条	可进行注释范围设置或对公共/各程序的注释进行设置

1. 参数设定

1）PLC 参数设定

通常选定 PLC 后，在开始程序编辑前都需要根据所选择的 PLC 进行必要的参数设定，否则会影响程序的正常编辑。PLC 的参数设定包含 PLC 名称设定、PLC 系统设定、PLC 文件设定等 12 项内容，不同型号的 PLC 需要设定的内容是有区别的。

2）远程密码设定

Q 系列 PLC 能够进行远程链接，因此，为了防止因非正常的远程链接而造成恶意的程序的破坏、参数的修改等事故的发生，Q 系列 PLC 可以设定密码，以避免类似事故的发生。通过左键双击工程数据列表中远程口令选项（见图 7.25），打开远程口令设定窗口即可设定口令以及口令有效的模块。口令为 4 个字符，有效字符为“A ~ Z”、“a ~ z”、“0 ~ 9”、“@”、“!”、“#”、“$”、“%”、“&”、“/”、“*”、“,”、“. ”、“;”、“〈”、“〉”、“? ”、“{”、“}”、“|”、“[”、“]”、“:”、“=”、“””、“-”、“ ~ ”。这里需要注意的是，当变更连接对象时或变更 PLC 类型时（PLC 系列变更），远程密码将失效。

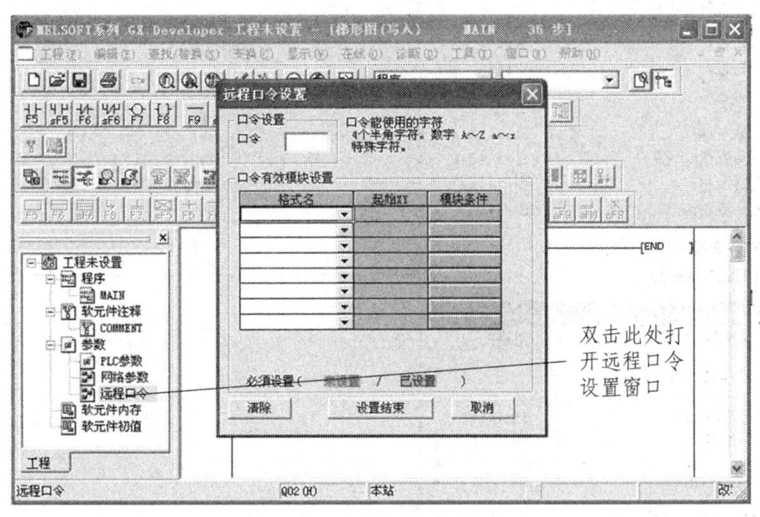

图 7.25 远程密码设定窗口

2. 梯形图编辑

梯形图在编辑时的基本操作步骤和操作的含义 FX-GP/WIN-C 编程软件类似，但在操作界面和软件的整体功能方面有了很大的提高。在使用 GX Developer 编程软件进行梯形图基本功能操作时，可以参考 FX-GP/WIN-C 编程软件的操作步骤进行编辑。

1）梯形图的创建

功能：该操作主要是执行梯形图的创建和输入操作，下面就以实例介绍梯形图创建的方法。

创建要求：在 GX Developer 中创建梯形图。

以上方法是采用指令表创建梯形图，除此之外还可以通过工具按钮创建梯形图，操作方法参见三菱公司相关技术资料。

3. 规则线操作

1）规则线插入

功能：该指令用于插入规则线。

操作步骤：

（1）单击[划线写入]或按[F10]，如图 7.26 所示。

（2）将光标移至梯形图中需要插入规则线的位置。

（3）按住鼠标左键并移动到规则线终止位置。

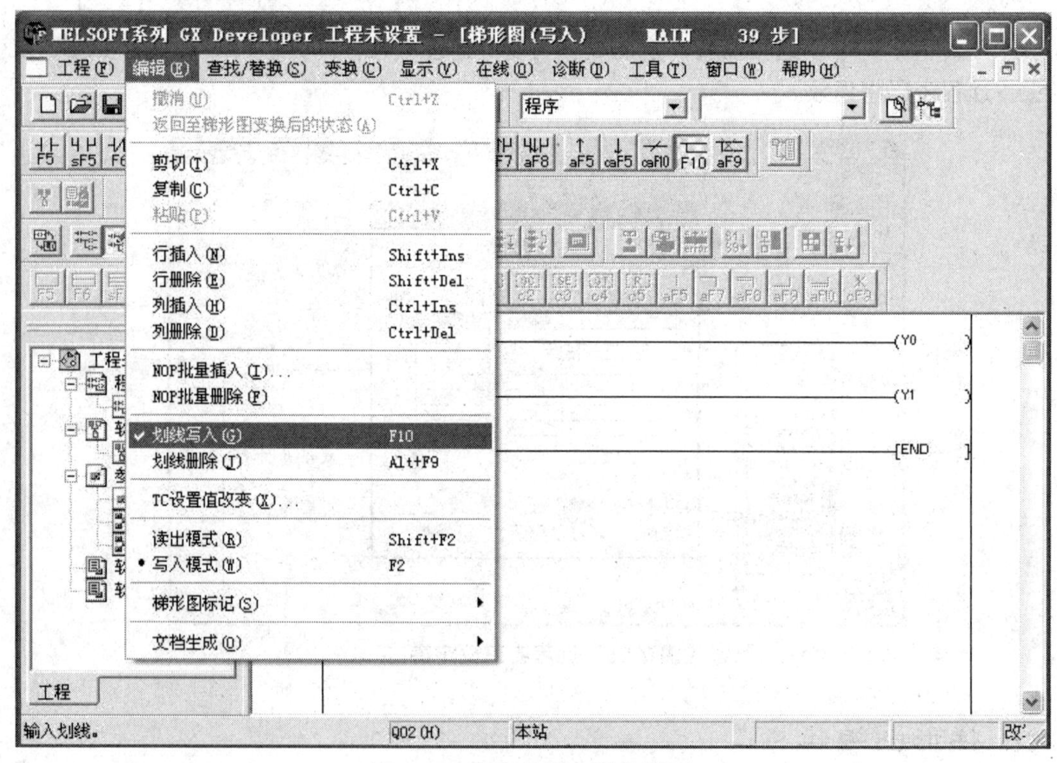

图 7.26 规则线插入操作说明

2）规则线删除

功能：该指令用于删除规则线。

操作步骤：

（1）[划线写入]或按[F9]，如图 7.27 所示。

（2）将光标移至梯形图中需要删除规则线的位置。

（3）按住鼠标左键并移动到规则线终止位置。

图 7.27 规则线删除操作说明

4. 标号程序

1）标号编程简介

标号编程是 GX Developer 编程软件中新添加的功能。通过标号编程用宏制作顺控程序能够对程序实行标准化，此外能够与实际的程序同样地进行回路制作和监视的操作。

标号编程与普通的编程方法相比主要有以下几个优点：

（1）可根据机器的构成方便地改变其编程元件的配置，从而能够简单地被其他程序使用。

（2）即使不明白机器的构成，通过标号也能够编程，当决定了机器的构成以后，通过合理配置标号和实际的编程元件就能够简单地生成程序。

（3）只要指定标号分配方法就可以不用在意编程元件/编程元件号码，只用编译操作来自动地分配编程元件。

（4）因为使用标号名就能够实行程序的监控调试，所以能够高效率地实行监视。

2）标号程序的编制流程

标号程序的编制只能在 QCPU 或 QnACPU 系列 PLC 中进行，在编制过程中首先需要进行 PLC 类型指定、标号程序指定、设定变量等操作，具体操作步骤可以如图 7.28 所示。

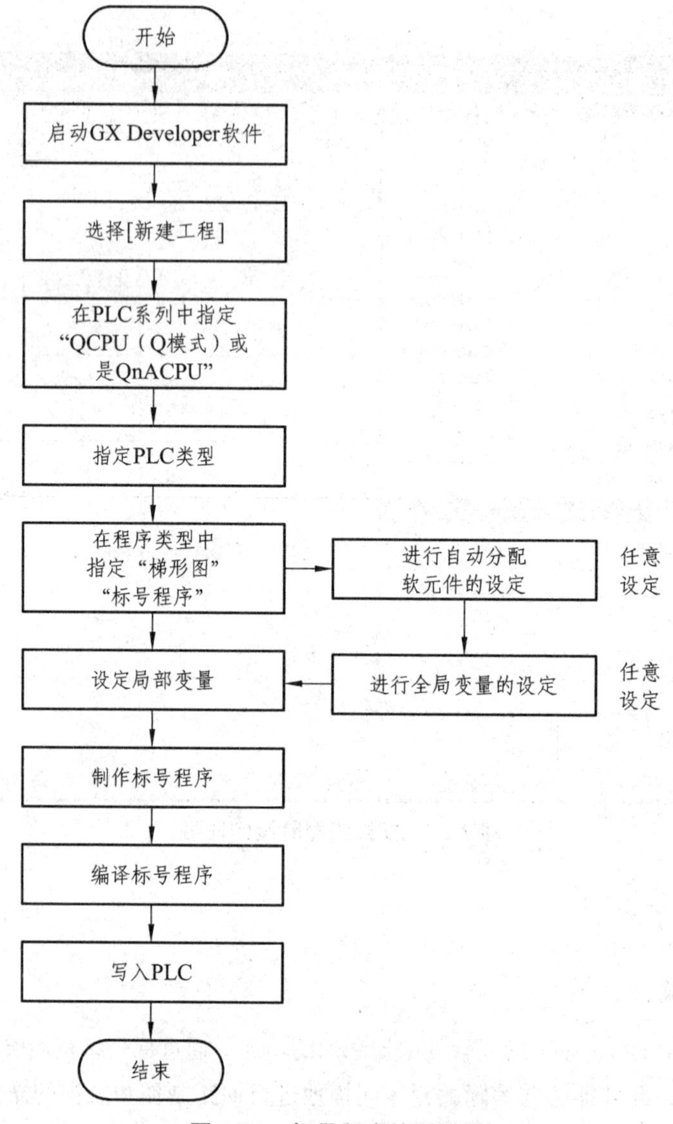

图 7.28　标号程序编制流程

5. 查找及注释

1）查找/替代

与 FX-GP/WIN-C 编程软件一样，GX Developer 编程软件也为用户提供了查找功能，相比之下后者的使用更加方便。选择查找功能时可以通过以下两种方式来实现（见图 7.29）。

（1）通过点选查找/替代下拉菜单选择查找指令；

（2）在编辑区单击鼠标右键弹出的快捷工具栏中选择查找指令。

此外，该软件还新增了替代功能根据替代功能，这为程序的编辑、修改提供了极大的便利。因为查找功能与 FX-GP/WIN-C 编程软件的查找功能基本一致，所以，这里着重介绍一下替换功能的使用。

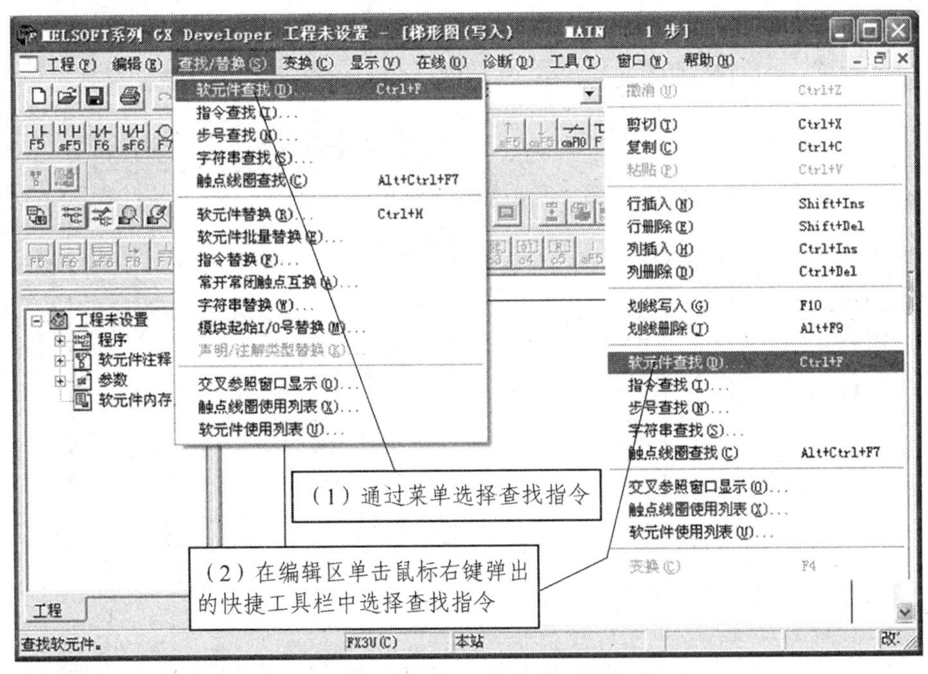

图 7.29　选择查找指令的两种方式

查找/替换菜单中的替换功能根据替换对象不同，可为编程元件替换、指令替换、常开常闭触点互换、字符串替换等。下面介绍常用的几个替换功能。

2）编程元件替换

功能：通过该指令的操作可以用一个或连续几个元件把旧元件替换掉，在实际操作过程中，可根据用户的需要或操作习惯对替换点数、查找方向等进行设定，方便使用者操作。

操作步骤：

（1）选择查找/替换菜单中编程元件替换功能，并显示编程元件替换窗口，如图 7.30 所示。

（2）在旧元件一栏中输入将被替换的元件名。

（3）在新元件一栏中输入新的元件名。

（4）根据需要可以对查找方向、替换点数、数据类型等进行设置。

（5）执行替换操作，可完成全部替换、逐个替换、选择替换。

说明：

（1）替换点数。举例说明：当在旧元件一栏中输入“X002”，在新元件一栏中输入“M10”且替换点数设定为“3”时，执行该操作的结果是：“X002”替换为“M10”；“X003”替换为“M11”；“X004”替换为“M12”。此外，设定替换点数时可选择输入的数据为 10 进制或 16 进制的。

（2）移动注释/机器名。在替换过程中可以选择注释/机器名不跟随旧元件移动，而是留在原位成为新元件的注释/机器名；当该选项前打钩时，则说明注释/机器名将跟随旧元件移动。

（3）查找方向。可选择从起始位置开始查找、从光标位置向下查找、在设定的范围内查找。

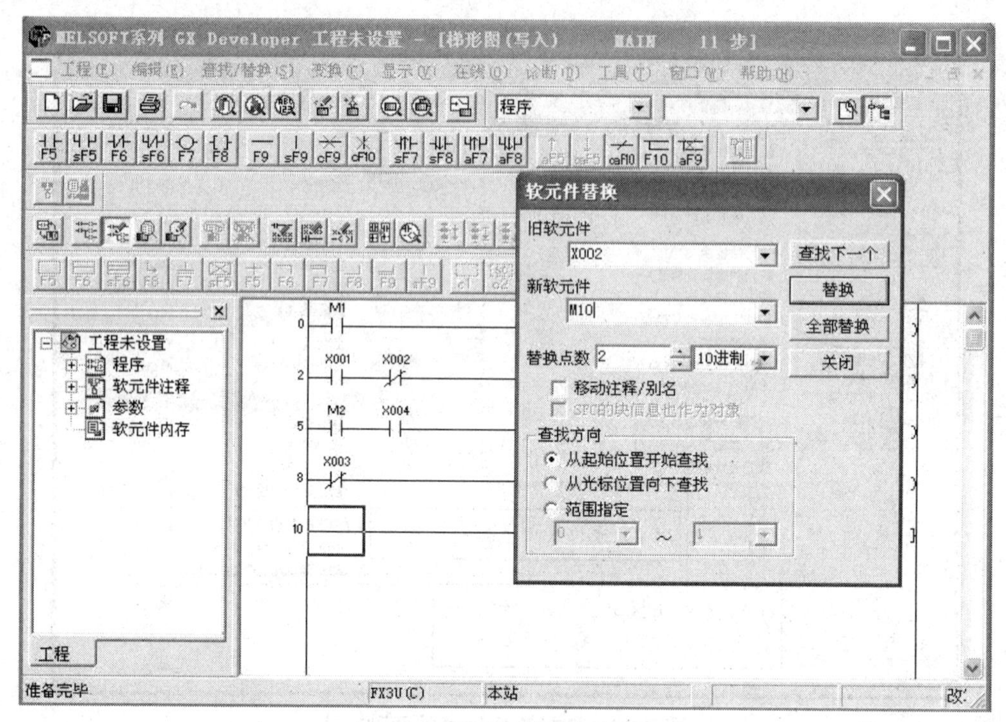

图 7.30 编程元件替换操作

3）指令替换

功能：通过该指令的操作可以将一个新的指令把旧指令替换掉，在实际操作过程中，可根据用户的需要或操作习惯进行替换类型、查找方向的设定，方便使用者操作。

操作步骤：

（1）选择查找/替换菜单中指令替换功能，并显示指令替换窗口，如图 7.31 所示。

（2）选择旧指令的类型（常开、常闭），输入元件名。

（3）选择新指令的类型，输入元件名。

（4）根据需要可以对查找方向、查找范围进行设置。

（5）执行替换操作，可完成全部替换、逐个替换、选择替换。

4）常开常闭触点互换

功能：通过该指令的操作可以将一个或连续若干个编程元件的常开、常闭触点进行互换，该操作为编程的修改、编程程序通过了极大的方便，避免因遗漏导致个别编程元件未能修改而产生的错误。

操作步骤：

（1）选择查找/替换菜单中常开常闭触点互换功能，并显示互换窗口，如图 7.32 所示。

（2）输入元件名。

（3）根据需要对查找方向、替换点数等进行设置。这里的替换点数与编程元件替换中的替换点数的使用和含义是相同。

（4）执行替换操作，可完成全部替换、逐个替换、选择替换。

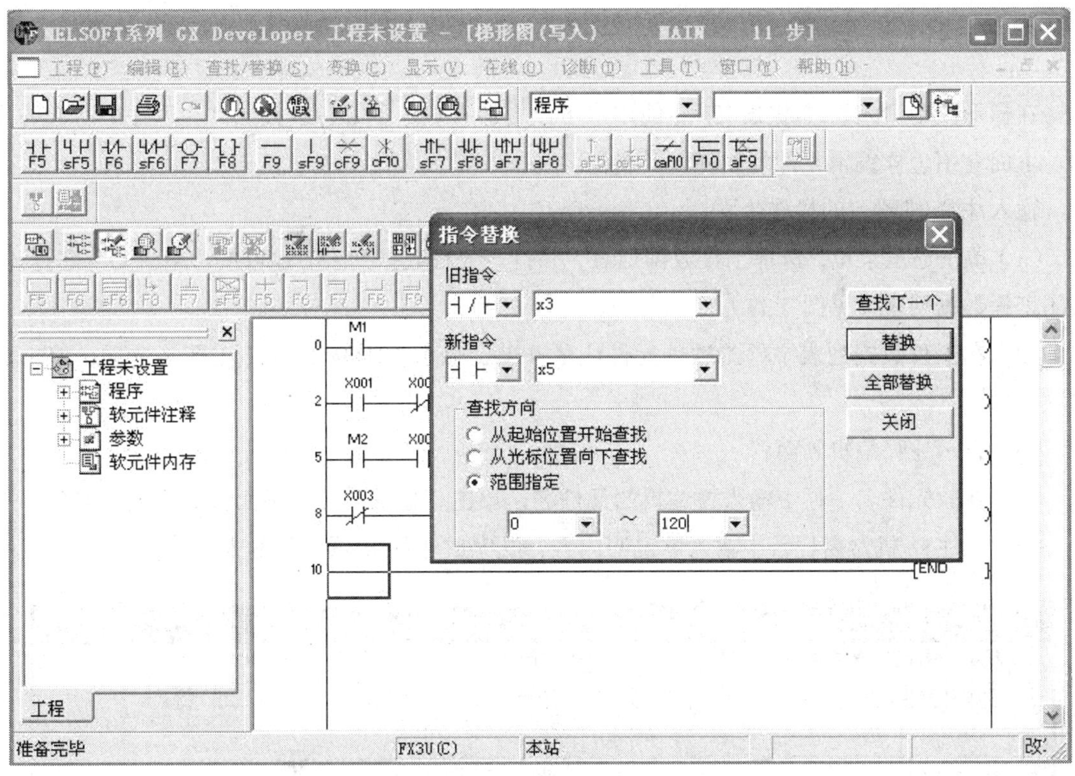

图 7.31　指令替换操作说明

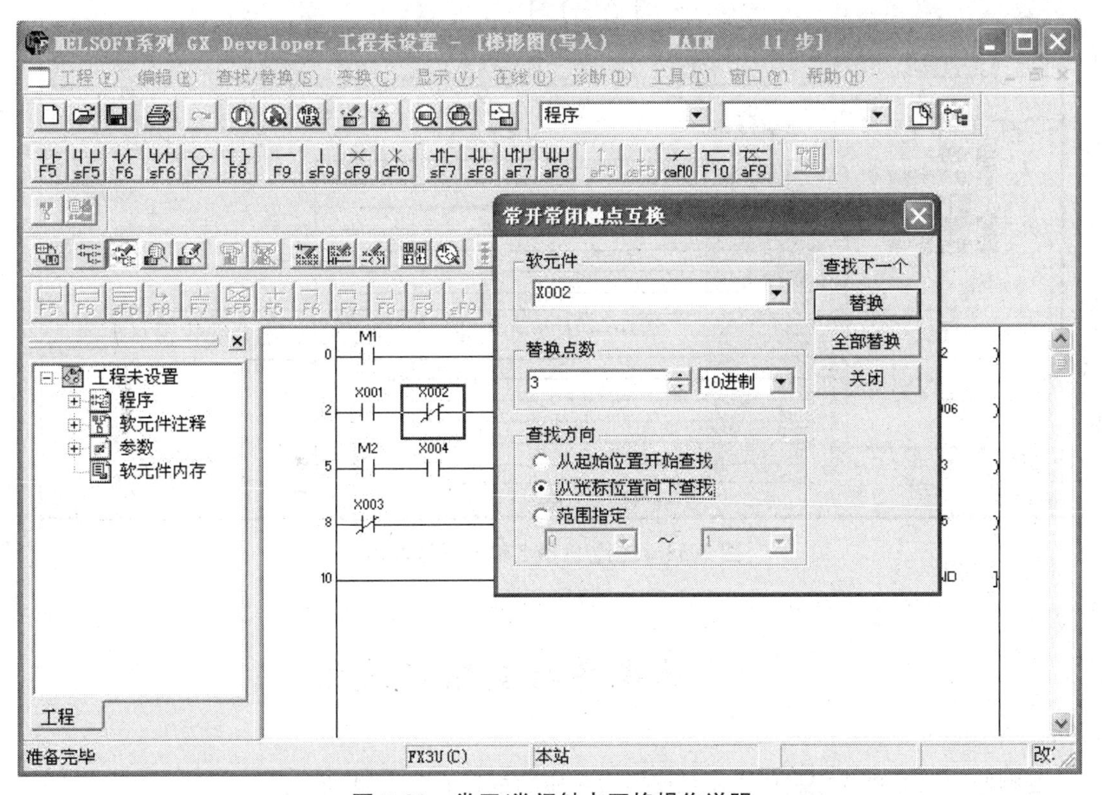

图 7.32　常开/常闭触点互换操作说明

6. 注释/机器名

在梯形图中引入注释/机器名后，使用户可以更加直观地了解各编程元件在程序中所起的作用。下面介绍怎样编辑元件的注释以及机器名。

输入注释/机器名的操作步骤：

（1）单击显示菜单，选择工程数据列表，并打开工程数据列表。也可按“Alt + O”键打开、关闭工程数据列表（见图 7.33）。

（2）在工程数据列表中单击软件元件注释选项，显示 COMMENT（注释）选项，双击该选项。

（3）显示注释编辑画面。

（4）在软元件名一栏中输入要编辑的元件名，单击“显示”键，画面就显示编辑对象。

（5）在注释/机器名栏目中输入欲说明内容，既完成注释/机器名的输入。

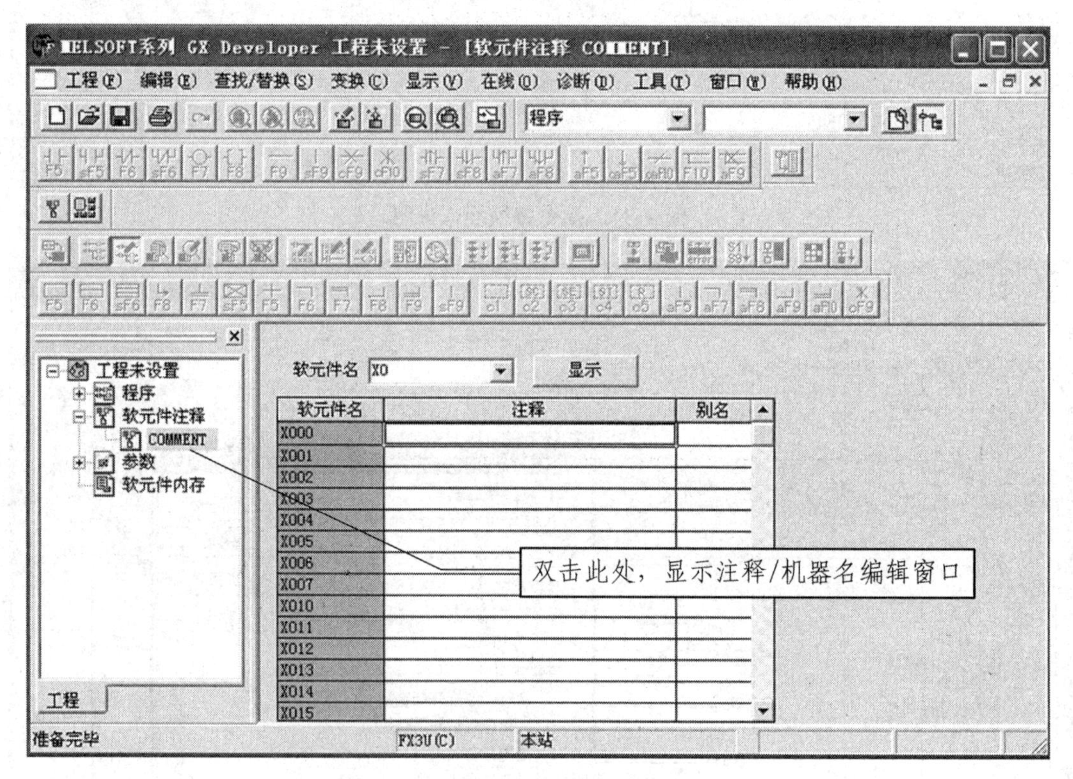

图 7.33 注释/机器名输入操作说明

7.5 触摸屏与变频器通信

变频器中的参数及控制功能在触摸屏中对应的编号如图 7.34 所示。

<table>
<tr><th colspan="2">软元件名</th><th>可设置范围</th><th>软元件编号表示</th></tr>
<tr><td rowspan="2">位软元件</td><td>变频器状态监视（RS）</td><td>RS0:0 ~ RS7:31
RS0:100 ~ RS7:115</td><td rowspan="2">10 进制数</td></tr>
<tr><td>运行指令（WS）</td><td>WS0:0 ~ WS7:31
WS0:0 ~ WS7:115</td></tr>
<tr><td rowspan="4">字软元件</td><td>异常内容（A）</td><td>A0:0 ~ A7:31
A0:100 ~ A7:115</td><td rowspan="4">10 进制数</td></tr>
<tr><td>参数（Pr）</td><td>Pr0:0 ~ Pr993:31
Pr0:100 ~ Pr993:115</td></tr>
<tr><td>程序运行（PG）</td><td>PG0:0 ~ PG89:31
PG0:100 ~ PG89:115</td></tr>
<tr><td>特殊参数（SP）</td><td>SP108:0 ~ SP127:31
SP108:100 ~ SP127:115</td></tr>
</table>

图 7.34　变频器中的参数及控制功能

（1）创建画面时，应只指定程序运行（PG）或者参数（Pr）的任意一方的软元件。不要在 1 个画面上将 PG（PG0 ~ PF89）与 Pr（Pr900 ~ Pr905）的软元件混杂在一起进行指定。

（2）只能进行 16 位（1 字）指定。

（3）只能进行读取。

（4）只能进行写入。

GOT 中使用的变频器用的虚拟软元件与变频器的数据的对应如 7.5.1 ~ 7.5.6 所示。

7.5.1　变频器状态监视（见图 7.35）

软元件名	内　容
RS0	交频器运行中（RUN）
RS1	正转中（STF）
RS2	反转中（STR）
RS3	频率到达（SU）
RS4	过负荷（OL）
RS5	瞬停（IPF）
RS6	频率检测（FU）
RS7	发生异常

图 7.35　变频器状态监视

只有 FREQROL-A500/A700/F700 系列可以使用。

7.5.2 运行指令（见图 7.36）

软元件名	内 容
WS0	电流输入选择（AU）
WS1	正转（STF）
WS2	反转（STR）
WS3	低速（RL） [FREQROL-F500 系列时选择电流输入（AU）]
WS4	中速（RM）
WS5	高速（RH）
WS6	第 2 功能选择（RT）
WS7	输出停止（MRS）

图 7.36 运行指令

（1）在 FREQROL-A500/E500 系列中不能使用。
（2）只有在 FREQROL-A700/F700 系列中可以使用。

7.5.3 异常内容（见图 7.37）

软元件名	内容
A0	2 次前的异常
A1	最新的异常
A2	4 次前的异常
A3	3 次前的异常
A4	6 次前的异常
A5	5 次前的异常
A6	8 次前的异常
A7	7 次前的异常

图 7.37 异常内容

对 A0 ~ A7 只能读取，不能作为写入的对象（数值输入等）使用。

7.5.4 参 数

GOT 中使用的变频器用的虚拟软元件（参数（Pr））的编号与变频器的参数号相对应。

1. 关于 Pr.37 的监视

GOT 不能监视 FREQROL-E500/S500（E）/F500J 系列的参数（Pr.37）。

2. 将“8888”及“9999”设置到变频器的参数（Pr）中时

“8888”及“9999”是具有特别作用的数值。通过 GOT 指定时，其结果如图 7.38 所示。

变频器侧的设置值	GOT 的指定值
8888	65520
9999	65535

图 7.38　变频器设置值

3. 关于设置校正参数（Pr900 ~ Pr905）时的注意事项

设置校正参数（Pr900 ~ Pr905）时，根据所使用的软元件编号及变频器的机型，有必要在扩展第 2 参数（SP108）中写入如图 7.39 所示的值。

写入到扩展第 2 参数（SP108）中的值	内容
H00	偏置/增益
H01	模拟
H02	端子的模拟值

图 7.39　设置变频器校正参数

7.5.5　程序运行

本软元件与 FREQROL-A500 系列的参数（Pr.201 ~ Pr.230）相对应，如图 7.40 所示。

软元件名	内容
PG0 ~ PG9	程序设置 1（运行频率）
PG10 ~ PG19	程序设置 1（时间）
PG20 ~ PG29	程序设置 1（旋转方向）
PG30 ~ PG39	程序设置 2（运行频率）
PG40 ~ PG49	程序设置 2（时间）
PG50 ~ PG59	程序设置 2（旋转方向）
PG60 ~ PG69	程序设置 3（运行频率）
PG70 ~ PG79	程序设置 3（时间）
PG80 ~ PG89	程序设置 3（旋转方向）

图 7.40　软元件名及含义

设置开始时间（PG10 ~ PG19、PG40 ~ PG49、PG70 ~ PG79）时，高 8 位被指定为小时或分钟，低 8 位被指定为分钟或秒。

例：设置 13 时 35 分时，如图 7.41 所示。

想要指定的时间	13 时	35 分	备注
时、分分别被转换为 16 进制数	H0D	H23	16 进制数（HEX）
高位与低位	输入 H0D23 或者 3363		—

图 7.41　设置 13 时 35 分

7.5.6　特殊参数（见图 7.42）

软元件名	内容	指令代码	
		读取	写入
SP108	第 2 参数切换	$6O_H$	EO_H
SP109	设置频率（RAM）	$6D_H$	ED_H
SP110	设置频率（RAM、EPROM）	$6E_H$	EE_H
SP111	输出频率	$6F_H$	—
SP112	输出电流	70_H	—
SP113	输出电压	71_H	—
SP114	特殊监视	72_H	
SP115	特殊监视选择号	73_H	$F3_H$
SP116	异常内容批量消除	—	$F4_H$
	最新的异常、2 次前的异常	74_H	—
SP117	3 次前的异常、4 次前的异常	75_H	—
SP118	5 次前的异常、6 次前的异常	76_H	—
SP119	7 次前的异常、8 次前的异常	77_H	—
SP121	变频器状态监视（扩展）	79_H	$F9_H$
	运行指令（扩展）		
SP122	变频器状态监视	$7A_H$	—
	运行指令	—	FA_H
SP123	通讯模式	$7B_H$	FB_H
SP124	消除全部参数	—	FC_H
SP125	变频器复位	—	FD_H
SP127	链接参数扩展设置	$7F_H$	FF_H

图 7.42　特殊参数

以下条件同时成立时，GOT 不能监视 SP109 ~ 111。[仅 FREQROL-E500/F500J/S500（E）系列]

（1）Pr37 $\neq$ 0

（2）SP127 = 1

附录一　ZX2062T 型贴片带收音机插卡音响实训项目

一、插卡音响工作原理

（1）概述：该产品是一款小型、可插卡、可收音的音响（或称为小型功放机），其核心电路由一片大规模集成电路构成。集成电路又称为 IC 芯片，该芯片内置了显示驱动、音频解码、数模转换（D/A 转换）、模数转换（A/D）转换、USB 驱动、收音控制等一系列功能电路。该芯片在本机中起到非常重要的作用，相当于人的大脑，称之为 CPU。

（2）字符显示原理：发光二极管是一种半导体器件，有正负两个电极。在其正极接上正电压，负极接上负电压，就能发光，将多个发光二极管制作在一个塑料模组上，就构成了数码管组件。但是直接给数码管组件加上电压的话，其上面的发光二极管会同时点亮，不能显示其他字符。怎样才能显示不同的字符呢？这就要用到人眼的视觉暂留特性。人眼对快速变化的物体是感觉不到其在变化的，所以如果在数码管上加上随时快速变化的电压，就能显示出不同的字符来。

（3）扬声器工作的原理：扬声器（喇叭）是一种电声元件，主要由线圈、永磁铁、骨盆等构成。当线圈中流过电流时会产生磁场，这个磁场与永磁铁产生相互作用，从而造成骨盆振动，还原出声音，芯片通过对音频信号进行 D/A、A/D 以及放大处理后，输出到功率放大电路，推动喇叭发声。

（4）USB 接口与 SD 接口原理：这两个接口的传输信号原理有相似之处，只是所用到的通信协议不同：USB 接口采用 USB 规范，使用两个端口（数据线/时钟线），以串行的方式进行数据传输；SD 接口采用 SPI 两种模式，一般大规模的芯线都集成有 SPI 接口，SPI 接口具有数据传输速度快，容易设计电路等特点，被广泛应用各种电子产品中。

（5）收音电路原理：FM 收音电路被单独集成在一片 IC 上，通过 I2C 总线与 CPU 通信，I2C 总线由 SDA 和 SCL 两根线构成，也是一种串行传输方式。I2C 总线被广泛应用于彩电、DVD 以及很多小家电中。

（6）按键电路原理：多个按键分别通过不同的电阻分压，当按键被按下时，送到 CPU、A/D 口的电压不同，CPU 据此判断出哪个键被按下，再执行相应的功能。

（7）AUX 解释：AUX 可用于外接音频信号供本机放音，当音频插头插入耳机时，耳机有一只脚被接地，CPU 检测到这个接地的信号后打开 AUX 功能，即让音频信号从耳机插口进入 CPU 内部，经过放大处理再由音频功放推动喇叭发声。

二、ZX2062T 型贴片带收音机插卡音响原理图（见附图 1.1）

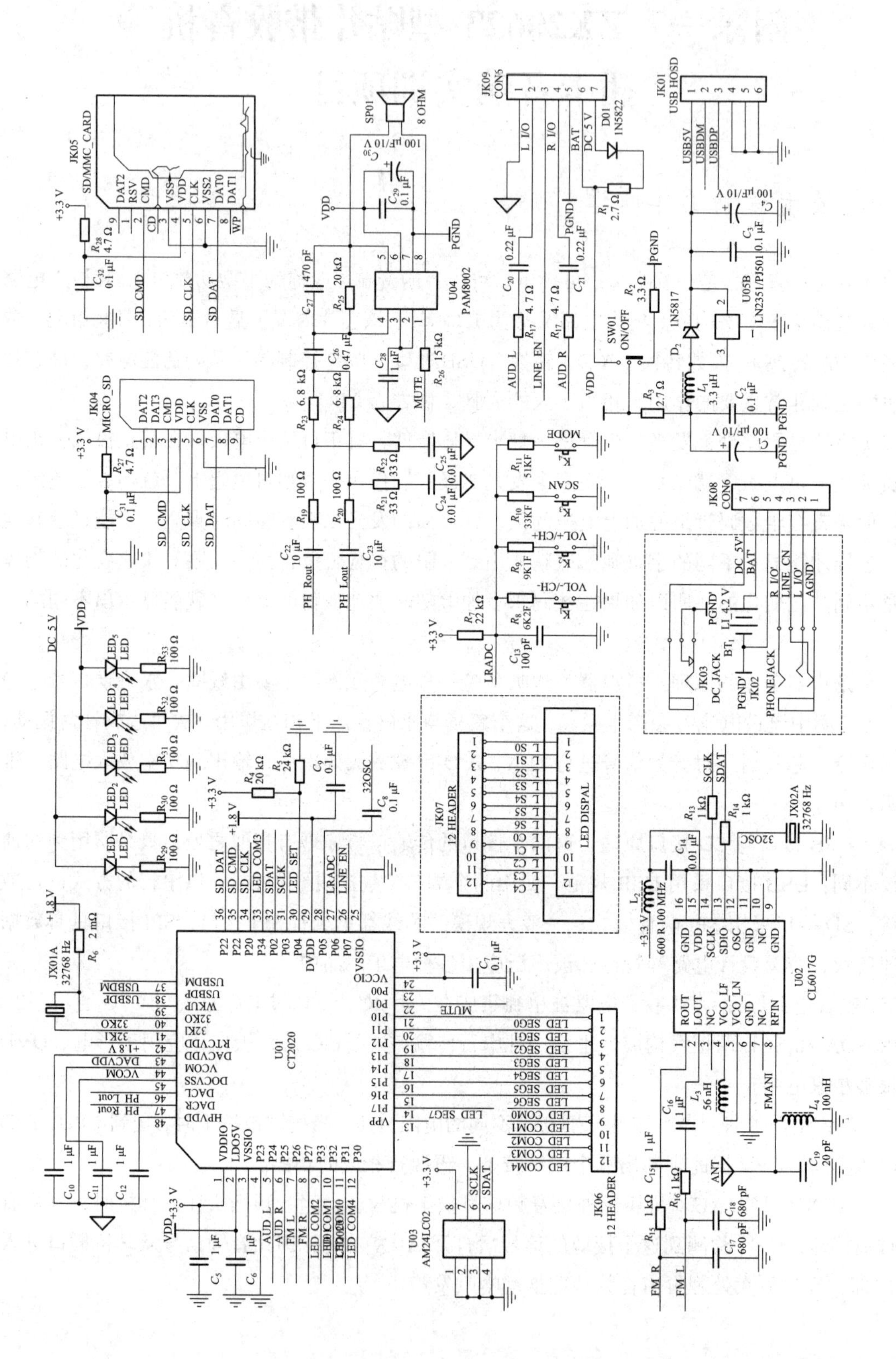

附图 1.1　ZX2062T 型贴片带收音机插卡音响原理图

三、ZX2062T 型贴片带收音机插卡音响元件布置图（见附图 1.2）

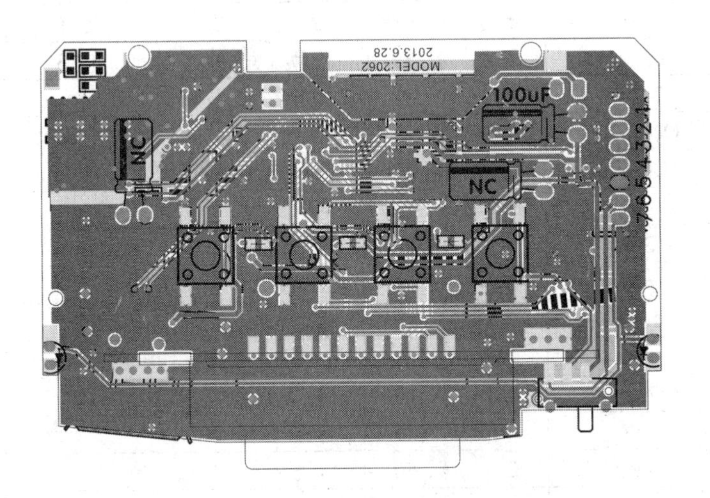

（b）B 面板图

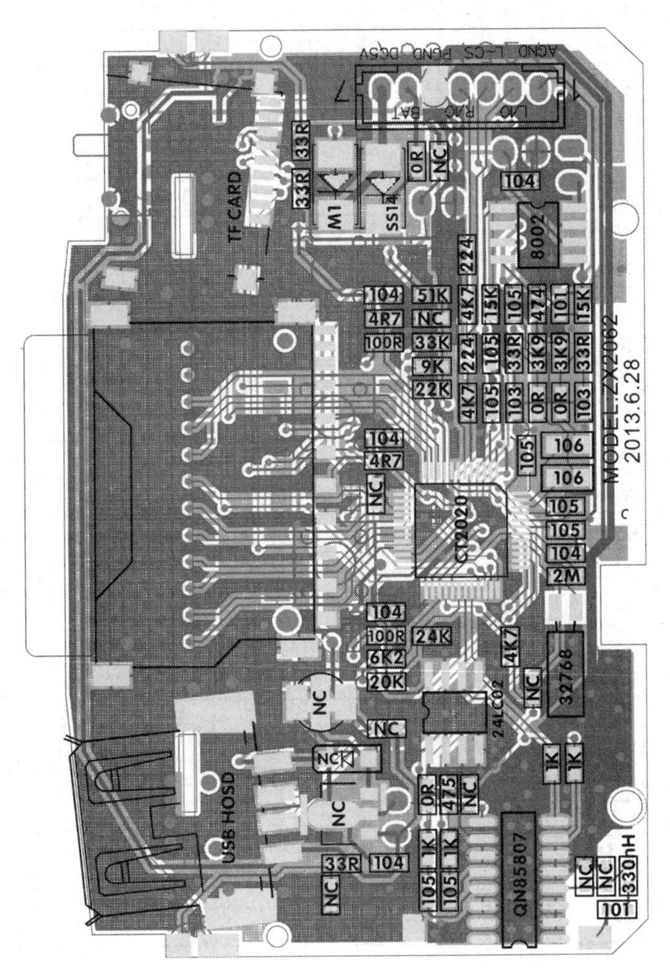

（a）A 面板图

附图 1.2　ZX2062T 型贴片带收音机插卡音响元件布置图

四、元件清单（见附表 1.1）

附表 1.1　元件清单

序号	名称	规格	数量	序号	名称	规格	数量
1	贴片集成电路	CT2092-M	1个	39	拨动开关	8×3	1个
2	贴片集成电路	24C02	1个	40	拉杆天线		1根
3	贴片集成电路	QN85807	1个	41	灰排线	7P×100 mm 间距 2.0	1组
4	贴片集成电路	HXJ8002	1个	42	天线连线	5×0.880 mm 白	1根
5	贴片二极管	M1	1个	43	电池连线	7×1.050 mm 红黑各一	2根
6	贴片二极管	SSl2	1个	44	喇叭连线	7×1.013 0 mm 红黑各一	2根
7	七彩 LED	$\phi 3$	2个	45	USB 线		1根
8	贴片 LED	红 LED	2个	46	MPS 线		1根
9	LED 数码管		1个	47	主板		1块
10	晶振	32768 HZ	1只	48	LED 数码板		1块
11	贴片电阻	0R	4个	49	音频小板		1块
12	贴片电阻	4R7	2个	50	电池		1块
13	贴片电阻	20K	1个	51	按钮		1个
14	贴片电阻	33R	5个	52	SD 卡座		1个
15	贴片电阻	100R	2个	53	TF 卡座		1个
16	贴片电阻	1K	4个	54	USB 插座		1个
17	贴片电阻	3K9	2个	55	DC 插座		1个
18	贴片电阻	4K7	3个	56	音频插座		1个
19	贴片电阻	6K2	1个	57	电池盒		1个
20	贴片电阻	9.1K	1个	58	电池盖		1个
21	贴片电阻	15K	2个	59	天线固定座		1个
22	贴片电阻	22K	1个	60	面壳		1个
23	贴片电阻	24K	1个	61	装饰面罩		1个
24	贴片电阻	33K	1个	62	左灯镜片		1块
25	贴片电阻	51K	1个	63	右灯镜片		1块
26	贴片电阻	2M	1个	64	顶灯镜片		1块
27	贴片电容	101	2个	65	拱形橡胶	34.2×10.4×1 mm	1个
28	贴片电容	103	2个	66	橡胶	4.5×1 mm	2个
29	贴片电容	104	6个	67	反光胶		1个
30	贴片电容	105	8个	68	喇叭网	218 音箱	1个
31	贴片电容	106	2个	69	电池片	218 音箱	2个
32	贴片电容	224	2个	70	自攻螺丝	PA2×6 固定电池片	1粒
33	贴片电容	474	1个	71	自攻螺丝	PB2.3×5 固定小板	1粒
34	贴片电容	475	1个	72	自攻螺丝	PA3×6	2粒
35	电解电容	100 μF/6.3 V	1个	73	自攻螺丝	PB2.6×6 固定天线	1粒
36	贴片电感	330 nH	1个	74	自攻螺丝	PB2.3×7 固定喇叭	4粒
37	喇叭		1个	75	自攻螺丝	PA3×8 黑固定面壳	4粒
38	轻触开关	6×6	4个	76	PE 袋	17×23.5 cm	1个

五、产品装配图（见附图1.3）

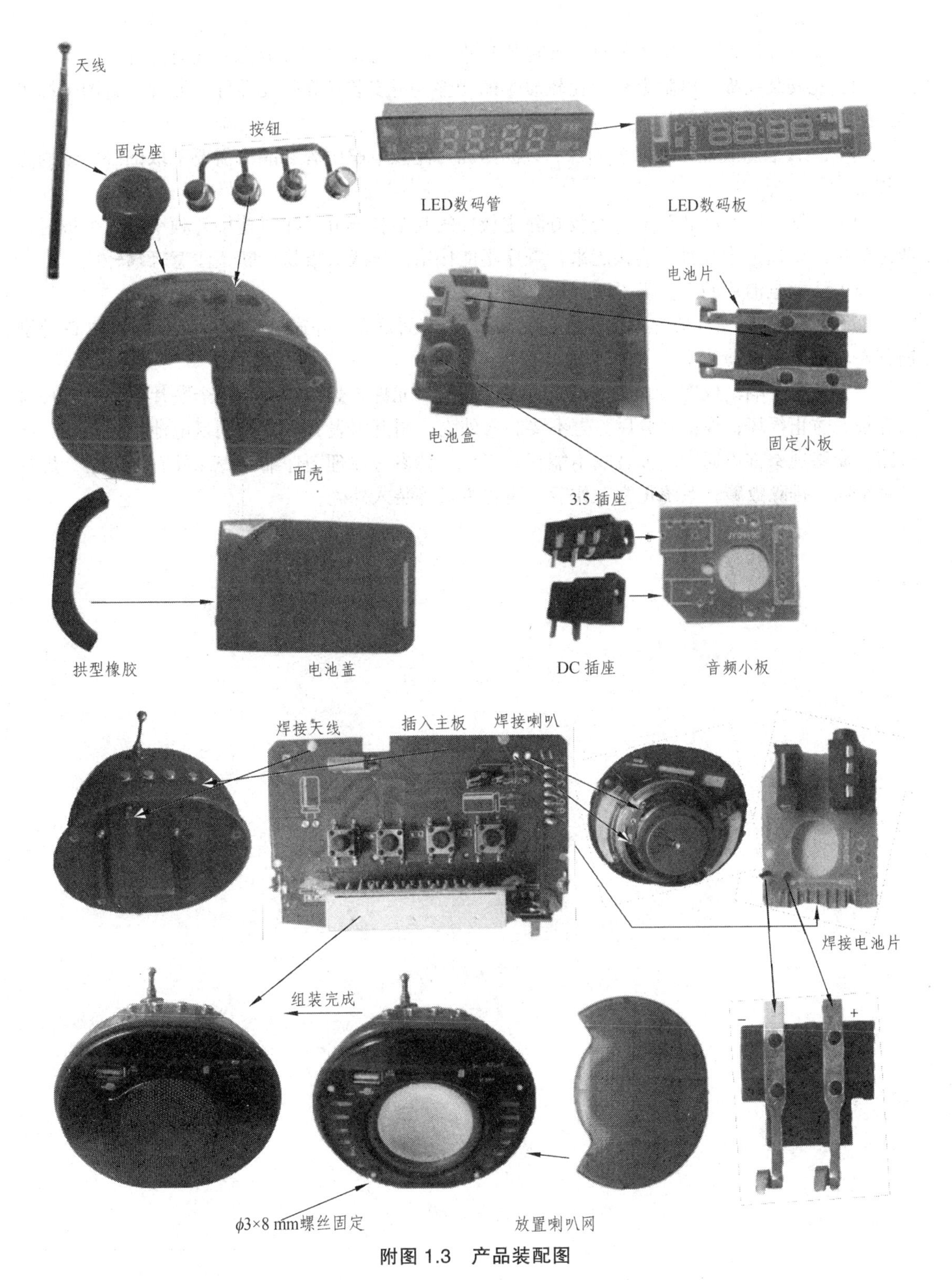

附图1.3　产品装配图

六、安装调试步骤

（1）清点并识别所有电子元件。元件比较小，要注意保管，部分元件没有配件。

（2）先安装主板上电阻电容等比较矮小的元件，再安装较高的元器件，元件布置图上标了NC的表示不安装任何元件。

（3）USB插座表面贴透明胶绝缘，以防短路。注意电解电容和晶振需要采取倒卧安装的方式焊接。

（4）仔细对照产品装配图，安装好除主板外的其余各部分。注意连接音频小板与主板时，两边的接口要通过排线对应连接起来，顺序不能接错。排线头极易折断，注意轻拿轻放。

（5）注意电池片的正负极不要接反。

（6）两只七彩LED要焊接在主板的A面，在A面发光，并通过整形，使得两个LED分别插到左右两个反光镜片中。

（7）此款音响集成度高，元件精密，要仔细核对元件，焊接牢固，每个贴片元件不宜长时间焊接，防止损坏，焊接完成后，先不要装入外壳，用万用表$R \times 10$挡测量电池片正负极，无短路、断路现象方可通电。如音响不能正常工作，请参考原理图仔细检查元件有无焊错，焊接是否牢固，排除故障，系统正常工作后，再将主板等装入外壳。

附录二　功率放大器原理图（见附图 2.1）

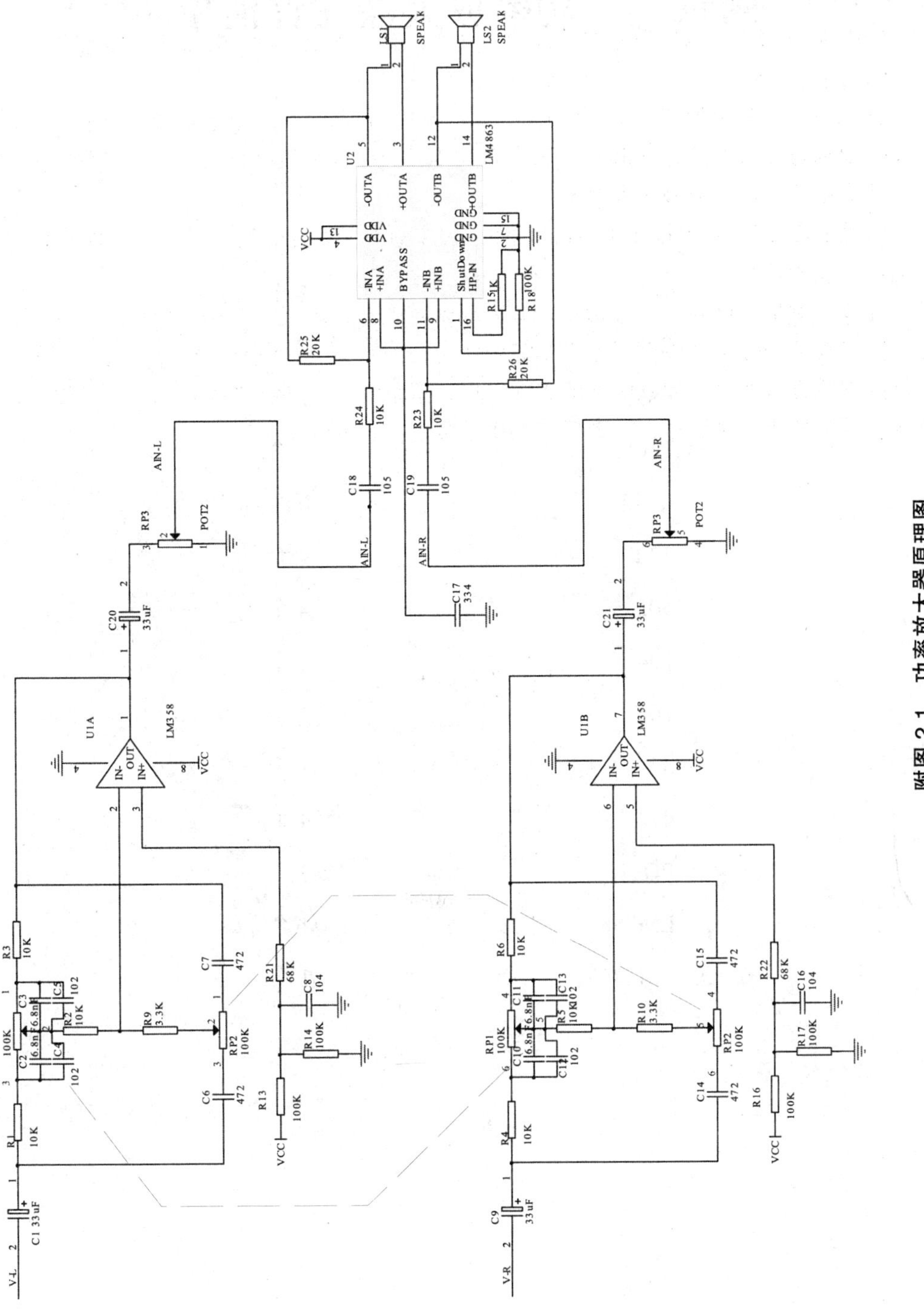

附图 2.1　功率放大器原理图

附录三　功率放大器元件清单

1K	1个
3.3K	2个
10K	8个
20K	2个
68K	2个
100K	5个
6.8nF	4个
33uF	4个
102	4个
104	2个
105	2个
334	1个
472	4个
POT	3个
LM358	1个
LM4863	1个

附录四　单片机实训项目原理图（见附图 4.1）

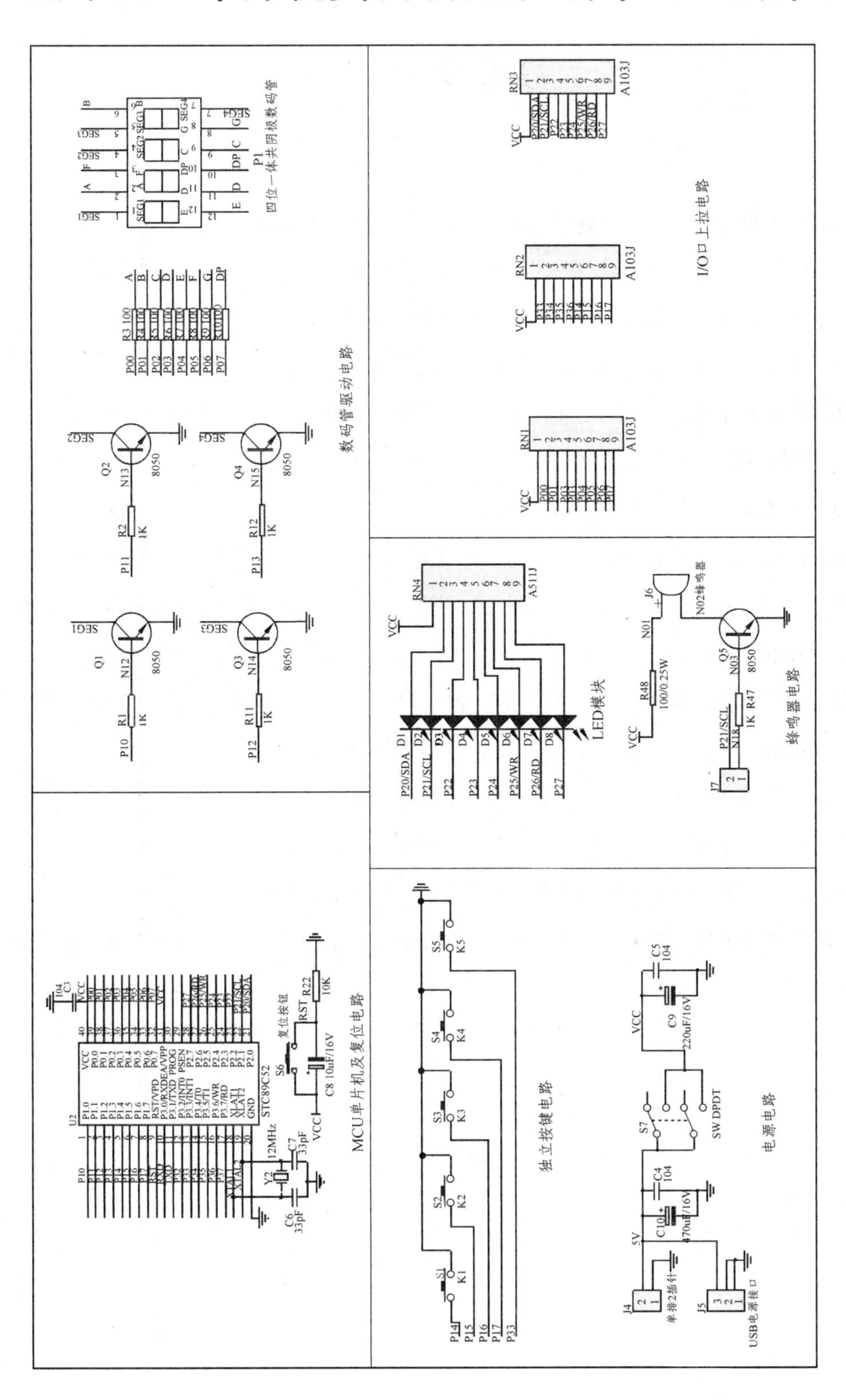

附图 4.1　单片机实训项目原理图

参考文献

[1] 余仕求. 电工电子实习教程[M]. 武汉：华中科技大学出版社，2012.

[2] 于军，翟玉文，刘伟. 电子实习实训教程[M]. 北京：中国电力出版社，2012.

[3] 赵莹. 电子实习系统教程[M]. 北京：中国电力出版社，2012.

[4] 肖俊武. 电工电子实训[M]. 北京：电子工业出版社，2012.

[5] 蔡杏山. 图解易学电子元器件识别、检测与应用[M]. 北京：化学工业出版社，2012.

[6] 王学屯，秦根红. 常用元器件的识别与检测[M]. 北京：电子工业出版社，2010.

[7] 张常友，刘蜀阳. 电子元器件检测与应用[M]. 北京：电子工业出版社，2009.

[8] 赵广林. 常用电子元器件识别/检测/选用一读通[M]. 北京：电子工业出版社，2004.

[9] 殷小贡，黄松，蔡苗. 现代电子工艺实习教程[M]. 武汉：华中科技大学出版社，2009.

[10] 门宏. 图解电工技术快速入门[M]. 北京：人民邮电出版社，2010.

[11] 苏家健，顾阳. 维修电工实训：初、中级[M]. 西安：西安电子科技大学出版社，2010.

[12] 金明. 维修电工实训教程[M]. 南京：东南大学出版社，2004.

[13] 巫莉. 电气控制与 PLC 应用[M]. 北京：中国电力出版社，2011.

[14] 王建花. 电子工艺实习[M]. 北京：清华大学出版社，2010.

[15] 王天曦. 贴片工艺与设备[M]. 北京：清华大学出版社，2008.

[16] 佚名. 贴片的焊接教程[EB/OL]. [2008-05-03]. http://www.56dz.com/Article/dzzz/zzjy/200805/465.html.